预拌混凝土生产工国家职业技能培训教材

U0170181

预拌混凝土质检员

山东硅酸盐学会 编 著

中国建材工业出版社

图书在版编目(CIP)数据

预拌混凝土质检员/山东硅酸盐学会编著.--北京：
中国建材工业出版社,2023.6
预拌混凝土生产工国家职业技能培训教材
ISBN 978-7-5160-3731-7

Ⅰ.①预…Ⅱ.①山… Ⅲ.①预搅拌混凝土－质量检
验－职业培训－教材 TU528.527

中国国家版本馆 CIP 数据核字(2023)第 053301 号

预拌混凝土质检员
YUBAN HUNNINGTU ZHIJIANYUAN
山东硅酸盐学会 编 著

出版发行：中国建材工业出版社
地　　址：北京市海淀区三里河路 11 号
邮　　编：100831
经　　销：全国各地新华书店
印　　刷：北京印刷集团有限责任公司
开　　本：787mm×1092mm 1/16
印　　张：18.25
字　　数：430 千字
版　　次：2023 年 6 月第 1 版
印　　次：2023 年 6 月第 1 次
定　　价：98.00 元

《预拌混凝土生产工国家职业技能培训教材》
编委会

《预拌混凝土质检员》编委会

主　编　张　磊
副主编　谢慧东　于光民　徐元勋　巩运钱
主　审　周宗辉

序

　　我国拥有全球最大的建筑市场，市场份额占全球的 30%，商品混凝土产量位居全球第一。

　　我国在预拌混凝土、预制混凝土各个产业领域规模以上企业的数量持续增长，骨干企业规模不断扩大。鉴于我国混凝土产业快速发展和产业结构优化升级局面的逐渐形成，以提升职业素养和职业技能为核心打造一支高技能人才队伍，成为一项亟待完成的任务。

　　职业培训是提高劳动者素质的重要途径，对提升企业的竞争力具有重要、深远的意义。鉴于目前我国预拌混凝土行业缺乏职业技能培训教材，编写教材成为当务之急。自 2021 年 12 月开始，山东硅酸盐学会联合中国硅酸盐学会混凝土与水泥制品分会、山东省混凝土与水泥制品协会、中国联合水泥集团有限公司、山东山水水泥集团有限公司、青岛理工大学、济南大学、山东建筑大学、临沂大学等 42 家组织、企业与高校，着手编写《预拌混凝土生产工国家职业技能培训教材》。

　　教材编写人员多为在山东预拌混凝土生产一线工作的优秀科技人员。教材采用问答方式，提出问题，给出答案；内容注重岗位要求的基本生产技术知识的传授，主要解决生产中的实际问题。历时一年多，编写团队数易其稿，于 2022 年年底完成了教材的编写工作。诚挚感谢大家的辛勤劳动。

山东硅酸盐学会常务副理事长

泰安中意粉体热工研究院院长

2023 年 3 月

前　　言

为了规范预拌混凝土行业职业技能培训工作,不断提高职工技术水平,应山东省广大混凝土企业的要求,山东硅酸盐学会根据人力资源和社会保障部 2019 年颁布的《水泥混凝土制品工》《混凝土工》国家职业技能标准,组织有关单位编写了《预拌混凝土生产工国家职业技能培训教材》。

按照预拌混凝土生产工工种不同,教材共分 5 册:《预拌混凝土质检员》《预拌混凝土试验员》《预拌混凝土操作员》《预拌砂浆质检员》《预拌砂浆操作员》。

教材采用问答方式,按照混凝土从业人员初级、中级、高级、技师、高级技师的不同技能要求,提出问题,给出答案。在内容上,注重岗位要求的基本生产技术知识,主要解决生产中的实际问题。教材主要适用于混凝土行业开展职业技能培训和鉴定工作,亦可供从事混凝土科研、生产、设计、教学、管理的相关人员阅读和参考。

中国硅酸盐学会混凝土与水泥制品分会对教材编写工作给予积极支持。

参加教材编写的有中国联合水泥集团有限公司、山东山水水泥集团有限公司、山东省混凝土与水泥制品协会、青岛理工大学、济南大学、山东建筑大学、临沂大学、泰安中意粉体热工研究院、日照市混凝土协会、青岛青建新型材料集团有限公司、山东鲁碧建材有限公司、山东重山集团有限公司、济南鲁冠混凝土有限责任公司、日照中联水泥混凝土分公司、润峰建设集团有限公司、日照市睿航光伏科技有限公司、山东恒业集团有限公司、日照山河超细材料科技有限公司、济南中联新材料有限公司、日照鲁碧新型建材有限公司、济宁中联混凝土有限公司、枣庄中联水泥混凝土分公司、日照汇川建材有限公司、日照市城镇化建设服务中心、山东龙润建材有限公司、山东华杰新型环保建材有限公司、青岛伟力工程有限公司、山东华森凤山建材有限公司、日照市东港区建设工程管理服务中心、日照新港市政工程有限公司、日照高新环保科技有限公司、日照腾达混凝土有限公司、山东港湾建设集团有限公司、日照市政工程有限公司、青岛青建蓝谷新型材料有限公司、日照弗尔曼新材料科技有限公司、日照经济技术开发区建设质量监督站、日照五色石新型建材有限公司、滕州市东郭水泥有限公司、东平中联水泥有限公司、鱼台汇金新型建材有限公司、济南长兴建设集团工业科技有限公司等 42 家单位。

各册主要编写人员如下:

《预拌混凝土质检员》:张磊、谢慧东、于光民、徐元勋、巩运钱、张秀叶、张鑫、徐敏、李冰、赵文静、赵秋宁、吴树民。

《预拌混凝土试验员》:于琦、李长江、王晓伟、窦忠晓、王修常、王腾、许冬、李浩然、刘宗祥、方增光、郑园园、陈衡、王玉璞。

《预拌混凝土操作员》:龙宇、时中华、高贵军、匡利君、徐华、尹群豪、华纯溢、宋瑞旭、张海峰、王志学。

《预拌砂浆质检员》:王安全、曹现强、孟令军、常胜亚、李萃、梁启峰、张鑫、张峰、李军、尚勇志、赵文静、高岳坤、王立平、袁冬、张秀叶、刘平兵、韩丽丽。

《预拌砂浆操作员》:贾学飞、丁宁、张伟、李辉永、赵玲卫、徐敏、王安全、张鑫、段良峰、袁冬、梁启峰、宋光礼、赵文静、钟安祥、常胜亚。

在此,对上述单位和同志的大力支持与辛勤工作一并表示感谢!

由于编者水平有限,教材难免有疏漏和错误之处,恳请广大读者提出批评和建议,使教材日臻完善。

编者
2023 年 1 月

目　　录

1 基础知识

1. 什么是混凝土?

以水泥、骨料和水为主要原材料,也可加入外加剂和矿物掺合料等材料,经拌和、成型、养护等工艺制作的、硬化后具有强度的工程材料。

2. 什么是预拌混凝土?

在搅拌站(楼)生产的、通过运输设备送至使用地点的、交货时为拌合物的混凝土。

3. 什么是普通混凝土?

干表观密度为 $2000\sim2800kg/m^3$ 的混凝土。

4. 什么是高强混凝土?

强度等级不低于 C60 的混凝土。

5. 什么是自密实混凝土?

具有高流动性、均匀性和稳定性,浇筑时无须外力振捣,能够在自重作用下流动并充满模板空间的混凝土。

6. 什么是纤维混凝土?

掺加钢纤维或合成纤维作为增强材料的混凝土。

7. 什么是钢纤维混凝土?

掺加钢纤维作为增强材料的混凝土。

8. 什么是合成纤维混凝土?

掺加合成纤维作为增强材料的混凝土。

9. 什么是轻骨料混凝土?

用轻粗骨料、轻砂或普通砂、胶凝材料、外加剂和水配制而成的干表观密度不大于 $1950kg/m^3$ 的混凝土。

10. 什么是全轻混凝土?

由轻砂作为细骨料配制而成的轻骨料混凝土。

11. 什么是砂轻混凝土?

由普通砂或普通砂中掺加部分轻砂作为细骨料配制而成的轻骨料混凝土。

12. 什么是大孔轻骨料混凝土?

用轻粗骨料、水泥、矿物掺合料、外加剂和水配制而成的无砂或少砂的混凝土。

13. 什么是重混凝土？

用重晶石等重骨料配制的干表观密度大于 $2800kg/m^3$ 的混凝土。

14. 什么是再生骨料混凝土？

全部或部分采用再生骨料作为骨料配制的混凝土。

15. 什么是泵送混凝土？

可通过泵压作用沿输送管道强制流动到目的地并进行浇筑的混凝土。

16. 什么是大体积混凝土？

混凝土结构物实体最小尺寸不小于 1m 的大体量混凝土，或预计会因混凝土中胶凝材料水化引起的温度变化和收缩而导致有害裂缝产生的混凝土。

17. 什么是清水混凝土？

直接利用混凝土成型后的自然质感作为饰面效果的混凝土称为清水混凝土。清水混凝土可分为普通清水混凝土、饰面清水混凝土和装饰清水混凝土。

18. 什么是普通清水混凝土？

表面颜色无明显色差，对饰面效果无特殊要求的清水混凝土，称为普通清水混凝土。

19. 什么是饰面清水混凝土？

表面颜色基本一致，由有规律排列的对拉螺栓孔眼、明缝、蝉缝、假眼等组合形成的、以自然质感为饰面效果的清水混凝土，称为饰面清水混凝土。

20. 什么是装饰清水混凝土？

表面形成装饰图案、镶嵌装饰片或彩色的清水混凝土，称为装饰清水混凝土。

21. 什么是补偿收缩混凝土？

采用膨胀剂或膨胀水泥配制，产生 0.2～1.0MPa 自应力的混凝土。

22. 什么是钢管混凝土构件？

在钢管内浇筑混凝土并由钢管和钢管内混凝土共同工作的结构构件。

23. 什么是钢管内混凝土？

浇筑在钢管内有一定工作性能要求的混凝土。

24. 什么是抗渗混凝土？

抗渗等级不低于 P6 的混凝土。

25. 什么是抗冻混凝土？

抗冻等级不低于 F50 的混凝土。

26. 什么是防辐射混凝土？

干表观密度不小于 $2800kg/m^3$，用于防护和屏蔽核辐射的混凝土。按骨料不同，可分为重晶石防辐射混凝土、铁矿石防辐射混凝土、复合骨料防辐射混凝土。

27. 什么是重晶石防辐射混凝土？

以重晶石作为粗、细骨料配制的防辐射混凝土。

28. 什么是铁矿石防辐射混凝土？

以铁矿石作为粗、细骨料配制的防辐射混凝土。

29. 什么是复合骨料防辐射混凝土？

使用重晶石、铁矿石、石灰石、铁质骨料、铅质骨料等两种或两种以上类别作为粗、细骨料配制的防辐射混凝土。

30. 什么是喷射混凝土？

将胶凝材料、骨料等按一定比例拌制的混凝土拌合物送入喷射设备，借助压缩空气或其他动力输送，高速喷至受喷面所形成的一种混凝土。

31. 什么是泡沫混凝土？

用物理方法将泡沫剂制备成泡沫，再将泡沫加入到由水泥、骨料、掺合料、外加剂和水制成的料浆中，经混合搅拌、浇筑成型、养护而成轻质微孔混凝土。

32. 什么是人工砂混凝土？

以人工砂为主要细骨料配制而成的水泥混凝土。

33. 什么是铁尾矿砂混凝土？

以铁尾矿砂或铁尾矿混合砂为细骨料配制的水泥混凝土。

34. 什么是粉煤灰混凝土？

以粉煤灰为主要掺合料的混凝土。

35. 什么是高性能混凝土？

采用常规材料和工艺生产，具有混凝土结构所要求的各项力学性能，且具有高耐久性、高工作性和高体积稳定性的混凝土。

36. 什么是干硬性混凝土？

拌合物坍落度小于 10mm 且须用维勃稠度（s）表示其稠度的混凝土。

37. 什么是塑性混凝土？

拌合物坍落度为 10～90mm 的混凝土。

38. 什么是流动性混凝土？

拌合物坍落度为 100～150mm 的混凝土。

39. 什么是大流动性混凝土？

拌合物坍落度不低于 160mm 的混凝土。

40. 什么是混凝土拌合物？

混凝土各组成材料按一定比例配合，经搅拌均匀后、未凝结硬化前的混合料，称为混凝土拌合物，又称新拌混凝土。

41. 什么是稠度？

表征混凝土拌合物流动性的指标，可用坍落度、维勃稠度或扩展度表示。

42. 什么是坍落度？

混凝土拌合物在自重作用下坍落的高度。

43. 什么是扩展度？

混凝土拌合物坍落后扩展的直径。

44. 什么是扩展时间？

混凝土拌合物坍落后扩展直径达到 500mm 所需的时间。

45. 什么是泌水？

混凝土拌合物析出水分的现象。

46. 什么是压力泌水？

混凝土拌合物在压力作用下的泌水现象。

47. 什么是抗离析性？

混凝土拌合物中各种组分保持均匀分散的性能。

48. 什么是绝热温升？

混凝土在绝热状态下，由胶凝材料水化导致的温度升高。

49. 什么是混凝土表观密度？

硬化混凝土烘干试件的质量与表观体积之比，表观体积是硬化混凝土固体体积加闭口孔隙体积。

50. 什么是抗压强度？

立方体试件单位面积上所能承受的最大压力。

51. 什么是轴心抗压强度？

棱柱体试件轴向单位面积上所能承受的最大压力。

52. 什么是静力受压弹性模量？

棱柱体试件或圆柱体试件轴向承受一定压力时，产生单位变形所需要的应力。

53. 什么是抗折强度？

混凝土试件小梁承受弯矩作用折断破坏时，混凝土试件表面所承受的极限拉应力。

54. 什么是轴向拉伸强度？

混凝土试件轴向单位面积所能承受的最大拉力。

55. 什么是泊松比？

混凝土试件轴向受压时，横向正应变与轴向正应变的绝对值的比值。

56. 什么是劈裂抗拉强度？

立方体试件或圆柱体试件上下表面中间承受均布压力劈裂破坏时，压力作用的竖向平面内产生近似均布的极限拉应力。

57. 什么是粘结强度？
通过劈裂抗拉试验测定的新老混凝土材料之间的粘结应力。

58. 什么是胶凝材料？
凡是经过一系列物理、化学变化，能从浆体变成石状体，并能将散粒状或块状材料粘结成整体而有一定机械强度的物质，统称为胶凝材料。针对混凝土，胶凝材料是指水泥和矿物掺合料的总称。

59. 什么是胶凝材料用量？
每立方米混凝土中水泥用量和活性矿物掺合料用量之和。

60. 什么是水胶比？
混凝土中用水量与胶凝材料用量的质量比。

61. 胶浆量的定义是什么？
混凝土中胶凝材料浆体量占混凝土总量之比。

62. 什么是矿物掺合料掺量？
混凝土中矿物掺合料用量占胶凝材料用量的质量百分比。

63. 什么是外加剂掺量？
混凝土中外加剂用量相对于胶凝材料用量的质量百分比。

64. 预拌混凝土强度等级如何划分？
预拌混凝土强度等级应划分为：C10、C15、C20、C25、C30、C35、C40、C45、C50、C55、C60、C65、C70、C75、C80、C85、C90、C95 和 C100。共计 19 个等级。

65. 混凝土拌合物坍落度等级如何划分？
混凝土拌合物坍落度等级根据坍落度值分 5 个等级。

混凝土拌合物坍落度等级划分应符合表 1-1 的规定。

表 1-1　混凝土拌合物坍落度的等级划分

等级	坍落度（mm）
S1	10～40
S2	50～90
S3	100～150
S4	160～210
S5	≥220

66. 混凝土拌合物扩展度等级如何划分？
混凝土拌合物扩展度等级根据扩展度值，分 6 个等级。

混凝土拌合物扩展度等级划分应符合表 1-2 的规定。

表 1-2　混凝土拌合物扩展度的等级划分

等级	扩展直径（mm）
F1	≤340
F2	350～410
F3	420～480
F4	490～550
F5	560～620
F6	≥630

67. 《预拌混凝土》（GB/T 14902—2012）中，预拌混凝土如何分类？

预拌混凝土分为常规品和特制品。

常规品应为除特制品以外的普通混凝土，代号 A，混凝土强度等级代号 C。

特制品代号为 B，包括的混凝土种类及其代号应符合表 1-3 的规定。

表 1-3　特制品的混凝土种类及其代号

混凝土种类	高强混凝土	自密实混凝土	纤维混凝土	轻骨料混凝土	重混凝土
混凝土种类代号	H	S	F	L	W
强度等级代号	C	C	C（合成纤维混凝土） CF（钢纤维混凝土）	LC	C

68. 预拌混凝土的标记规则是什么？

预拌混凝土标记应按下列规则：

（1）常规品或特制品的代号，常规品可不标记。

（2）特制品混凝土种类的代号，兼有多种类情况可同时标出。

（3）强度等级。

（4）坍落度控制目标值，后附坍落度等级代号在括号中；自密实混凝土应采用扩展度控制目标值，后附扩展度等级代号在括号中。

（5）耐久性能等级代号，对于抗氯离子渗透性能和抗碳化性能，后附设计值在括号中。

（6）标准号。

69. 采用通用硅酸盐水泥、河砂（也可是人工砂或海砂）、石、矿物掺合料、外加剂和水配制的普通混凝土，强度等级为 C50，坍落度为 180mm，抗冻等级为 F250，抗氯离子渗透性能电通量 Q_s 为 1000C，混凝土如何标记？

混凝土标记为：

A-C50-180（S4）-F250 Q-Ⅲ（1000）-GB/T 14902。

70. 采用通用硅酸盐水泥、砂（也可是陶砂）、陶粒、矿物掺合料、外加剂、合成纤维和水配制的轻骨料纤维混凝土，强度等级为 LC40，坍落度为 210mm，抗渗等级为 P8，抗冻等级为 F150，混凝土如何标记？

混凝土标记为：

B-LF-LC40-210（S4）-P8F150-GB/T 14902。

71. 混凝土坍落度、扩展度实测值与控制目标值的允许偏差是多少？

混凝土坍落度实测值与控制目标值的允许偏差应符合表 1-4 的规定。

常规品的泵送混凝土坍落度控制目标值不宜大于 180mm，并应满足施工要求，坍落度经时损失不宜大于 30mm/h；特制品混凝土坍落度应满足相关标准规定和施工要求。

表 1-4 混凝土坍落度及扩展实测值允许偏差 单位（mm）

项目	控制目标值	允许偏差
坍落度	≤40	±10
	50～90	±20
	≥100	±30
扩展度	≥350	±30

混凝土扩展度实测值与控制目标值的允许偏差宜符合表 1-4 的规定。自密实混凝土扩展度目标值不宜小于 550mm，并应满足施工要求。

72. 混凝土拌合物性能检测包括哪些项目？

依据《普通混凝土拌合物性能试验方法标准》（GB/T 50080—2016），混凝土拌合物性能检测包括以下项目：坍落度试验及坍落度经时损失试验、扩展度试验及扩展度经时损失试验、维勃稠度试验、倒置坍落度筒排空试验、间隙通过性试验、漏斗试验、凝结时间试验、泌水试验、压力泌水试验、表观密度试验、含气量试验、均匀性试验、抗离析性能试验、温度试验、绝热温升试验。

73. 混凝土物理力学性能试验包括哪些项目？

依据《混凝土物理力学性能试验方法标准》（GB/T 50081—2019），混凝土力学性能试验包括以下项目：抗压强度试验、轴心抗压强度试验、静力受压弹性模量试验、泊松比试验、劈裂抗拉强度试验、抗折强度试验、轴向拉伸试验、混凝土与钢筋的握裹强度试验、混凝土粘结强度试验、耐磨性试验、导温系数试验、导热系数试验、比热容试验、线膨胀系数试验、硬化混凝土密度试验、吸水率试验。

74. 混凝土长期性和耐久性试验包括哪些项目？

依据《普通混凝土长期性能和耐久性能试验方法标准》（GB/T 50082—2009），混凝土长期性和耐久性试验包括以下项目：抗冻试验、动弹性模量试验、抗水渗透试验、抗氯离子渗透试验、收缩试验、早期抗裂试验、受压徐变试验、碳化试验、混凝土中钢筋锈蚀试验、抗压疲劳变形试验、抗硫酸盐侵蚀试验、碱-骨料反应试验。

75. 什么是混凝土出厂检验？

在预拌混凝土出厂前对其质量进行的检验。

76. 什么是混凝土交货检验？

在交货地点对预拌混凝土质量进行的检验。

77. 什么是混凝土的交货地点？

供需双方在合同中确定的交接预拌混凝土的地点。

78. 混凝土入模温度的定义是什么？

混凝土拌合物浇筑入模时的温度。

79. 什么是混凝土受冻临界强度？

冬期浇筑的混凝土在受冻以前必须达到的最低强度。

80. 什么是混凝土的等效龄期？

混凝土在养护期间温度不断变化，在这一段时间内，其养护的效果与在标准条件下养护达到的效果相同时所需的时间。

81. 混凝土成熟度的定义是什么？

混凝土在养护期间养护温度和养护时间的乘积。

82. 施工缝的定义是什么？

按设计要求或施工需要分段浇筑，先浇筑混凝土达到一定强度后继续浇筑混凝土所形成的接缝。

混凝土浇筑过程中，因设计要求或施工需要分段浇筑，而在先、后浇筑的混凝土之间所形成的接缝。施工缝并不是一种真实存在的"缝"，它只是因先浇筑混凝土超过初凝时间，而与后浇筑的混凝土之间存在一个结合面，该结合面就称之为施工缝。

83. 永久变形缝的定义是什么？

将建（构）筑物垂直分割开的永久留置的预留缝，包括伸缩缝和沉降缝。

84. 竖向施工缝的定义是什么？

混凝土不能连续浇筑时，浇筑停顿时间有可能超过混凝土的初凝时间时，在适当位置留置的垂直方向的预留缝。

85. 水平施工缝的定义是什么？

混凝土不能连续浇筑，浇筑停顿时间有可能超过混凝土的初凝时间时，在适当位置留置的水平方向的预留缝。

86. 后浇带的定义是什么？

为适应环境温度变化、混凝土收缩、结构不均匀沉降等因素影响，在梁、板（包括基础底板）、墙等结构中预留的具有一定宽度且经过一定时间后再浇筑的混凝土带。

87. 温度应力的定义是什么？

混凝土温度变形受到约束时，在混凝土内部产生的应力。

88. 收缩应力的定义是什么？

混凝土收缩变形受到约束时，在混凝土内部产生的应力。

89. 温升峰值的定义是什么？

混凝土浇筑体内部的最高温升值。

90. 里表温差的定义是什么？

混凝土浇筑体内最高温度与外表面内 50mm 处的温度之差。

91. 什么是断面加权平均温度？

根据测试点位各温度测点代表区段长度占厚度权值，对各测点温度进行加权平均得到的值。

92. 什么是降温速率？

散热条件下，混凝土浇筑体内部温度达到温升峰值后，24 小时内断面加权平均温度下降值。

93. 有害裂缝的定义是什么？

影响结构安全或使用功能的裂缝。

94. 在我国，水泥如何定义和分类？

根据《水泥的命名原则和术语》（GB/T 4131—2014），水泥是一种细磨材料，与水混合形成塑性浆体后，能在空气中水化硬化，并能在水中继续硬化保持强度和体积稳定性的无机水硬性胶凝材料。

水泥按其用途和性能分为：通用水泥和特种水泥。通用水泥是一般土木建筑工程通常采用的水泥；特种水泥是具有特殊性能或用途的水泥。

水泥按其水硬性矿物名称主要分为：硅酸盐水泥、铝酸盐水泥、硫铝酸盐水泥、铁铝酸盐水泥、氟铝酸盐水泥。

95. 什么是通用硅酸盐水泥？

通用硅酸盐水泥是以硅酸盐水泥熟料和适量的石膏及规定的混合材料制成的水硬性胶凝材料。

通用硅酸盐水泥按照混合材料的品种和掺量分为：硅酸盐水泥、普通硅酸盐水泥、矿渣硅酸盐水泥、火山灰质硅酸盐水泥、粉煤灰硅酸盐水泥和复合硅酸盐水泥。

96. 通用硅酸盐水泥有哪些强度等级？R 是什么含义？

硅酸盐水泥的强度等级分为 42.5、42.5R、52.5、52.5R、62.5、62.5R 六个等级；普通硅酸盐水泥的强度等级分为 42.5、42.5R、52.5、52.5R 四个等级；矿渣硅酸盐水泥、火山灰质硅酸盐水泥、粉煤灰硅酸盐水泥的强度等级分为 32.5、32.5R、42.5、42.5R、52.5、52.5R 六个等级，复合硅酸盐水泥的强度等级分为 42.5、42.5R、52.5、52.5R 四个等级。代号后边数字表示该水泥产品的强度等级，R 表示该水泥是早强型水泥。如 P·O42.5R 含义是：早强型普通硅酸盐水泥。

97. 硅酸盐水泥熟料的定义是什么？

硅酸盐水泥熟料是一种含 CaO、SiO_2、Al_2O_3、Fe_2O_3 的原料按适当配比磨成细粉，烧至部分熔融，所得的以硅酸钙为主要矿物成分的产物。

98. 通用硅酸盐水泥的主要技术指标有哪些？

通用硅酸盐水泥的主要技术指标要求：化学指标要求、碱含量要求和物理指标要求。

99. 何谓水泥的体积安定性？

反映水泥硬化后体积变化均匀性的物理性质指标称为水泥的体积安定性，简称水泥安定性。它是水泥质量的重要指标之一。

100. 水泥的物理检验主要包括哪些内容？

主要包括：水泥的细度、比表面积、安定性、密度、标准稠度和凝结时间、不同龄期的抗折强度和抗压强度检验等。

101. 粉煤灰的定义是什么？

电厂煤粉炉烟道气体中收集的粉末称为粉煤灰。属于燃煤电厂的大宗工业废渣，它是目前使用最广泛的矿物掺合料之一。

粉煤灰不包括以下情形：（1）和煤一起煅烧城市垃圾或其他废弃物时；（2）在焚烧炉中煅烧工业或城市垃圾时；（3）循环流化床锅炉燃烧收集的粉末。

102. 粉煤灰分哪几个等级？

拌制砂浆和混凝土用粉煤灰分为三个等级：Ⅰ级、Ⅱ级、Ⅲ级。

水泥活性混合材用粉煤灰不分等级。

103. 粉煤灰如何分类？

按照煤种和氧化钙含量分为 F 类和 C 类。F 类粉煤灰是无烟煤或烟煤煅烧收集的粉煤灰，游离氧化钙含量不大于 1%；C 类粉煤灰是褐煤或次烟煤煅烧收集的粉煤灰，氧化钙含量一般大于或等于 10%。

按照用途分为拌制砂浆和混凝土用粉煤灰、水泥活性混合材料用粉煤灰。

104. 进场粉煤灰有哪些主要检验项目？

进场粉煤灰需校验细度、需水量比、含水量、密度、强度活性指数、烧失量、安定性（C类）。

105. 粒化高炉矿渣粉的定义是什么？

以粒化高炉矿渣为主要原料，可掺加少量天然石膏，磨制成一定细度的粉体。

106. 矿渣粉分为哪些等级？

矿渣粉的级别为：S75、S95、S105，主要以矿渣粉的活性指数区分。

107. 矿渣粉物理性能指标有哪些？

矿渣粉物理性能包括密度、比表面积、活性指数、流动度比、含水量、初凝时间比等。

108. 什么是掺合料？

以硅、铝、钙等一种或多种氧化物为主要成分，具有一定细度，掺入混凝土中能改善混凝土性能的粉体材料。

109. 常用的掺合料有哪些？

常用的矿物掺合料有粉煤灰、粒化高炉矿渣粉、硅灰、石灰石粉、钢渣粉、磷渣粉、沸石粉等。

110. 用于水泥、砂浆和混凝土中的石灰石粉是如何定义的？

将石灰石粉磨至一定细度的粉体或石灰石机制砂生产过程中产生的收尘粉。

111. 天然砂的定义是什么？

在自然条件作用下岩石产生破碎、风化、分选、运移、堆/沉积，形成的粒径小于 4.75mm 的岩石颗粒。

天然砂包括河砂、湖砂、山砂、净化处理的海砂，但不包括软质、风化的颗粒。

112. 机制砂的定义是什么？

以岩石、卵石、矿山废石和尾矿等为原料，经除土处理，由机械破碎、整形、筛分、粉控等工艺制成的、级配、粒形和石粉含量满足要求且粒径小于 4.75mm 的颗粒。

机制砂不包括软质、风化的颗粒。

113. 混合砂的定义是什么？

由机制砂和天然砂按照一定比例组合而成的砂。

114. 吸水率的定义是什么？

骨料表面干燥而内部孔隙含水达到饱和时的含水率。

115. 砂含泥量和泥块含量的定义是什么？

砂含泥量即天然砂中粒径小于 $75\mu m$ 的颗粒含量；

砂中泥块含量即砂中原粒径大于 1.18mm，经水浸泡、手捏后小于 $600\mu m$ 的颗粒含量。

116. 石粉含量的定义是什么？

机制砂中粒径小于 $75\mu m$ 的颗粒含量。

117. 砂的细度模数是什么？

衡量砂粗细程度的一个指标。

118. 砂的坚固性是怎么定义的？

砂在自然风化和其他外界物理化学的因素作用下抵抗破裂的能力。

119. 砂是怎么分类的？

按产源分为：机制砂和天然砂；

按规格（细度模数）分为：粗砂、中砂、细砂；

按技术要求分为：Ⅰ类、Ⅱ类、Ⅲ类。

120. 卵石的定义是什么？

在自然条件作用下岩石产生破碎、风化、分选、运移、堆（沉）积，形成的粒径大于 4.75mm 的岩石颗粒。

121. 碎石的定义是什么？

天然岩石、卵石或矿山废石经破碎、筛分等机械加工而成的，粒径大于 4.75mm 的岩石颗粒。

122. 建设用卵石含泥量、碎石泥粉含量、泥块含量是怎么定义的？

卵石含泥量是指卵石中粒径小于 $75\mu m$ 的黏土颗粒含量。

碎石泥粉含量是指碎石中粒径小于 $75\mu m$ 的黏土和石粉颗粒含量。

泥块含量是指卵石、碎石中原粒径大于 4.75mm，经水浸泡、淘洗等处理后粒径小于 2.36mm 的颗粒含量。

123. 针、片状颗粒是怎么定义的？ 不规则颗粒的定义是什么？

卵石、碎石颗粒的最大一维尺寸大于该颗粒所属相应粒级的平均粒径 2.4 倍者为针状颗粒；最小一维尺寸小于该颗粒所属粒级的平均粒径 0.4 倍者为片状颗粒。

卵石、碎石颗粒的最小一维尺寸小于该颗粒所属粒级的平均粒径 0.5 倍的颗粒。

124. 卵石、碎石的坚固性是怎么定义的？

卵石、碎石在自然风化和其他外界物理化学因素作用下抵抗破裂的能力。

125. 建设用石的分类和类别如何确定？

建设用石分为卵石、碎石两类。

建设用石按卵石含泥量（碎石泥粉含量）、泥块含量、针片状颗粒含量、不规则颗粒含量、硫化物及硫酸盐含量、坚固性、压碎指标、连续级配松散堆积空隙率、吸水率技术要求分为：Ⅰ类、Ⅱ类、Ⅲ类。

126. 在我国，混凝土外加剂是如何定义的？

混凝土外加剂是混凝土中除胶凝材料、骨料、水和纤维组分以外，在混凝土拌制之前或拌制过程中加入的，用以改善新拌混凝土性能和（或）硬化混凝土性能，对人、生物及环境安全无有害影响的材料。

127. 混凝土外加剂按其使用功能是如何分类的？

改善混凝土拌合物流变性能的外加剂，如各种减水剂和泵送剂等；

调节混凝土凝结时间、硬化过程的外加剂，如缓凝剂、早强剂、促凝剂和速凝剂等；

改善混凝土耐久性的外加剂，如引气剂、防水剂和阻锈剂等；

改善混凝土其他性能的外加剂，如膨胀剂、防冻剂和着色剂等。

128. 如何定义减水剂？

减水剂是一种在维持混凝土坍落度基本不变的条件下，能减少拌和用水量的混凝土外加剂。

减水剂大多属于阴离子表面活性剂，有木质素磺酸盐、萘磺酸盐甲醛聚合物等。

减水剂加入混凝土拌合物后对水泥颗粒有分散作用，能改善其工作性，减少单位用水量，改善混凝土拌合物的流动性；可减少单位水泥用量，节约水泥。

129. 减水剂按减水率是如何分类的？

减水剂按其减水率可分为普通减水剂、高效减水剂及高性能减水剂。

在混凝土坍落度基本相同的条件下，减水率不小于 8％的减水剂为普通减水剂。

在混凝土坍落度基本相同的条件下，减水率不小于 14％的减水剂为高效减水剂。

在混凝土坍落度基本相同的条件下，减水率不小于 25％的减水剂为高性能减水剂。

130. 什么是普通减水剂？

在混凝土坍落度基本相同的条件下，减水率不小于 8％的外加剂。

131. 什么是标准型普通减水剂？

具有减水功能且对混凝土凝结时间没有显著影响的普通减水剂。

132. 什么是缓凝型普通减水剂？

具有缓凝功能的普通减水剂。

133. 什么是早强型普通减水剂？

具有早强功能的普通减水剂。

134. 什么是引气型普通减水剂？

具有引气功能的普通减水剂。

135. 什么是高效减水剂？

在混凝土坍落度基本相同的条件下，减水率不小于 14％的减水剂。

136. 什么是标准型高效减水剂？

具有减水功能且对混凝土凝结时间没有显著影响的高效减水剂。

137. 什么是缓凝型高效减水剂？

具有缓凝功能的高效减水剂。

138. 什么是早强型高效减水剂？

具有早强功能的高效减水剂。

139. 什么是引气型高效减水剂？

具有引气功能的高效减水剂。

140. 高性能减水剂如何定义？

在混凝土坍落度基本相同的条件下，减水率不小于 25％，与高效减水剂相比坍落度保持性能好、干燥收缩小，且具有一定引气性能的减水剂。

141. 什么是标准型高性能减水剂？

具有减水功能且对混凝土凝结时间没有显著影响的高性能减水剂。

142. 什么是缓凝型高性能减水剂？

具有缓凝功能的高性能减水剂。

143. 什么是早强型高性能减水剂？

具有早强功能的高性能减水剂。

144. 什么是减缩型高性能减水剂？

28 天收缩率比不大于 90％的高性能减水剂。

145. 什么是防冻剂？

能使混凝土在负温下硬化，并在规定养护条件下达到预期性能的外加剂。

146. 何为无氯盐防冻剂？

氯离子含量不大于 0.1% 的防冻剂。

147. 何为复合型防冻剂？

兼有减水、早强、引气等功能，由多种组分复合而成的防冻剂。

148. 什么是泵送剂？

能改善混凝土拌合物泵送性能的外加剂。

149. 防冻泵送剂是如何定义的？

既能使混凝土在负温下硬化，并在规定养护条件下达到预期性能，又能改善混凝土拌合物泵送性能的外加剂。

150. 调凝剂是如何定义的？

能调节混凝土凝结时间的外加剂。

151. 速凝剂是如何定义的？

能使混凝土迅速凝结硬化的外加剂。

152. 什么是无碱速凝剂？

氧化钠当量含量不大于 1% 的速凝剂。

153. 什么是有碱速凝剂？

氧化钠当量含量大于 1% 的速凝剂。

154. 什么是缓凝剂？

能延长混凝土凝结时间的外加剂。

155. 什么是减缩剂？

通过改变孔溶液离子特征及降低孔溶液表面张力等作用来减少砂浆或混凝土收缩的外加剂。

156. 什么是早强剂？

能加速混凝土早期强度发展的外加剂。

157. 什么是引气剂？

能通过物理作用引入均匀分布、稳定而封闭的微小气泡，且能将气泡保留在硬化混凝土中的外加剂。

158. 什么是加气剂？

加气剂又称为发泡剂，是在混凝土制备过程中因发生化学反应，生成气体，使硬化混凝土中有大量均匀分布气孔的外加剂。

159. 什么是泡沫剂？

通过搅拌工艺产生大量均匀而稳定的泡沫，用于制备泡沫混凝土的外加剂。

160. 什么是消泡剂？

能抑制气泡产生或消除已产生气泡的外加剂。

161. 什么是防水剂？

能降低砂浆、混凝土在静水压力下透水性的外加剂。

162. 什么是保塑剂？

在一定时间内，能保持新拌混凝土塑性状态的外加剂。

163. 什么是膨胀剂？

在混凝土硬化过程中因化学作用能使混凝土产生一定体积膨胀的外加剂。

164. 什么是硫铝酸钙类膨胀剂？

与水泥、水拌和后经水化反应生成钙矾石的混凝土膨胀剂。

165. 什么是氧化钙类膨胀剂？

与水泥、水拌和后经水化反应生成氢氧化钙的混凝土膨胀剂。

166. 什么是硫铝酸钙-氧化钙类膨胀剂？

与水泥、水拌和后经水化反应生成钙矾石和氢氧化钙的混凝土膨胀剂。

167. 什么是抗硫酸盐侵蚀剂？

用以抵抗硫酸盐类物质侵蚀，提高混凝土耐久性的外加剂。

168. 什么是混凝土阻锈剂？

用于抑制或减轻混凝土或砂浆中钢筋或其他金属预埋件锈蚀的外加剂。

169. 什么是混凝土防腐阻锈剂？

用于抵抗硫酸盐对混凝土的侵蚀、抑制氯离子对钢筋锈蚀的外加剂。

170. 什么是碱-骨料反应抑制剂？

能抑制或减轻碱-骨料反应发生的外加剂。

171. 管道压浆剂/预应力孔道灌浆剂是如何定义的？

由减水剂、膨胀剂、矿物掺合料及其他功能性材料等干拌而成的、用以制备预应力结构管道压浆料的外加剂。

172. 什么是混凝土减胶剂？

在水胶比基本不变条件下，混凝土的坍落度和 28d 抗压强度不降低的情况下，能够有效减少胶凝材料用量的化学外加剂。

173. 什么是减胶率？

基准混凝土与受检混凝土单位胶凝材料用量之差与基准混凝土单位胶凝材料之比。

174. 高强高性能混凝土用矿物外加剂是如何定义的？

在混凝土搅拌过程中加入的、具有一定细度和活性的、用于改善新拌混凝土和硬化混凝土性能（特别是混凝土耐久性）的某些矿物类产品。

175. 什么是外加剂的相容性?

含减水组分的混凝土外加剂与胶凝材料、骨料、其他外加剂相匹配时,拌合物的流动性及其经时变化程度。

176. 混凝土用水如何定义?

混凝土用水是混凝土拌和用水和混凝土养护用水的总称,包括:饮用水、地表水、地下水、再生水、混凝土企业设备洗刷水和海水等。

177. 混凝土拌和用水如何分类?

混凝土拌和用水按水源可分为饮用水、地表水、地下水、海水,以及经适当处理或处置后的工业废水。

178. 生活饮用水的定义是什么?

是指符合《生活饮用水卫生标准》(GB 5749—2022)的饮用水。

179. 地表水的定义是什么?

存在于江、河、湖、塘、沼泽和冰川等中的水。

180. 地下水的定义是什么?

存在于岩石缝隙或土壤孔隙中的可以流动的水。

181. 再生水的定义是什么?

指污水经适当再生工艺处理后具有使用功能的水。

182. 水中的不溶物是指什么?

在规定的条件下,水样经过滤,未通过滤膜部分干燥后留下的物质。

183. 水中的可溶物是指什么?

在规定的条件下,水样经过滤,通过滤膜部分干燥蒸发后留下的物质。

2 专业知识与技能

2.1 四级/中级工

2.1.1 原材料知识

184. 通用硅酸盐水泥组分有什么规定？

通用硅酸盐水泥的组分应符合表 2-1 的规定。

表 2-1 通用硅酸盐水泥组分

品种	代号	组分（%）				
		熟料＋石膏	粒化高炉炉渣	火山灰质混合材料	粉煤灰	石灰石
硅酸盐水泥	P·Ⅰ	100				
	P·Ⅱ	≥95	≤5			
		≥95				≤5
普通硅酸盐水泥	P·O	≥80且<95	>5且≤20			
矿渣硅酸盐水泥	P·S·A	≥50且<80	>20且≤50			
	P·S·B	≥30且<50	>50且≤70			
火山灰质硅酸盐水泥	P·P	≥60且<80		>20且≤40		
粉煤灰硅酸盐水泥	P·F	≥60且<80			>20且≤40	
复合硅酸盐水泥	P·C	≥50且<80	>20且≤50			

185. 普通硅酸盐水泥的特性及适用范围是什么？

普通硅酸盐水泥与硅酸盐水泥的性能接近，具有凝结时间短、快硬早强高强、抗冻、耐磨、耐热、水化放热集中、水化热较大、抗硫酸盐侵蚀能力较差的性能特点。相比硅酸盐水泥，早期强度增进率稍有降低，抗冻性和耐磨性稍有下降，抗硫酸盐侵蚀能力有所增强。

普通硅酸盐水泥可用于任何无特殊要求的工程。一般不适用于受热工程、道路工程、低温下施工工程、大体积混凝土工程和地下工程，特别是有化学侵蚀的工程。

186. 矿渣硅酸盐水泥的特性及适用范围是什么？

矿渣硅酸盐水泥具有需水性小、早期低后期增长大、水化热低、抗硫酸盐侵蚀能力强、受热性好的优点，也具有保水性和抗冻性差的缺点。

矿渣硅酸盐水泥可用于无特殊要求的一般结构工程，适用于地下、水利和大体积等混凝土工程，在一般受热工程（<250℃）和蒸汽养护构件中可优先采用矿渣硅酸盐水

泥，不宜用于需要早强和受冻融循环、干湿交替的工程中。

187. 火山灰质硅酸盐水泥和粉煤灰硅酸盐水泥的特性和适用范围是什么？

火山灰质硅酸盐水泥具有较强的抗硫酸盐侵蚀能力、保水性好和水化热低的优点，也具有需水量大、低温凝结慢、干缩性大、抗冻性差的缺点。粉煤灰硅酸盐水泥具有与火山灰质硅酸盐水泥相近的性能，相比火山灰质硅酸盐水泥，其具有需水量小、干缩性小的特点。

火山灰质硅酸盐水泥与粉煤灰硅酸盐水泥可用于一般无特殊要求的结构工程，适用于地下、水利和大体积等混凝土工程，不宜用于冻融循环、干湿交替的工程。

188. 硅酸盐水泥熟料的矿物组成主要有哪几种？

硅酸盐水泥熟料主要含有四种矿物：硅酸三钙、硅酸二钙、铝酸三钙、铁铝酸四钙，其分子式缩写为：C_3S、C_2S、C_3A、C_4AF。

硅酸三钙凝结时间正常、水化较快，早期强度高、强度增进率较大，其28d强度、一年强度是四种矿物中最高的。它的体积干缩性较小，抗冻性较好。

硅酸二钙水化速度较慢，凝结硬化缓慢，早期强度较低，水化热低，体积干缩性小，抗水性和抗硫酸盐侵蚀能力较好。

铝酸三钙水化速度及凝结硬化快，放热多，3d内强度就大部分发挥出来；干缩变形大，抗硫酸盐性能差，脆性大，耐磨性差。

铁铝酸四钙强度早期类似于铝酸三钙，后期不断增长；水化热低，干缩变形小，耐磨、抗冲击、抗硫酸盐侵蚀能力强。

189. 水泥的基本物理力学性能有哪些？

水泥质量的好坏，可以从它的基本物理力学性能反映出来。根据对水泥的不同物理状态进行测试，其基本物理性能可分如下几类：

（1）水泥为粉末状态下测定的物理性能，如密度、细度等；

（2）水泥为浆体状态下测定的物理性能，如凝结时间（初凝、终凝）、需水性（标准稠度、流动性）、泌水性、保水性、和易性等；

（3）水泥硬化后测定的物理力学性能有：强度（抗折、抗拉、抗压）、抗冻性、抗渗性、抗大气稳定性、体积安定性、湿胀干缩体积变化、水化热、耐热性、耐腐蚀性（耐淡水腐蚀性、耐酸性水腐蚀性、耐碳酸盐腐蚀性、耐硫酸盐腐蚀性、耐碱腐蚀性等）。

水泥的物理力学性能直接影响着水泥的使用质量。有些最基本的物理性能是在水泥出厂时必须测定的，如强度、细度、凝结时间、安定性等，其他物理性能则根据不同的品种和不同的需要进行测定。

190. 通用硅酸盐水泥的水化过程分为哪几个阶段？

通用硅酸盐水泥的水化过程分为三个阶段：

（1）溶解阶段：当水泥与水接触后，颗粒表面开始水化，生成少量水化产物，并立即溶解在水中。暴露出来的新表面使水化作用继续进行，直至生成水化产物的饱和溶液为止。

（2）胶化阶段：由于溶液饱和，继续水化的产物不能再溶解了，而直接以胶体颗粒析出。随着水化产物的增多，水化物聚集，水泥浆逐渐失去可塑性，产生了凝结现象。

（3）结晶阶段：由微观晶体组成的胶体并不稳定，能够逐渐再结晶，生成宏观晶体，使水泥浆硬化体的机械强度不断提高，最终成为具有一定机械强度的水泥石。

191. 影响水泥水化速度的主要因素有哪些？

（1）熟料矿物组成的影响：水泥的硬化速度不是四种矿物硬化速度的简单加和，但也有一些相关规律性，C_3A 水化速度非常迅速，C_4AF 和 C_3S 次之，C_2S 水化速度最慢，但后期强度增长率高。另外，水化产物的结构也影响水化速度。

（2）水泥粉磨细度的影响：提高水泥的粉磨细度，使水泥颗粒的表面积增大，因而水化反应也进行得更快，水泥的硬化速度变快，早期强度高。根据大量试验证明，$25\mu m$ 以下的颗粒活性最大，可以加快水泥凝结硬化速度，提高早期强度，但粉磨过细在经济技术上也不合理，所以要选择一个"最佳细度"，使水泥的颗粒级配合理为佳。

（3）养护温度的影响：温度升高，水化反应加速，提高早期强度。

（4）水灰比的影响：增大水灰比会使水化速度加快。

（5）外加剂的影响：加入少量外加剂也能促进水泥的水化速度和水化过程。

192. 水泥在进场使用前，为什么要做水泥安定性试验？

水泥安定性是检验水泥质量的重要品质指标之一。

在水泥凝结硬化过程中，或多或少会发生一些体积变化，如果这种变化是发生在水泥硬化之前，或者即使发生在硬化以后但很不显著，则对建筑物不会有什么影响；如果在水泥硬化后产生剧烈而不均匀的体积变化，即发生安定性不良，则会使建筑物质量降低，甚至发生崩溃。因此，在水泥使用前，必须先做水泥安定性试验。

193. 影响水泥密度的因素有哪些？

影响水泥密度的因素主要有：熟料矿物的组成和煅烧程度、水泥的储存条件和时间，混合材料的种类和掺加量等。

（1）由于硅酸盐水泥熟料中各种矿物的密度不同，其熟料矿物组成的变化，将影响水泥的密度。熟料主要矿物的密度见表 2-2。

表 2-2 熟料主要矿物的密度

矿物	C_3S	C_2S	C_3A	C_4AF	f-CaO
密度（g/cm³）	3.25	3.28	3.04	3.77	3.34

（2）储存条件和时间在一定程度上影响水泥的密度，这是由于水泥中密度较大的 f-CaO 吸收了空气中的水分和二氧化碳，产生了密度较小的 $Ca(OH)_2$（密度 2.24g/cm³）和 $CaCO_3$（密度 2.93g/cm³）。

（3）常用混合材料的密度均小于熟料密度；掺有混合材料的水泥，其密度均低于硅酸盐水泥。因此水泥密度不仅与熟料主要矿物的密度有关，还与混合材料的种类和掺加量有关。

194. 用于混凝土中的粉煤灰的理化性能指标是如何确定的？

拌制砂浆和混凝土用粉煤灰应符合表 2-3 的要求。

表 2-3 粉煤灰理化性能指标

项目		理化性能要求		
		I级	II级	III级
细度（45μm方孔筛筛余）（%）	F类粉煤灰	≤12.0	≤30.0	≤45.0
	C类粉煤灰			
需水量比（%）	F类粉煤灰	≤95	≤105	≤115
	C类粉煤灰			
烧失量（Loss）（%）	F类粉煤灰	≤5.0	≤8.0	≤10.0
	C类粉煤灰			
含水量（%）	F类粉煤灰	≤1.0		
	C类粉煤灰			
三氧化硫（SO_3）（质量分数,%）	F类粉煤灰	≤3.0		
	C类粉煤灰			
游离氧化钙（f-CaO）（质量分数,%）	F类粉煤灰	≤1.0		
	C类粉煤灰	≤4.0		
二氧化硅、三氧化二铝和三氧化二铁（总质量分数,%）	F类粉煤灰	≥70.0		
	C类粉煤灰	≥50.0		
密度（g/cm³）	F类粉煤灰	≤2.6		
	C类粉煤灰			
安定性（雷氏法）（mm）	C类粉煤灰	≤5.0		
强度活性指数（%）	F类粉煤灰	≥70.0		
	C类粉煤灰			

195. 矿渣粉的进场质量控制要点有哪些？

矿渣粉进场应检查随车的质量证明文件：产品合格证、出厂检验报告以及出厂过磅单，检查其生产厂家、品种、等级、批号、出厂日期等是否与实际相符，不相符者不得收货。证明文件合格者，由收料员安排过磅并指定料仓号。入仓时，应避免打错料仓的现象，打料口应有控制措施，如上锁具。

196. 根据矿物掺合料的活性程度，矿物掺合料如何分类？

根据矿物掺合料的活性程度，矿物掺合料分活性矿物掺合料和非活性矿物掺合料两类。

（1）活性矿物掺合料

含有一定数量的氧化钙、氧化铝和氧化硅等玻璃态矿物，如粉煤灰、粒化高炉矿渣粉、火山灰质材料（包括火山灰、沸石岩、凝灰岩、硅藻土、煅烧页岩、煅烧黏土和硅粉等）。

（2）非活性矿物掺合料

不含或含极少的玻璃态矿物，如磨细石灰石粉和砂岩粉等，在混凝土（砂浆）中起填充作用，用以改善混凝土（砂浆）的和易性等性能。

197. 矿物掺合料进场检验批如何规定？

按同一厂家、同一品种、同一技术指标、同一批号且连续进场的矿物掺合料，粉煤灰、石灰石粉、磷渣粉和钢铁渣粉不超过 200t 为一批，粒化高炉矿渣粉和复合矿物掺合料不超过 500t 为一批，沸石粉不超过 200t 为一批，硅灰不超过 30t 为一批，每批抽样数量不应少于一次。

198. 粒化高炉矿渣粉进场主控项目有哪些？活性指数检测时所用对比水泥有何要求？

粒化高炉矿渣粉的主要控制项目应包括：比表面积、密度、活性指数、流动度比。其中活性指数检测时，采用的对比水泥为强度等级 42.5 的硅酸盐水泥或普通硅酸盐水泥，且 3d 抗压强度 25～35MPa，7d 抗压强度 35～45MPa，28d 抗压强度 50～60MPa，比表面积 350～400m^2/kg，SO$_3$ 含量（质量分数）2.3%～2.8%，碱含量（Na$_2$O＋0.658K$_2$O）（质量分数）0.5%～0.9%。

199. 不同级别的矿渣粉有哪些具体技术指标？

矿渣粉主要技术指标见表 2-4。

表 2-4　矿渣粉主要技术指标

项目		级别		
		S105	S95	S75
密度（g/cm^3）		≥2.8		
比表面积（m^2/kg）		≥500	≥400	≥300
活性指数（%）	7d	≥95	≥70	≥55
	28d	≥105	≥95	≥75
流动度比（%）		≥95		
初凝时间比（%）		≤200		
含水量（质量分数，%）		≤1.0		
三氧化硫（质量分数，%）		≤4.0		
氯离子（质量分数，%）		≤0.06		
烧失量（质量分数，%）		≤1.0		
不溶物（质量分数，%）		≤3.0		
玻璃体含量（质量分数，%）		≥85		
放射性		I_{Ra}≤1.0 且 I_r≤1.0		

200. 矿渣粉进场取样有什么要求？

所取样品应具代表性，应从 20 个以上的不同部分取等量样品作为一组试样，样品总量至少 10kg。分为两份，一份待检，一份封存留样。取样人员应对所取样品进行唯一性编号标识。

201. 《普通混凝土用砂、石质量及检验方法标准》（JGJ 52—2006）中砂的颗粒级配是怎么分区的？

除特细砂外，砂的颗粒级配可按公称直径 630μm 筛孔的累计筛余量，分成三个级配区，且砂的颗粒级配应处于表 2-5 中的某一区内。砂的实际颗粒级配与表中的累计筛余相比，除公称粒径为 5.00mm 和 630μm 的累计筛余外，其余公称粒径的累计筛余可稍有超出分界线，但总超出量不应大于 5%。

表 2-5　砂颗粒级配区

公称粒径	级配区		
	Ⅰ区	Ⅱ区	Ⅲ区
	累计筛余（%）		
5.00mm	10～0	10～0	10～0
2.5mm	35～5	25～0	15～0
1.25mm	65～35	50～10	25～0
630μm	85～71	70～41	40～16
315μm	95～80	92～70	85～55
160μm	100～90	100～90	100～90

202. 建筑用石的筛分试验应采用圆孔筛还是方孔筛？建筑用石的公称粒径、筛孔的公称直径与方孔筛筛孔边长符合什么规定？

建筑用石的筛分试验应采用方孔筛，并应符合表 2-6 的规定。

表 2-6　石的公称粒径、石筛筛孔的公称直径与方孔筛筛孔边长

石的公称粒径（mm）	石筛筛孔的公称直径（mm）	方孔筛筛孔边长（mm）
2.5	2.5	2.36
5.0	5.0	4.75
10.0	10.0	9.5
16.0	16.0	16.0
20.0	20.0	19.0
25.0	25.0	26.5
31.5	31.5	31.5
40.0	40.0	37.5
50.0	50.0	53.0
63.0	63.0	63.0
80.0	80.0	75.0
100.0	100.0	90.0

203. 配制混凝土的碎石和卵石的颗粒级配有何要求？

混凝土用石应采用连续粒级，单粒级宜用于组合成满足要求的连续粒级，也可与连续粒级混合使用，以改善其级配或配成较大粒度的连续粒级。

当碎石或卵石的颗粒级配不符合表 2-7 及表 2-8 要求时，应采取措施并经试验验证能确保工程质量后，方允许使用。

表 2-7 碎石或卵石的颗粒级配范围（连续粒级）

级配情况	公称粒径（mm）	2.36	4.75	9.50	16.0	19.0	26.5	31.5	37.5	53	63	75	90
		方孔筛筛孔边长（mm）											
		累计筛余，按质量（%）											
连续粒级	5～10	95～100	80～100	0～15	0	—	—	—	—	—	—	—	—
	5～16	95～100	85～100	30～60	0～10	0	—	—	—	—	—	—	—
	5～20	95～100	90～100	40～80	—	0～10	0	—	—	—	—	—	—
	5～25	95～100	90～100	—	30～70	—	0～5	0	—	—	—	—	—
	5～31.5	95～100	90～100	70～90	—	15～45	—	0～5	0	—	—	—	—
	5～40	—	95～100	70～90	—	30～65	—	—	0～5	0	—	—	—

表 2-8 碎石或卵石的颗粒级配范围（单粒级）

级配情况	公称粒级（mm）	2.36	4.75	9..5	16.0	19.0	26.5	31.5	37.5	53	63	75	90
		方孔筛筛孔边长（mm）											
		累计筛余，按质量（%）											
单粒级	10～20	—	95～100	85～100	—	0～15	0	—	—	—	—	—	—
	16～31.5	—	95～100	—	85～100	—	—	0～10	0	—	—	—	—
	20～40	—	—	95～100	—	80～100	—	—	0～10	0	—	—	—
	31.5～63	—	—	—	95～100	—	—	75～100	45～75	—	0～10	0	—
	48～80	—	—	—	—	95～100	—	—	70～100	—	30～60	0～10	0

204. 什么是外加剂的匀质性？

外加剂产品呈均匀、同一状态的性能。

205. 什么是胶砂减水率？

在胶砂流动度基本相同时，基准胶砂和掺外加剂的受检胶砂用水量之差与基准胶砂用水量之比，以百分数表示。

206. 什么是减水率？

在混凝土坍落度基本相同时，基准混凝土和掺外加剂的受检混凝土单位用水量之差与基准混凝土单位用水量之比，以百分数表示。

207. 泌水率、泌水率比的定义是什么？

泌水率是指单位质量新拌混凝土泌出水量与其用水量之比，以百分数表示。

泌水率比是指受检混凝土和基准混凝土的泌水率之比，以百分数表示。

208. 常压泌水率比、压力泌水率比的定义是什么？

常压泌水率比是指受检混凝土与基准混凝土在常压条件下的泌水率之比，以百分数表示。

压力泌水率比是指受检混凝土与基准混凝土在压力条件下的泌水率之比，以百分数表示。

209. 基准砂浆、受检砂浆的定义是什么?

基准砂浆是指符合相关标准试验条件规定的、未掺有外加剂的水泥砂浆。

受检砂浆是指符合相关标准试验条件规定的、掺有外加剂的水泥砂浆。

210. 基准混凝土、受检混凝土的定义是什么?

基准混凝土是指符合相关标准试验条件规定的、未掺有外加剂的混凝土。

受检混凝土是指符合相关标准试验条件规定的、掺有外加剂的混凝土。

211. 外加剂的出厂检验如何判定?

型式检验报告在有效期内,且出厂检验结果符合表 2-9 的要求,可判定为该批产品检验合格。

表 2-9　外加剂匀质性指标

项目	指标
氯离子含量 (%)	不超过生产厂控制值
总碱量 (%)	不超过生产厂控制值
含固量 (%)	$S>25\%$时,应控制在 $0.95S\sim1.05S$
	$S\leq25\%$时,应控制在 $0.90S\sim1.10S$
含水率 (%)	$W>5\%$时,应控制在 $0.9W\sim1.1W$
	$W\leq5\%$时,应控制在 $0.8W\sim1.2W$
密度 (g/cm³)	$D>1.1$时,应控制在 $D\pm0.03$
	$D\leq1.1$时,应控制在 $D\pm0.02$
细度	应在生产厂控制范围内
pH	应在生产厂控制范围内
硫酸钠含量 (%)	不超过生产厂控制值

注: 1. 生产厂应在相关的技术资料中明示产品的匀质性指标的控制值;
　　2. 对相同和不同批次之间的匀质性和等效性的其他要求,可由供需双方商定;
　　3. 表中的 S、W 和 D 分别为含固量、含水率和密度的生产厂控制值。

212. 外加剂取样及试样有何规定?

外加剂取样分为点样和混合样,点样是在一次生产产品时所取得的一个试样。混合样是三个或更多的点样等量均匀混合而取得的试样。

每一批号取样量不少于 0.2t 水泥所需用的外加剂量。每一批号取样应充分混匀,分为两等份,其中一份按相应标准规定的项目进行试验,另一份密封保存 6 个月,以备有疑问时,提交国家指定的检验机关进行复验或仲裁。

213. 外加剂批号如何确定?

生产厂应根据产量和生产设备条件,将产品分批编号。掺量大于 1% (含 1%)。同品种的外加剂每一批号为 100t,掺量小于 1% 的外加剂每一批号为 50t。不足 100t 或 50t 的也应按一个批量计,同一批号的产品必须混合均匀。

214. 外加剂进场时,应由供货单位提供哪些质量证明文件?

(1) 产品说明书,并应标明产品主要成分;

（2）出厂检验报告及合格证；

（3）掺外加剂混凝土性能检验报告。

215. 外加剂使用及存放有哪些注意事项？

（1）外加剂应按不同供货单位、不同品种、不同牌号分别存放，标识应清楚。

（2）粉状外加剂应防止受潮结块，如有结块，经性能检验合格后应粉碎至全部通过0.63mm 筛后方可使用。液体外加剂应放置于阴凉干燥处，防止日晒、受冻、污染、进水或蒸发，如有沉淀等现象，经性能检验合格后方可使用。

（3）外加剂配料控制系统标识应清楚，计量应准确，计量误差不应大于外加剂用量的 2%。

216. 高强高性能混凝土用矿物外加剂按其矿物组成如何分类？

矿物外加剂按其矿物组成分为五类：磨细矿渣、粉煤灰、磨细天然沸石、硅灰、偏高岭土。

217. 饮用水作为混凝土用水的标准要求是什么？

符合《生活饮用水卫生标准》（GB 5749—2022）的生活饮用水，可拌制各种混凝土；满足混凝土拌和用水要求即可满足混凝土养护用水要求。

218. 混凝土拌和用水有哪些技术要求？

（1）混凝土拌和用水水质要求应符合表 2-10 的规定。对于设计使用年限为 100 年的结构混凝土，氯离子含量不得超过 500mg/L；对使用钢丝或经热处理钢筋的预应力混凝土，氯离子含量不得超过 350mg/L。

表 2-10　混凝土拌和用水水质要求

项目	预应力混凝土	钢筋混凝土	素混凝土
pH	$\geqslant 5.0$	$\geqslant 4.5$	$\geqslant 4.5$
不溶物（mg/L）	$\leqslant 2000$	$\leqslant 2000$	$\leqslant 5000$
可溶物（mg/L）	$\leqslant 2000$	$\leqslant 5000$	$\leqslant 10000$
Cl^-（mg/L）	$\leqslant 500$	$\leqslant 1000$	$\leqslant 3500$
SO_4^{2-}（mg/L）	$\leqslant 600$	$\leqslant 2000$	$\leqslant 2700$
碱含量（mg/L）	$\leqslant 1500$	$\leqslant 1500$	$\leqslant 1500$

碱含量按 $Na_2O+0.658K_2O$ 计算值表示。采用非碱活性骨料时，可不检验碱含量。

（2）地表水、地下水、再生水的放射性应符合现行国家标准《生活饮用水卫生标准》（GB 5749）的规定。

（3）被检验水样应与饮用水样进行水泥凝结时间对比试验，对比试验的水泥初凝时间及终凝时间差均不应大于 30min。

（4）被检验水样应与饮用水样进行水泥胶砂强度对比试验，被检验水泥配制的水泥胶砂 3d 和 28d 强度不应低于饮用水配制的水泥胶砂 3d 和 28d 强度的 90%。

（5）混凝土拌和用水不应有漂浮明显的油脂和泡沫，不应有明显的颜色和异味。

（6）混凝土企业设备洗刷水不宜用于预应力混凝土、装饰混凝土、加气混凝土和暴露于腐蚀环境的混凝土；不得用于使用碱活性或潜在碱活性骨料的混凝土。

（7）未经处理的海水严禁用于钢筋混凝土和预应力混凝土。

（8）在无法获得水源的情况下，海水可用于素混凝土，但不宜用于装饰混凝土。

219. 混凝土养护用水有哪些技术要求？

混凝土养护用水可不检验不溶物和可溶物，其他检验项目应符合《混凝土用水标准》（JGJ 63—2006）的规定。

混凝土养护用水可不检验水泥凝结时间和水泥胶砂强度。

220. 外加剂使用时有哪些注意事项？

外加剂的使用效果受到多种因素的影响，因此，选用外加剂时应特别予以注意。

（1）使用任何外加剂前都应进行相应的试验，确保能达到或满足预期的要求；

（2）验证外加剂与水泥（包括掺合料）之间的适应性；

（3）任何两种及以上的外加剂共同使用时，必须进行相容性试验，避免想当然的做法；

（4）理解各种外加剂的作用，根据混凝土性能要求正确使用外加剂；

（5）每种外加剂都有其适用范围和合理掺量，使用范围不当、掺量过大或过小都有可能产生不可预计的结果。

2.1.2 混凝土知识

221. 普通混凝土组成材料是什么？各自作用分别是什么？

普通混凝土组成材料包括水泥、砂、石、水、外加剂和矿物掺合料。

水泥是混凝土材料中关键的组分，在混凝土中作为胶凝材料，通过与水反应，将骨料胶结在一起，形成完整、坚硬的人造石。

砂、石骨料主要起骨架作用，还有经济作用、技术作用。

水保证水泥等胶凝材料的水化、保证混凝土具有一定的流动性。

外加剂改善混凝土的工作性、强度、耐久性等性能。

矿物掺合料可取代部分水泥，降低水泥用量，并可改善混凝土的和易性，提高混凝土性能。

222. 普通混凝土中水泥浆的作用是什么？

水泥浆能充填砂的空隙，起润滑、流动作用，赋予混凝土拌合物一定的流动性。水泥浆在混凝土硬化后起胶结作用，将砂石胶结成整体，产生强度，成为坚硬的水泥石。

223. 什么是混凝土的和易性？

和易性是指混凝土拌合物在一定的施工条件下，易于施工操作（拌和、运输、浇筑和振捣），不发生分层、离析、泌水等现象，以获得质量均匀、成型密实的混凝土性能。

224. 混凝土和易性包含哪三方面内容？

和易性是反映混凝土拌合物易于流动但组分间又不分离的一种性能，是一项综合技术性能，主要包括流动性、黏聚性和保水性三方面的含义。

流动性是指混凝土拌合物在自重或施工机械振捣的作用下，能产生流动，并均匀密实地充满模板的性能。

黏聚性是指混凝土拌合物内部各组分间具有一定的黏聚力，在运输和浇筑过程中不致产生分层离析现象，使混凝土保持整体均匀的性能。

保水性是指混凝土拌合物具有一定的保持内部水分的能力，在施工过程中不致产生严重的泌水现象。

225. 影响混凝土和易性的因素有哪些?

（1）组成材料，包括水泥品种和细度、骨料的品种和粗细程度、矿物掺合料、外加剂等。

（2）配合比，包括单位用水量、水胶比和浆骨比、砂率等。

（3）温度和时间，气温高、湿度小、风速大将加速流动性的损失。随着时间的延长，混凝土拌合物流动性变差。

226. 原材料对混凝土和易性的影响因素有哪些?

（1）水泥品种和细度。

不同品种的水泥标准稠度用水量不同，标准稠度用水量越大，相同水胶比条件下混凝土拌合物的流动性就越小。同样，相同品种的水泥细度越大，相同水胶比条件下混凝土拌合物的流动性就越小。

（2）骨料的品种和粗细程度。

骨料的颗粒粒径、粒形、表面特征、级配、含泥（粉）量等影响混凝土拌合物的和易性。级配良好的砂石骨料总比表面积和空隙率小，包裹骨料表面和填充空隙所需的水泥浆用量小，对混凝土拌合物流动性有利。

（3）矿物掺合料。

由于矿物掺合料的形态效应、微骨料效应，掺加一定量的优质粉煤灰、矿渣粉等矿物掺合料可以改善混凝土的和易性，提高混凝土的黏聚性和保水性，减少离析、泌水现象。

（4）外加剂。

减水剂和引气剂可以改善混凝土的和易性，可使混凝土在不增加用水量的条件下增加流动性，并具有良好的黏聚性和保水性。

227. 配合比设计对混凝土和易性的影响因素有哪些?

（1）单位用水量。

单位用水量是混凝土流动性的决定因素。用水量增大，流动性随之增大。但用水量过高会导致保水性和黏聚性变差，产生泌水或分层离析现象，从而影响混凝土的匀质性、强度和耐久性。

（2）水胶比和浆骨比。

在水泥用量不变的情况下，合理的水胶比可以改善混凝土的和易性。在水胶比一定的前提下，合理的浆骨比可以改善混凝土的和易性。

（3）砂率。

选择合理的砂率可以改善混凝土的和易性。在水泥用量和水胶比一定的条件下，砂率在一定范围内增大，有助于提高混凝土的流动性。一般情况下，在保证混凝土不离析、能很好浇筑振实的前提下，应尽量选用较小的砂率以节约水泥。

228. 硬化混凝土物理性能包含哪些内容？

密实度、孔隙率、渗透性、吸水性和热性能。

229. 硬化混凝土力学性能包含哪些内容？

抗压强度、抗拉强度、抗折强度、抗剪强度和混凝土与钢筋的粘结强度。

230. 影响混凝土强度的材料因素有哪些？

（1）水泥强度。

对于普通混凝土，骨料强度通常大大超过水泥石和粘结面的强度，因此混凝土强度主要取决于水泥石强度及其与骨料的粘结强度，而它们又取决于水泥强度等级及水灰比的大小。水泥强度越高，水泥石自身强度及其与骨料的粘结强度就越高，混凝土强度也越高。

（2）骨料质量与级配。

骨料强度一般比水泥石强度高，但骨料中的泥、泥块等有害物质将降低混凝土强度，骨料的颗粒形状对混凝土强度产生影响。骨料级配良好，砂率适当时，砂石骨料填充密实，提高混凝土的强度。

（3）外加剂。

掺加减水剂，在保证相同流动性的前提下，减少用水量，降低水灰比，提高混凝土强度。掺加引气剂，混凝土的含气量提高，使混凝土强度降低。

（4）矿物掺合料。

掺加硅灰，由于硅灰超细颗粒的物理紧密填充作用，使水泥石密实性和过渡区明显改善，混凝土早期强度提高。掺加粉煤灰、矿渣粉等矿物掺合料，由于水泥用量降低，混凝土早期强度降低。掺加矿物掺合料，由于矿物掺合料中含有的大量的活性 SiO_2、Al_2O_3 等物质，可与水泥水化产物 $Ca(OH)_2$ 发生二次反应，明显改变水泥石结构，其后期强度不断增长。

（5）水灰比。

水灰比越大，混凝土强度越低。

231. 影响混凝土强度的施工因素有哪些？

（1）搅拌、振捣。

混凝土搅拌是否均匀、振捣是否密实，直接影响混凝土强度。

（2）养护条件与龄期。

混凝土早期必须加强养护，保持适当的温度和湿度，保证水泥水化不断进行，强度不断增长。

正常养护条件下，混凝土龄期越长，强度越高。

232. 混凝土有哪几种养护方法？

（1）在温度为（20±2）℃，相对湿度为 95％以上的条件下进行的养护，称为标准养护。

（2）在自然气候条件下采取覆盖保湿、浇水润湿、防风防干、保温防冻等措施进行的养护，称为自然养护。

（3）凡能加速混凝土强度发展过程的养护工艺措施，称为快速养护。快速养护包括热养护法、化学促硬法、机械作用法及复合法。

233. 润滑混凝土泵和输送内管壁的浆料有何要求？

（1）水泥净浆；

（2）1：2 水泥砂浆；

（3）与混凝土内除粗骨料外的其他成分相同配合比的水泥砂浆。

234. 润滑混凝土泵和输送内管壁的浆料泵出后应如何处理？

润滑混凝土用浆料泵出后应妥善回收，不得作为结构混凝土使用。

235. 冬期施工期限划分的原则是什么？

根据当地多年气象资料统计，当室外日平均气温连续 5d 稳定低于 5℃ 即进入冬期施工，当室外日平均气温连续 5d 高于 5℃ 即解除冬期施工。

（在未进入冬期施工阶段）当混凝土未达到受冻临界强度而气温骤降至 0℃ 以下时，应按冬期施工的要求采取应急防护措施。

236. 什么是混凝土的早期受冻（早期冻害)？

混凝土的早期受冻指混凝土浇筑后，在养护硬化期间受冻，它能损害混凝土的一系列性能，造成混凝土强度、混凝土与钢筋的粘结强度降低。

237. 混凝土早期受冻的原因是什么？

混凝土浇筑后，在养护硬化期间，当温度降低到 0℃ 以下时，混凝土内毛细孔中的自由水开始结冰，体积膨胀。在某一冻结温度下存在着结冰的水和过冷的水，结冰的水产生体积膨胀，过冷的水发生迁移，引起各种压力，当这些压力达到一定程度时，混凝土内部的抗压强度和抗拉强度不足以抵抗混凝土中毛细孔水结冰所引起的膨胀应力，水分结冰所产生的膨胀将使混凝土内部结构产生严重破坏，造成不可恢复的强度损失。

2.1.3 试验检验部分

238. 水泥强度检验的意义是什么？

水泥强度是水泥重要的物理力学性能之一，是硬化的水泥石能够承受外力破坏的能力。根据受力形式的不同，水泥强度的表示方法通常有抗压强度、抗折强度两种，它们之间有着内在的联系。由于在混凝土中主要使用抗压强度，因此水泥强度一般由水泥的 28d 抗压强度来表示。

水泥强度等级一般由水泥两个龄期的强度指标来划分，水泥达到某一强度等级，除要求该水泥的 28d 抗压强度达到规定的强度值外，还要求达到其他龄期规定的强度值。通过检验水泥强度，一方面可确定水泥强度等级，评价水泥质量的好坏，另一方面可为设计混凝土强度等级提供依据。

239. 水泥细度的检验方法有哪几种?

《水泥细度检验方法筛析法》(GB/T1345—2005)规定了筛析法的三种细度检验方法:负压筛析法、水筛法、手工筛析法。三者测定结果发生争议时,以负压筛析法为准。

三种检验方法采用 $45\mu m$ 和 $80\mu m$ 方孔筛对水泥试样进行筛析试验,用筛余物的质量百分数来表示水泥样品的细度。

(1)负压筛析法。用负压筛析仪,通过负压源产生的恒定气流,在规定的筛析时间内使试验筛内的水泥达到筛分;

(2)水筛法。将试验筛放在水筛座上,用规定压力的水流,在规定时间内使试验筛内的水泥达到筛分;

(3)手工筛析法。将试验筛放在接料盘(底盘)上,用手工按照规定的拍打速度和转动角度,对水泥进行筛析试验。

240. 负压筛析法的注意事项有哪些?

(1)筛析试验前,应把负压筛放在筛座上,盖上筛盖,接通电源、检查控制系统,调节负压至 4000~6000Pa 范围内。

(2)试验前要检查被测样品,水泥样品应充分拌匀,通过 0.9mm 的方孔筛,记录筛余物情况,不得受潮、结块或混有其他杂质。

(3)负压筛析仪工作时,应保持水平,避免外界振动和冲击。

(4)取试样精确至 0.01g,置于洁净的负压筛中,放在筛座上,盖上筛盖,接通电源,开动筛析仪连续筛析 2min,在此期间如有试样附着在筛盖上,可轻轻地敲击筛盖使试样落下。筛毕,用天平称量全部筛余物。

(5)每做完一次筛析试验,应用毛刷清理一次筛网,其方法是用毛刷在试验筛正、反两面刷几次,清理筛余物,但每个试验后在试验筛的正反面的清理次数应相同,否则会大大影响筛析结果。

(6)使用时间过长时应检查负压值是否正常,如不正常,可将吸尘器卸下,打开吸尘器将筒内灰尘和过滤布袋上附着的灰尘等清理干净,使负压恢复正常。

241. 水筛法检验水泥细度应注意哪些事项?

(1)水泥样品应充分拌匀,通过 0.9mm 的方孔筛,记录筛余物情况,要防止过筛时混进其他水泥;

(2)筛析试验前,应检查水中无泥、砂,调整好水压及水筛架的位置使其能正常运转,并控制喷头底面和筛网之间距离为 35~75mm;

(3)称取试样精确至 0.01g,置于洁净的水筛中,立即用淡水冲洗至大部分细粉通过后,放在水筛架上;

(4)冲洗压力必须控制在 (0.05±0.02) MPa,冲洗时间为 3min;

(5)冲洗时试样在筛子内分布要均匀;

(6)水筛应保持洁净,定期检查校正;

（7）要防止喷头孔眼堵塞。

242. 手工筛析法检验水泥细度应注意哪些事项？

（1）水泥样品应充分拌匀，通过 0.9mm 的方孔筛，记录筛余物情况。

（2）手工筛要保持清洁、干燥，筛孔畅通。

（3）称取试样精确至 0.01g，倒入手工筛内。用一只手持筛往复摇动，另一只手轻轻拍打，往复摇动和轻轻拍打过程应保持近于水平。

（4）拍打速度每分钟约 120 次，每 40 次向同一方向转动 60°。

（5）试样要均匀分布在筛网上，直至每分钟通过的试样量不超过 0.03g 为止。

243. 用筛析法检验水泥细度时对称量质量的要求是什么？

《水泥细度检验方法筛析法》（GB/T 1345—2005）规定：试验时，$80\mu m$ 筛析试验称取试样 25g，$45\mu m$ 筛析试验称取试样 10g，精确到 0.01g。

244. 怎样确定试验用筛修正系数？

试验用筛修正系数是用标准粉来测定的，测定时用试验筛筛析标准粉，测出标准粉在试验筛上的筛余。每个试验筛的标定应称取两个标准样品连续进行，中间不得插做其他样品试验。两个样品筛余结果的算术平均值为最终值，但当两个样品筛余结果相差大于 0.3% 时，应称取第三个样品进行试验，并取接近的两个结果进行平均作为最终结果。

修正系数按式 2-1 计算，修正系数计算精确至 0.01。

$$C=F_n/F_t \qquad\qquad 式\ 2\text{-}1$$

式中　C——试验筛修正系数；

　　　F_n——标准样品的筛余标准值，单位为质量百分数，%；

　　　F_t——标准样品在试验筛上的筛余值，单位为质量百分数，%。

当 C 值在 0.80～1.20 范围内时，试验筛可以继续使用，C 可作为结果修正系数；

当 C 值超出 0.80～1.20 范围时，试验筛应予淘汰。

245. 《水泥胶砂强度检验方法（ISO 法）》（GB/T 17671—2021）对实验室设备及环境条件的基本要求是什么？

（1）胶砂试体成型实验室的温度应保持在（20±2）℃，相对湿度应不低于 50%。

（2）胶砂试体带模养护的养护箱或雾室温度保持在（20±1）℃，相对湿度应不低于 90%。

（3）胶砂试体养护池水温应在（20±1）℃范围内。

（4）实验室空气温度和相对湿度及养护池水温在工作期间每天至少记录一次；养护箱或雾室的温度与相对湿度至少每 4h 记录一次，在自动控制的情况下记录次数可以酌减至一天记录两次。在温度给定范围内，控制所设定的温度应在此范围中。

（5）用于制备和测试用的设备应该与实验室温度相同。在给定温度范围内，控制系统所设定的温度应为给定温度范围的中值。

设备公差，试验时对设备的正确操作很重要。当定期控制检测发现公差不符时，该设备应替换，或及时进行调整和修理。控制检测记录应予保存。

对新设备的接收检测应包括相关标准规定的质量、体积和尺寸范围，对于公差规定的临界尺寸要特别注意。

246. 在物理试验前，为何要将样品混合均匀？

在水泥制成过程中，由于各种物料（如熟料、石膏和混合材等）成分及在不同的时间间隔内不完全一样，相应地引起水泥成分有所波动。如果试验前不将样品混合均匀，必然使所做试验失去代表性，达不到样品检测的目的。因此，在物理试验前，必须将样品混合均匀。

247. 制备水泥胶砂试体有哪些注意事项？

（1）胶砂的质量配合比应为一份水泥、三份标准砂和半份水（水灰比为 0.5）。一锅胶砂成型三条试体，每锅材料需要量：水泥（450±2）g、标准砂（1350±5）g、水（225±1）mL 或（225±1）g。

（2）水泥样品应贮存在气密的容器里，这个容器应不与水泥起反应，试验前混合均匀。

（3）标准砂使用中国 ISO 标准砂。

（4）验收试验或有争议时应使用符合《分析实验室用水规格和试验方法》（GB/T 6682—2008）规定的三级水，其他试验可用饮用水。

（5）天平分度值不大于±1g。

（6）计时器分度值不大于±1s。

（7）加水器分度值不大于±1mL。

（8）每锅胶砂用搅拌机进行搅拌，可采用自动控制，也可采用手动控制。先使搅拌机处于工作状态，然后按以下的程序进行操作：

① 把水加入锅里，再加入水泥，把锅放在固定架上，上升至固定位置。

② 立即开动机器，低速搅拌（30±1）s 后，在第二个（30±1）s 开始的同时均匀地将砂子加入，机器转至高速再拌（30±1）s。

③ 停拌 90s，在停拌的（15±1）s 内，将搅拌锅放下，用一刮刀将叶片、锅壁和锅底上的胶砂刮入锅中。

④ 再在高速下继续搅拌（60±1）s。

248. 水泥标准稠度用水量如何测定？

（1）准备工作和净浆制备步骤。

① 维卡仪的滑动杆能自由滑动；试模和玻璃底板用湿布擦拭，将试模放在底板上；调整至试杆接触玻璃板时指针对准零点；搅拌机运行正常。

② 称取 500g 水泥试样，并根据水泥的品种、混合材掺量、细度等，量取该试样达到标准稠度时大致所需的水量。

③ 搅拌锅和搅拌叶片先用湿布擦过，将拌合水倒入搅拌锅内，然后在 5～10s 内小心将称好的 500g 水泥加入水中，防止水和水泥溅出；拌和时，先将锅放在搅拌机的锅座上，升至搅拌位置，启动搅拌机，低速搅拌 120s，停 15s，同时将叶片和锅壁上的水泥刮入锅中间，接着高速搅拌 120s 停机。

（2）标准稠度用水量（标准法）操作方法。

① 拌和结束后，立即取适量水泥净浆一次性将其装入已置于玻璃底板上的试模中，浆体超过试模上端，用宽约 25mm 的直边刀轻轻拍打超出试模部分的浆体 5 次，以排除浆体中的孔隙。

② 在试模上表面约 1/3 处，略倾斜于试模，分别向外轻轻锯掉多余净浆，再从试模边沿轻抹顶部一次，使净浆表面光滑。在锯掉多余净浆和抹平的过程中，注意不要压实净浆。

③ 抹平后迅速将试模和底板移到维卡仪上，并将其中心定在试杆下，降低试杆直至与水泥净浆表面接触，拧紧螺钉 1～2s 后，突然放松，使试杆垂直自由地沉入水泥净浆中。在试杆停止沉入或释放试杆 30s 时记录试杆距底板之间的距离。升起试杆后，立即擦净，整个操作应在搅拌后 1.5min 内完成。

④ 以试杆沉入净浆并距底板（6±1）mm 的水泥净浆为标准稠度净浆。其拌和用水量为该水泥的标准稠度用水量（P），按水泥质量的百分比计。

（3）标准稠度用水量（代用法）可采用调整水量法和不变水量法两种方法中任一种方法测定，如发生争议时以调整水量法为准，操作方法简述如下：

① 拌和完毕，立即将净浆一次装入试模内，装入量比锥模容量稍多一点，但不要过多，然后用小刀插捣 5 次并轻振 5 次，排除净浆表面气泡并填满模内。

② 用小刀从模中心线开始分两下刮去多余的净浆，然后一次抹平后，并迅速放到试锥下固定位置上。

③ 将试锥降至净浆表面，拧紧螺钉，然后突然放松，让试锥自由沉入净浆中，到试锥停止下沉或释放试针 30s 时记录试锥下沉深度。整个操作应在搅拌后 1.5min 内完成。

④ 用调整水量法测定时，以试锥下沉深度（30±1）mm 时的净浆拌和用水量为该水泥的标准稠度用水量（P），按水泥质量的百分比计。如下沉深度超出范围，需另称试样，调整水量，重新试验，直至达到（30±1）mm 为止。

⑤ 采用不变水量法测定时，拌和用水量为 142.5mL，水量准确至 0.5mL。根据试锥下沉深度 S（mm），按公式 $P = 33.4 - 0.185S$ 计算得到标准稠度用水量。当试锥下沉深度小于 13mm 时，应改用调整水量法测定。

249. 水泥的凝结时间是如何定义的？如何测定水泥的凝结时间？

（1）水泥的凝结时间分为初凝时间和终凝时间。初凝时间为水泥加水拌和起至水泥浆开始失去可塑性的时间；终凝时间为水泥加水拌和起到水泥浆完全失去可塑性并开始产生强度的时间。

（2）测定凝结时间的操作步骤如下：

① 将按标准稠度用水量检验方法拌制好的水泥净浆一次装入圆模，刮平，放入湿气养护箱。

② 记录水泥全部加入水中的时间，并以此作为凝结时间的起始时间。加水后 30min，从养护箱内取出试件进行第一次测定。测定时，试件放至试针下面，使试针与净浆表面接触，拧紧螺钉 1～2s 后突然放松，体试针自由沉入净浆，观察试针停止下沉或释放试针 30s 时指针读数。最初测定时，应轻扶测定仪的金属棒，使其徐徐下降，以

防试针撞弯。但最后仍以自由下落测得结果为准。

③ 临近初凝时间时每隔 5min（或更短时间）测定一次，当试针沉至距底板（4±1）mm 时为水泥达到初凝状态，从水泥全部加入水中至初凝状态的时间为水泥的初凝时间，用"min"来表示。

④ 初凝后把试针换为终凝针，同时立即将圆模连同浆体以平移的方法从玻璃板取下，翻转 180°，直径大端向上、小端向下放在玻璃板上，再放入湿气养护箱中继续养护，临近终凝时间时每隔 15min（或更短时间）测定一次，当试针沉入试体 0.5mm 时，即环形附件开始不能在试体上留下痕迹时，为水泥达到终凝状态，由水泥全部加入水中至终凝状态的时间为水泥的终凝时间，用"min"来表示。

250. 测定水泥凝结时间试验的操作步骤中应注意哪些事项？

（1）在最初测定的操作时，应轻轻扶持金属柱，使其徐徐下降，以防试针撞弯。但结果以自由下落为准。

（2）在整个测试过程中试针插入的位置至少要距试模内壁 10mm。临近初凝时，每隔 5min（或更短时间）测定一次，临近终凝时每隔 15min（或更短时间）测定一次，到达初凝状态时立即重复测一次，当两次结论相同时才能确定到达初凝状态。到达终凝状态时，需要在试体另外两个不同点测试，确认结论相同才能确定到达终凝状态。每次测定不能让试针落入原针孔。

（3）每次测试完毕必须将试针擦净并将试模放回湿气养护箱内，整个测试过程要防止试模受振。

（4）可以使用能得出与标准中规定方法相同结果的凝结时间自动测定仪，有矛盾时以标准规定方法为准。

251. 简述水泥安定性试验操作方法（代用法）。

（1）从按标准稠度用水量标准试验步骤制成的净浆中取出一部分，分成两等份，使之成球形，放在涂油的玻璃板上，轻轻振动玻璃板；

（2）用湿布擦过的小刀，由边缘向中央抹，做成直径 70～80mm、中心厚约 10mm、边缘渐薄、表面光滑的试饼；

（3）将试饼放入湿气养护箱内养护（24±2）h；

（4）脱去玻璃板取下试饼，在试饼无缺陷的情况下将试饼放在沸煮箱水中的篦板上，在（30±5）min 内加热至沸并恒沸（180±5）min，然后取出检验。

252. 如何正确使用雷氏夹？

雷氏夹结构单薄，受力不当容易产生变形，所以使用时应注意：

（1）脱模时用手给指针根部一个适当的力，可以使模型内的试块脱开而又不损害模型的弹性。

（2）脱模后应尽快用棉纱擦去雷氏夹试模黏附的水泥浆，顺着雷氏夹的圆环上下擦动，避免切口缝因受力不当而拉开。因故不能马上擦模时，可将雷氏夹在煤油中存放。

（3）在一般情况下，雷氏夹使用半年后进行弹性检验。如果试验中发现膨胀值大于 40mm 或其他损坏时，应立即进行弹性检验，符合要求可以继续使用。

253. 水泥安定性有哪几种检测方法？如何判定水泥安定性是否合格？

（1）试饼法：水泥试饼经沸煮后，取出。目测试饼未发现裂缝，用钢直尺检查试饼也没有弯曲（使钢直尺和试饼底部紧靠，以两者间不透光为不弯曲）的试饼为安定性合格；反之为不合格。当两个试饼判别结果有矛盾时，该水泥的安定性为不合格。

（2）雷氏夹法：脱去玻璃板取下试件，先测量雷氏夹指针尖端间的距离（A），精确至 0.5mm，接着将试件放入沸煮箱水中的试件架上，指针朝上，然后在（30 ± 5）min 内加热至沸并恒沸（180 ± 5）min。

测量沸煮后的雷氏夹指针尖端的距离（C），精确至 0.5mm。当两个试件煮后增加距离（$C-A$）的平均值不大于 5.0mm 时，即认为该水泥安定性合格；当两个试件煮后增加距离（$C-A$）的平均值大于 5.0mm 时，应用同一样品立即重做一次试验，以复检结果为准，如果平均值超过 5.0mm，则判定水泥安定性不合格。

254. 制备水泥胶砂强度试验试件的主要设备有哪些？

（1）水泥胶砂搅拌机。

搅拌机属于行星式，应符合《行星式水泥胶砂搅拌机》（JC/T 681—2005）的要求。

我国推荐使用的 ISO 胶砂搅拌机在控制系统上分自动和手动两种功能，按《水泥胶砂强度检验方法（ISO 法）》（GB/T 17671—2021）搅拌时应把所有的开关调向自动的位置。若不准备按《水泥胶砂强度检验方法（ISO 法）》（GB/T 17671—2021）规定程序搅拌时，应将开关（自动、手动）拨向"手动"，其他开关先拨在"停"位，搅拌时根据需要先后拨动各功能开关。

胶砂搅拌机的锅与叶片应配对使用，一只锅不能放在两台搅拌机上交替使用。叶片与锅的间隙（叶片与锅壁最近的距离）每个月应检查一次。

加砂斗是半透明的，可以看清内部附存情况。若有残存物应予清除并消除产生残存物的原因。加砂斗的开关是由电磁铁来实现的，在其打开时若有电噪声，是电磁铁的问题，一般用直流电时（进入端是交流电，而使用部分是直流电）就不会有这种噪声。把砂子倒入时应保证不外撒。

胶砂搅拌的整个过程中除静停时间外，一律不得用小刀放入锅内刮锅。静停的前 15s 应将叶片和锅壁上的胶砂刮入锅内，然后静停至 90s，刮锅时搅拌锅可以取下刮，也可不取下刮，但刮完后锅必须放在搅拌机的搅拌位置上。

搅拌同品种水泥样品时，在更换样品时可以不擦洗锅；搅拌不同品种水泥时，则应用湿布擦干净。如为重要试验，每个样品试验前都应将锅洗净并用湿布擦干净。

（2）试模。

试模由三个水平的模槽组成，可同时成型三条截面为 40mm×40mm、长为 160mm 的棱形试体，其材质和制造尺寸应符合《水泥胶砂试模》（JC/T 726—2005）的要求。

当试模的任何一个公差超过规定的要求时，就应更换。在组装备用的干净模型时，应用黄油等密封材料涂覆模型的外接缝。试模的内表面应涂上一薄层模型油或机油。

成型操作时，应在试模上面加有一个壁高 20mm 的金属模套，当从上往下看时，模套壁与模型内壁应该重叠，超出内壁不应大于 1mm。

为了控制料层厚度和刮平胶砂，应备有两个播料器和金属刮平直尺。

（3）振实台。

振实台应符合《水泥胶砂试体成型振实台》（JC/T 682—2005）的要求。振实台应安装在高度约 400mm 的混凝土基座上。混凝土体积约为 0.25m³，质量应大于 600kg。将振实台用地脚螺丝固定在基座上，安装后台盘成水平状态，振实台底座与基座之间要铺一层胶砂以保证它们的完全接触。

255. 制备水泥胶砂成型试件的操作步骤及注意事项有哪些？

（1）用振实台成型时：

① 试模擦洗干净进行组装时，边缘两块隔板和端板与底座的接触面应均匀地涂上一薄层黄油，并按编号组装，当组装好用固紧螺钉固紧时，一边固紧，一边用木槌锤击端板和隔板结合处，不仅使内壁各接触面互相垂直，而且要顶部平齐，然后用小平铲刀刮去三个格内被挤出来的黄油，以免成型试体的底侧面上留下孔洞，最后均匀地刷上一薄层机油。

② 试模在振实台上的定位，实际上是由模套来完成的，当试模放在台盘上时将模套放下，使模套上的压把入位，模子与模套对齐，卡紧后模子就在台盘中心，即振实台的振击点在模子的中心。

③ 胶砂制备后立即成型。将空试模和模套固定在振实台上，用料勺将锅壁上的胶砂清理到锅内并翻转搅拌胶砂使其更加均匀，成型时将胶砂分两层装入试模。装第一层时，每个槽里约放 300g 胶砂，先用料勺沿试模长度方向划动胶砂以布满模槽，再用大布料器垂直架在模套顶部沿每个模槽来回一次将料层拨平，接着振实 60 次。再装入第二层胶砂，用料勺沿试模长度方向划动胶砂以布满模槽，但不能接触已振实胶砂，再用小布料器布平，振实 60 次。每次振实时可将一块用水湿过拧干、比模套尺寸稍大的棉纱布盖在模套上以防止振实时胶砂飞溅。

移走模套，从振实台上取下试模，用一金属直尺以近似 90° 的角度架在试模模顶的一端，然后沿试模长度方向以横向锯割动作慢慢向另一端移动，将超过试模部分的胶砂刮去。锯割动作的多少和直尺角度的大小取决于胶砂的稠稀程度，较稠的胶砂需要多次锯割，锯割动作要慢，以防止拉动已经振实的胶砂。用拧干的湿毛巾将试模端板顶部的胶砂擦拭干净，再用同一直尺以近乎水平的角度将试体表面抹平。抹平的次数要尽量少，总次数不应超过 3 次。最后将试模周边的胶砂擦除干净。

用毛笔或其他方法对试体进行编号。两个龄期以上的试体，在编号时应将同一试模中的 3 条试体分在两个以上龄期。

（2）用振动台成型时：

在搅拌胶砂的同时将试模和下料漏斗卡紧在振动台的中心。将搅拌好的全部胶砂均匀地装入下料漏斗中，开动振动台，胶砂通过漏斗流入试模。振动（120±5）s 停车。振动完毕，取下试模，用刮平尺以规定的刮平法刮其高出试模的胶砂并抹平、编号。

（3）注意事项如下：

① 试模连同下料漏斗放在振动台台面固定位置上，用两边的卡具同时卡紧，起振后不能松动。

② 经常检查下料漏斗三格的宽度要基本一致，如套模有胶垫圈，不得脱落。

③ 使用前首先开空车，观察振动是否正常，自开动机器起振动 2min 电机停车并由制动器自动控制电动机在 5s 内停止转动。发现运转不正常时，如启动不了、转动声音异常、碰擦等，应进行检查至振动正常后方可使用。

④ 在搅拌胶砂的同时，将试模和下料漏斗卡紧在振动台面固定位置上，将搅拌好的全部胶砂均匀地装入漏斗三格中，并将表面拨平，振动时使流入试模中的胶砂大致相等。

⑤ 下料时间的确定。开启振动台，从振动开始时算起，胶砂通过漏斗流入试模，到漏斗三格中的两格出现空洞时的时间即为该胶砂的下料时间。下料时间应控制在 20～40s。若下料时间超过 40s，可采用以下方法：a. 在 40s 前，用小刀划动漏斗三格中胶砂，以加速下料。b. 另拌一锅，同时加大下料口宽度，使下料时间在 20～40s。

256. 胶砂试体成型过程中刮平操作应注意哪些事项？

（1）刮平操作一定要把试模放在水平的工作台上，金属直边尺以近似 90° 的角度（但向刮平方向稍斜）架在试模模顶的一端，然后沿试模长度方向以横向锯割动作慢慢向另一端移动，将超过试模部分的胶砂刮去。锯割动作的多少和直尺角度的大小取决于胶砂的稠稀程度，较稠的胶砂需要多次锯割，锯割动作要慢，以防止拉动已经振实的胶砂。用拧干的湿毛巾将试模端板顶部的胶砂擦拭干净，再用同一直尺以近乎水平的角度将试体表面抹平。抹平的次数要尽量少，总次数不应超过 3 次。最后将试模周边的胶砂擦拭干净。

（2）试体刮平后不能马上编号，但要做编号的标记，标记应做到不会被抹失或替换。

257. 胶砂试体脱模应注意哪些事项？

（1）检查是否到了脱模时间，并检查试体在编号时是否有差错，检查试体是否硬化，如未硬化则需要继续养护。在脱模前要清理编号标记。

（2）脱模时可使用橡皮锤或脱模器，脱下的试体按编号和龄期分开堆放，并注意试体的外观，若同一龄期试体的颜色、质量等有差别时应查找原因。模子的端板与隔板要放在底板上，带黄油的面朝下。

对于 24h 龄期的，应在破型试验前 20min 内脱模。对于 24h 以上龄期的，应在成型后 20～24h 之间脱模。

如经 24h 养护，会因脱模对强度造成损害时，可以延迟至 24h 以后脱模，但在试验报告中应予以说明。

已确定作为 24h 龄期试验（或其他不下水直接做试验）的已脱模试体，应用湿布覆盖至做试验时为止。

对于胶砂搅拌或振实台的对比，建议称量每个模型中试体的总量。

（3）在将试体送去养护水池之前，必须核对强度成型记录本，由负责养护的人员在强度成型记录本上签字。

258. 胶砂试体成型后应如何进行湿气养护与脱模后养护？

（1）刮平以后，在试模上盖一块玻璃板，也可用相似尺寸的钢板或不渗水的、和水泥不会发生反应的材料制成的板。盖板不应与水泥胶砂接触，盖板与试模之间的距离应控制在 2～3mm。为了安全，玻璃板应有磨边。

试体连同试模一起移到养护箱中养护，要使湿空气能与试模各边接触，一直养护到规定的脱模时间取出脱模。除养护箱中的温度和湿度符合要求外，还应使养护箱的篦板呈水平状态。在养护时不应把模型搭起来放置，若放置放热速度比较快的特种水泥试件时，还应控制养护箱中放置试件的数量，以免影响控温能力。

（2）试件的编号标识工作是在试件完成湿气养护以后。编号标识可以用防水墨汁书写，也可用管装油漆边挤边写，或用可调数码印章印上，但无论采用哪一种方法，都应保证在水中养护时编号字迹不会消失。

（3）松开固紧螺钉，将试体连同隔板、端板推离模底到工作台上，用小胶皮槌先轻轻侧击两块端板头，脱下端板，然后用脱模器脱去隔板，若没有脱模器也可用小胶皮槌轻轻侧击隔板端处，脱下隔板。操作必须细心，防止试体损伤，不能锤击试体。

（4）将做好标识的试件立即水平或竖直地放在（20±1）℃水中养护，水平放置时刮平面朝上。

（5）试件放在不易腐烂的篦子上，并彼此间保持一定间距，以让水与试件的六个面接触。养护期间试件之间间隔或试体上表面的水深不得小于 5mm。

（6）不宜使用未经防腐处理的木篦子，以防止木头腐烂所产生的物质对水泥试件的影响。

（7）每个养护池只养护同类型的水泥试件。

（8）最初用自来水装满养护池（容器），随后随时加水保持适当的恒定的水位。不允许在养护期间全部换水，可以更换不超过 50％的水。

（9）任何到龄期的试体（24h 或 48h 延迟脱模的除外）应在试验（破型）前 15min 从水中取出。擦去试体表面沉积物，并用湿布覆盖至试验为止。

259. 胶砂试体养护过程中应注意哪些事项？

（1）成型后，试模应做好标记，放入养护箱内，温度控制在（20±1）℃，湿度不低于 90％。

（2）养护箱内篦板必须水平。

（3）脱模前先将试体做好标记，两个龄期以上的试体，应将同一试模中的一条试体分在两个以上龄期内。

（4）脱模应非常小心。对于 24h 龄期的，应在破型前 20min 内脱模，对于 24h 以上龄期的，应在成型后 20～24h 之间脱模。

（5）将做好标记的试体水平或竖直放入（20±1）℃水中养护，水平放置时，刮平面向上，彼此间保持一定间距，让水与试件的六个面接触，之间间隔和上表面水深不小于 5mm。

（6）每个养护池只养护同类型的水泥试体，随时保持养护箱恒定水位。

260. 试体成型及养护为何要严格控制温度和湿度？

检验水泥品质时，国家标准对实验室温、湿度，养护箱温、湿度以及养护水的温度都有明确的规定。这是因为，温、湿度对水泥的水化、凝结、硬化影响很大，一般来说，温度越高，水泥水化、凝结、硬化就越快，而且在不同的温度下水化产物的形态和性质也是不同的。湿度如过小，水泥水化受影响，水泥试体会产生干缩裂纹，引起表面破坏。为了使水泥检验结果具有可比性，就必须规定实验室的温、湿度条件，并且要求严格执行。

261. 简述水泥试体的抗折破型试验方法。

（1）试验前的准备工作：

试验前首先检查抗折机是否处于正常状态。试体放入前，应擦拭夹具，清除附着物。

试体取出后，需用毛巾擦去表面附着的水分和砂粒，将试体按试验编号排整齐，并用湿毛巾覆盖。

（2）破型：

将试体放入抗折夹具内，应使侧面与圆柱接触。试体放入后调整夹具，使杠杆在试体折断时尽可能地接近平衡位置。破型中须严格掌握破型速度，使其在（50±10）N/s范围内。

（3）抗折强度按式 2-2 计算：

$$R_f = \frac{1.5 F_f L}{b^3}$$ 式 2-2

式中 R_f——抗折强度，MPa；

L——支撑圆柱之间的距离，mm；

F_f——折断时施加于棱柱中部的荷载，N；

b——棱柱体正方形截面的边长，mm。

抗折强度结果以一组三个棱柱体抗折结果的平均值作为试验结果。当三个强度值中有一个超过平均值的±10%时，应剔除后再取平均值作为抗折强度试验结果；当三个强度值中有两个超过平均值的±10%时，则以剩余一个作为抗折强度结果。

单个抗折强度计算结果精确至 0.1MPa，算术平均值精确至 0.1MPa。

262. 水泥试体抗折试验应注意哪些事项？

（1）试验前抹去试体表面附着的水分和砂粒，检查试体两侧面气孔情况，试体放入夹具时，将气孔多的一面向上作为加荷面，尽量避免大气孔在加荷圆柱下，气孔少的一面向下作为受拉面。

（2）试体放入前，应使杠杆在不受荷的情况下呈平衡状态，然后将试体放在夹具中间，两端与定位板对齐，并根据试体龄期和水泥强度等级，将杠杆调整到一定角度，使其在试体折断时杠杆尽可能接近平衡位置。如果第一块试体折断时，杠杆的位置高于或低于平衡位置，那么第二、三块试验时，可适当调节杠杆角度。

（3）加荷速度严格按照标准规定进行。

（4）试体折断后，取出两个断块，按照整条试体形状放置，清除夹具表面附着的杂物。

263. 水泥试体抗压强度试验应注意哪些事项?

（1）检查三条试体抗折试验后六个断块的尺寸，受压面长度方向小于 40mm 的断块不能做抗压试验，应剔除。

（2）试验时将抗压夹具置于试验机压板中心，清除试体受压面与上下压板间的砂粒或杂物，以试体侧面为受压面。试体放入夹具时，长度两端超出加压板的距离大致相等，成型时的底面靠紧下压板的两个定位销钉，以保证受压面的宽为 40mm。

（3）加荷时规定按每秒（2.4±0.2）kN 的速度，但在试体刚开始受力时，可小于规定的速度，以使球座有调整的余地，使加压板均匀压在试体面上；在接近破坏时，加荷速度应严格控制在规定的范围内，不能突然冲击加压或停顿加荷。

（4）试体受压破坏后取出，清除压板上附着的杂物。

264. 如何进行水泥试体的抗压破型试验?

（1）试验前的准备工作。

试验前首先检查压力机是否处于正常状态。包括压力机球座的润滑情况、压力机的升压情况。

试体经抗折破型后，须用毛巾擦去粘在试体表面上的砂子，按编号顺序排列整齐，并用湿毛巾覆盖。

（2）破型。

将抗折破型后的半截棱柱体放入抗压夹具内，在压力试验机上进行破型。应将半截棱柱体的侧面作为受压面，半截棱柱体中心与压力机压板受压中心差应在 ±0.5mm 内，棱柱体露在压板外的部分约有 10mm。

整个加荷过程中以（2400±200）N/s 的速度均匀地加荷至破型。

（3）计算公式见式 2-3。

$$R_c = \frac{F_c}{S}$$
$$= 0.625F_c \qquad \text{式 2-3}$$

式中　R_c——抗压强度，MPa；

　　　F_c——破坏荷重，kN；

　　　S——受压面积，即 40mm×40mm。

抗压强度计算精确至 0.1MPa。

计算以一组三个棱柱上得到的六个抗压强度测定值的算术平均值为测定结果。如六个测定值中有一个超过六个平均值的 ±10%，就应剔除这个结果，而以剩下五个平均数的结果为测定结果。如五个测定值中再有超出平均值 ±10% 的，则此组结果作废。当六个测定值中同有两个或两个以上超出平均值的 ±10% 时，则此组结果作废。

单个抗压强度计算结果精确至 0.1MPa，算术平均值精确至 0.1MPa。

经常检查成型室、养护箱的温、湿度及养护池的水温，将其严格控制在标准范围内。

265. 提高凝结时间检验准确性的措施有哪些?

（1）严格按国家标准和操作规程进行操作。加水量应按标准稠度需水量定，稠度仪试锥下沉深度接近 30mm 最佳，加水量过高可导致凝结时间偏长，测点以接近 1/2 半径圆内较好；试锥或试针应自由下落，避免外力作用。

（2）严格控制养护室、养护柜温度、湿度，控制样品和试验用水温度，冬季和春季应注意保温，低温环境下对水泥终凝时间影响较大。应防止流动空气吹过被测圆模。

（3）定期对检验设备进行检查、校正，维卡仪的标尺应平正、垂直。试针在多次测试后，会出现一定的弯曲。因此，在测试前，可将一张规格为 75g 的白纸画一条直线，放在试针背面、转换角度，观察试针与直线是否重叠。

266. 水泥净浆标准稠度用水量和水泥胶砂流动度的异同点有哪些?

水泥净浆标准稠度用水量是指将水泥拌制成特定的塑性状态时所需的拌和用水量与水泥质量之比，用百分数表示。水泥胶砂流动度是指灰砂比 1∶3 水泥胶砂加水拌和后，在特制的跳桌上进行振动，测量胶砂扩散后底部直径，用"mm"表示。两者都是表示水泥的需水性，前者多用于水泥净浆，后者多用于水泥砂浆和混凝土。

267. 简述水泥胶砂流动度的测定方法。

（1）跳桌检查。跳桌如在 24h 内未被使用，先空跳一个周期 25 次。

（2）试样称量。胶砂材料用量按相应标准要求或试验设计确定，准确称量水泥及标准砂。水量按预定的水灰比进行计算。

（3）胶砂制备。将称好的水与水泥倒入搅拌锅内，开动搅拌机，低速 30s，再低速 30s，同时自动开始加砂并在 20~30s 内全部加完，高速 30s，停 90s，高速 60s，自开动机器起拌和 240s 后停车。将粘在叶片上的胶砂刮下，取下搅拌锅。

（4）装模。装模前先用潮湿棉布擦拭跳桌台面、试模内壁、捣棒以及与胶砂按触的用具，将试模放在跳桌台面中央并用潮湿棉布覆盖。将搅拌好的水泥砂浆迅速分两层装入模内，第一层装至截锥圆模高度约三分之二处，用小刀在相互垂直的两个方向各划 5 次，用捣棒由边缘至中心均匀捣压 15 次。随后，装第二层胶砂，装至高出截锥圆模约 20mm，用小刀在相互垂直的两个方向各划 5 次，再用捣棒由边缘至中心均匀捣压 10 次。捣压后，胶砂应略高于试模。捣压深度，第一层捣至胶砂高度的二分之一；第二层捣实不超过已捣实底层表面。装胶砂或捣压时，用手扶稳试模，不要使其移动。

（5）测试。捣压完毕，取下模套，用小刀从中间向边缘分两次以倾斜近水平的角度抹去高出截锥圆模的胶砂，并擦去落在桌面上的胶砂。将截锥圆模垂直向上轻轻提起。立即开动跳桌，以每秒钟一次的频率，在（25±1）s 内完成 25 次跳动。跳动完毕，用卡尺测量胶砂底面互相垂直的两个方向直径，计算平均值，取整数，单位为 mm，该平均值即为该水量的水泥胶砂流动度。

（6）记录所测试结果。从胶砂加水开始到测量扩散直径结束，应在 6min 内完成。

268. 《通用硅酸盐水泥》（GB 175—2007）规定胶砂强度检验时胶砂流动度为多少? 达不到应该如何调整?

《通用硅酸盐水泥》（GB 175—2007）规定，用水量在 0.50 水灰比的基础上以胶砂流动度不小于 180mm 来确定。当水灰比为 0.50 且胶砂流动度小于 180mm 时，需以 0.01 的整数倍递增的方法将水灰比调整至胶砂流动度不小于 180mm。

269. 测定水泥胶砂流动度的目的是什么？使用胶砂流动度跳桌时应注意哪些事项？

水泥胶砂流动度是衡量水泥需水性的重要指标之一，是水泥胶砂可塑性的反映。用流动度来控制用水量，能使胶砂物理性能的测试建立在准确可比的基础上。用流动度来控制水泥胶砂强度成型加水量，所测得的水泥强度与混凝土强度间有较好的相关性，更能反映实际使用效果。

试验测定前应注意以下事项：

（1）使用前要检查推杆与支承孔之间能否自由滑动，推杆在上下滑动时应处于垂直部分的落距为（10±0.2）mm，质量（4.35±0.15）kg，否则应调整推杆上端螺纹与圆盘底部连接处的螺纹距离。

（2）跳桌应固定在坚固的基座上，台面保持水平，台内实心，外表抹上水泥砂浆。

（3）跳桌在 24h 内未被使用，先空跳一个周期 25 次。

（4）检验周期 12 个月，安装好的跳桌用水泥胶砂流动度标准样品进行检定。

270. 水泥试验用的标准砂的要求是什么？

（1）ISO 基准砂。

ISO 基准砂是由德国标准砂公司制备的 SiO_2，含量不低于 98% 的天然的圆形硅质砂组成，其颗粒分布在表 2-11 规定的范围内。

表 2-11　ISO 基准砂颗粒分布

方孔筛孔径（mm）	累计筛余（%）
2.0	0
1.6	7±5
1.0	33±5
0.5	67±5
0.16	87±5
0.08	99±1

砂的筛析试验应用有代表性的样品来进行。每个筛子的筛析试验应进行至每分钟通过量小于 0.5g 为止。

砂的湿含量是在 105℃～110℃ 下用代表性砂样烘 2h 的质量损失来测定，以干基的质量百分数表示，应小于 0.2%。

（2）中国 ISO 标准砂。

中国 ISO 标准砂完全符合表 2-11 颗粒分布和湿含量的规定；中国 ISO 标准砂可以单级包装，也可以各级预配合以（1350±5）g 量的塑料袋混合包装，但所用塑料袋不得影响试验结果。

271. 简述水泥与减水剂相容性试验方法（代用法）净浆流动度法操作步骤。

（1）水泥浆体配合比：水泥 300g、水 87g 或 105g，相应掺量的减水剂。使用液态减水剂时要在加水量中减去液态减水剂的含水量。

（2）每锅浆体用搅拌机进行机械搅拌。试验前使搅拌机处于工作状态。

（3）将玻璃板置于工作台上，并保持其表面水平。

（4）用湿布把玻璃板、圆模内壁、搅拌锅、搅拌叶片全部润湿。将圆模置于玻璃板的中心位置，并用湿布覆盖。

（5）将减水剂和约 1/2 的水同时加入锅中，然后用剩余的水反复冲洗盛装减水剂的容器，直至干净并全部加入锅中，加入水泥，把锅固定在搅拌机上，按《水泥净浆搅拌机》（JC/T 729—2005）的搅拌程序搅拌。

（6）将锅取下，用搅拌勺边搅拌边将浆体立即倒入置于玻璃板中间位置的圆模内。对于流动性差的浆体要用刮刀进行插捣，以使浆体充满圆模。用刮刀将高出圆模的浆体刮除并抹平，立即稳定提起圆模。圆模提起后，应用刮刀将黏附于圆模内壁的浆体尽量刮下，以保证每次试验的浆体量基本相同。提取圆模 30s 后，用卡尺测量最长径及其垂直方向的直径，两者的平均值即为初始流动度值。

（7）快速将玻璃板上的浆体用刮刀无遗留地回收到搅拌锅内，并采取适当的方法密封静置以防水分蒸发。

（8）清洁玻璃板、圆模。

（9）若减水剂在此掺量下净浆流动度不够，重复上述步骤，测定调整掺量后的初始流动度值。

（10）自加水起到 60min 时，将静置的水泥浆体按《水泥净浆搅拌机》（JCT 729—2005）的搅拌程序重新搅拌，重复步骤（6），即测得 60min 流动度值。

272. 如何检测粉煤灰含水量？

方法原理：将粉煤灰放入规定温度的烘干箱内烘至恒重，以烘干前后的质量差与烘干前的质量比确定粉煤灰的含水量。

仪器设备：烘干箱（可控温度 105～110℃，最小分度值不大于 2℃），天平（量程不小于 50g，最小分度值不大于 0.01g）。

试验步骤：

① 称取粉煤灰试样约 50g，精确至 0.01g，倒入已烘干至恒重的蒸发皿中称量（m_1），精确至 0.01g。

② 将粉煤灰试样放入 105～110℃烘干箱内烘至恒重，取出放在干燥器中冷却至室温后称量（m_0），精确至 0.01g。

结果计算见式 2-4。

$$W=\frac{m_1-m_0}{m_0}\times100\%$$ 式 2-4

式中 W——含水量，%；

m_1——烘干前试验质量，g；

m_0——烘干后试验质量，g。

273. 如何进行粉煤灰细度试验检测？

方法原理：采用 $45\mu m$ 方孔筛对样品进行筛析试验，用筛上的筛余物的质量百分数来表示样品的细度。

仪器设备：试验筛（45μm）、负压筛析仪（4000～6000Pa）、天平（最小分度值不大于0.01g）设备均应符合相关标准要求。

试验步骤：

（1）试验前所用试验筛应保持清洁，负压筛和手工筛应保持干燥。试验时45μm筛析试验称取试样10g。

（2）筛析试验前应把负压筛放在筛座上，盖上筛盖，接通电源检查控制系统，调节负压至4000～6000Pa范围内。

（3）称取试样精确至0.01g，置于洁净的负压筛中，放在筛座上，盖上筛盖，接通电源，开动筛析仪连续筛析3min。在此期间如有试样附着在筛盖上可轻轻地敲击筛盖使试样落下。筛毕，用天平称量全部筛余物。

（4）结果计算及处理见式2-5。

$$F=\frac{R_t}{W}\times100 \qquad \text{式2-5}$$

式中 F——粉煤灰试样的筛余百分数，%；

R_t——粉煤灰筛余物的质量，g；

W——粉煤灰试样的质量，g。

结果计算至0.1%。

（5）筛余结果的修正：将试验结果乘以有效修正系数C。

修正系数C按式2-6计算：

$$C=\frac{F_s}{F_t} \qquad \text{式2-6}$$

式中 C——试验筛修正系数；

F_s——标准样品的筛余标准值，%；

F_t——标准样品在试验时的筛余值，%。

计算结果精确至0.01。

274. 矿渣粉含水量如何检测？

方法原理：将矿渣粉放入规定温度的烘干箱内烘至恒重，以烘干前后的质量之差与烘干前的质量比确定矿渣粉的含水量。

仪器设备：烘干箱（可控温度不低于110℃，最小分度值不大于2℃），天平（量程不小于50g，最小分度值不大于0.01g）。

试验步骤：

（1）将蒸发皿在烘干箱中烘干至恒重，放入干燥器中冷却至室温后称重（m_0）。

（2）称取矿渣粉试样约50g，精确至0.01g，倒入已烘干至恒重的蒸发皿中称量（m_1），精确至0.01g。

（3）将矿渣粉试样与蒸发皿放入105℃～110℃烘干箱内烘至恒重，取出放在干燥器中冷却至室温后称量（m_2），精确至0.01g。

结果计算见式2-7：

$$W=\left(\frac{m_1-m_2}{m_1-m_0}\right)\times100\%$$

式中　W——含水量，%；

　　m_0——蒸发皿的质量，g；

　　m_1——烘干前样品与蒸发皿的质量，g；

　　m_2——烘干后样品与蒸发皿的质量，g。

275. 如何检测矿渣粉的强度活性指数？

方法原理：按照《水泥胶砂强度检测 ISO 法》（GB/T 17671—2021）测定试验胶砂和对比胶砂的 7d、28d 抗压强度，以二者之比确定矿渣粉的强度活性指数。

仪器设备：天平、搅拌机、振实台、抗压强度试验机。

试验步骤：

（1）胶砂配合比按表 2-12 执行。

表 2-12　胶砂配合比

胶砂种类	对比水泥（g）	试验样品		标准砂（g）	水（mL）
		对比水泥（g）	矿渣粉（g）		
对比胶砂	450	—	—	1350	225
试验胶砂	—	225	225	1350	225

（2）将对比胶砂和试验胶砂分别按照《水泥胶砂强度检测 ISO 法》（GB/T 17671—2021）规定进行搅拌、试体成型和养护。

（3）试体养护至 7d、28d，按照《水泥胶砂强度检测 ISO 法》（GB/T 17671—2021）规定，分别测定对比胶砂和试验胶砂的抗压强度。

结果计算见式 2-8：

$$A_7=\frac{R_7}{R_{07}}\times100\% \qquad 式 2-8$$

式中　A_7——矿渣粉 7d 强度活性指数，%，精确至 1%；

　　R_{07}——对比胶砂 7d 抗压强度，MPa；

　　R_7——试验胶砂 7d 抗压强度，MPa。

$$A_{28}=\frac{R_{28}}{R_{028}}\times100\%$$

式中　A_{28}——矿渣粉 28d 强度活性指数，%，精确至 1%；

　　R_{028}——对比胶砂 28d 抗压强度，MPa；

　　R_{28}——试验胶砂 28d 抗压强度，MPa。

276. 砂石的试验是如何取样的？

（1）从料堆上取样时，取样部位应均匀分布。取样前先将取样部位表层铲除，然后由各部位抽取大致相等的砂共 8 份、石 16 份，组成一组样品。

（2）从皮带运输机上取样时，应在皮带运输机机尾的出料处用接料器定时抽取砂 4 份、石 8 份，组成一组样品。

（3）从火车、汽车、货船上取样时，应从不同部位和深度抽取大致相等的砂 8 份、石 16 份，组成一组样品。

（4）每组样品应妥善包装，避免组料散失，防止污染，并附样品卡片，标明样品的编号、取样时间、代表数量、产地、样品量，要求检验项目及取样方式等。

277. 砂取样后，如何对试样进行缩分？

砂的样品缩分可选择下列两种方法之一。

（1）用分料器缩分：将样品在潮湿状态下拌和均匀，然后将其通过分料器，留下两个接料斗中的一份，并将另一份再次通过分料器。重复上述过程，直至把样品缩分到试验所需量为止。

（2）人工四分法缩分：将样品置于平板上，在潮湿状态下拌和均匀，并堆成厚度约为 20mm 的"圆饼"状，然后沿互相垂直的两条直径把"圆饼"分成大致相等的四份，取其对角的两份重新拌匀，再堆成"圆饼"状。重复上述过程，直至把样品缩分后的材料量略多于进行试验所需量为止。

278. 如何检测砂中的含泥量？

（1）将来样用四分法缩分至每份约 1100g，置于温度为（105±5）℃的烘箱中烘干至恒重，冷却至室温后，称取约 400g 的试样两份备用。

（2）取烘干的试样一份置于筒中，并注入洁净的水，使水面高出砂面约 150mm，充分拌和均匀后，浸泡 2h，然后用手在水中淘洗试样，使尘屑、淤泥和黏土与砂粒分离，并使之悬浮或溶于水中。缓缓地将浑浊液倒入公称直径为 1.25mm、80μm 的方孔套筛上，滤去小于 80μm 的颗粒，试验前筛子的两面应先用水湿润，在整个试验过程中应注意避免砂粒丢失。

（3）再次加水于容器中，重复上述过程，直至筒内砂样洗出的水清澈为止。

（4）用水淋洗剩留在筛上的细粒，并将 80μm 筛放在水中（使水面略高出筛中砂粒的上表面）来回摇动，以充分洗除小于 80μm 的颗粒。然后将两只筛上剩余的颗粒和容器中已经洗净的试样一并装入浅盘，置于温度为（105±5）℃的烘箱中烘干至恒重，取出来冷却至室温后，称取试样的质量（m_1）。

（5）砂中含泥量应按式 2-9 计算，精确至 0.1%。

$$W_c = \frac{m_0 - m_1}{m_0} \times 100\% \qquad \text{式 2-9}$$

式中　W_c——砂的含泥量，%；

　　　m_0——试验前的烘干试样质量，g；

　　　m_1——试验后的烘干试样质量，g。

以两个试样试验结果的算术平均值作为测定值。两次结果之差大于 0.5% 时，应重新取样进行试验。

279. 如何检测砂的含水率？

由密封的样品中取各重 500g 的试样两份，分别放入已知质量的干燥容器（m_1）中称量，记下每盘试样与容器的总量（m_2），将容器连同试样放入温度为（105±5）℃的烘箱中烘干至恒重，称量烘干后的试样与容器的总量（m_3）。

砂的含水率按式 2-10 计算，精确至 0.1%。

$$\omega_{wc}=\frac{m_2-m_3}{m_3-m_1}\times100\%$$

式 2-10

式中　ω_{wc}——细骨料的含水率，%；

　　　m_1——容器质量，g；

　　　m_2——未烘干的试样与容器总质量，g；

　　　m_3——烘干后的试样与容器总质量，g。

以两次试验结果的算术平均值为测定值。

280. 进行石子试验时，样品的取样量有什么要求？

每一单项检验项目所需碎石或卵石的最小取样量（kg），应满足表 2-13 规定。

表 2-13　每一单项检验项目所需碎石或卵石的最小取样量（kg）

试验项目	最大公称粒径（mm）							
	10.0	16.0	20.0	25.0	31.5	40.0	63.0	80.0
筛分析	2	3.2	4	5	6.3	8.0	12.6	16.0
表观密度	2	2	2	2	3	4	6	6
含泥量	2	2	6	6	10	10	20	20
针、片状含量	0.3	1	2	3	5	10	10	10

注：有机物含量、坚固性、压碎值指标及碱-骨料反应检验，应按试验要求的粒级及质量取样。

281. 碎石或卵石取样后，应该如何进行缩分后试验？

（1）碎石或卵石缩分时，应将样品置于平板上，在自然状态下拌和均匀，并堆成锥体，然后沿互相垂直的两条直径把锥体分成大致相等的四份，取其对角的两份重新拌匀，再堆成锥体。重复上述过程，直至把样品缩分至试验所需量为止。

（2）砂、碎石或卵石的含水率、堆积密度、紧密密度检验所用的试样，可不经缩分，拌匀后直接进行试验。

282. 碎石或卵石的筛分析试验步骤是什么？

（1）按规定称取试样。

（2）将试样按筛孔大小顺序过筛，当每只筛上的筛余层厚度大于试样的最大粒径值时，应将该筛上的筛余试样分成两份，再次进行筛分，直至各筛每分钟的通过量不超过试样总量的 0.1%。（当筛余试样的颗粒粒径比公称粒径大 20mm 以上时，在筛分过程中，允许用手拨动颗粒）

（3）称取各筛筛余的质量，精确至试样总质量的 0.1%。各筛的分计筛余量和筛底剩余量的总和与筛分前测定的试样总量相比，其相差不得超过 1%。

（4）筛分析试验结果应按下列步骤计算：

计算分计筛余（各筛上筛余量除以试样的百分率），精确至 0.1%；

计算累计筛余（该筛的分计筛余与筛孔大于该筛的各筛的分计筛余百分率之总和），精确至 1%；

根据各筛的累计筛余，评定该试样的颗粒级配。

283. 建筑用碎石或卵石的含泥量试验方法是什么？

样品缩分至表 2-14 规定的量（注意防止细粉丢失），并置于温度为（105±5）℃的烘箱内烘干至恒重，冷却至室温后分两份备用。

表 2-14 含泥量试验所需的试样最少质量

最大公称粒径（mm）	16.0	20.0	25.0	31.5	40.0	63.0	80.0
试样量不少于（kg）	2	6	6	10	10	20	20

含泥量试验应按下列步骤进行：

（1）称取试样一份（m_0）装入容器中摊平，并注入饮用水，使水面高出石子表面 150mm；浸泡 2h 后，用手在水中淘洗颗粒，使尘屑、淤泥和黏土与较粗颗粒分离，并使之悬浮或溶解于水。缓缓地将浑浊液倒入公称直径为 1.25mm 及 80μm 的方孔套筛（1.25mm 筛放置上面）上，滤去小于 80μm 的颗粒。试验前筛子的两面应先用水湿润，在整个试验过程中应注意避免大于 80μm 的颗粒丢失。

（2）再次加水于容器中，重复上述过程，直至洗出的水清澈为止。

（3）用水冲洗剩留在筛上的细粒，并将公称直径为 80μm 的方孔筛放在水中（使水面略高出筛内颗粒）来回摇动，以充分洗除小于 80μm 的颗粒。然后将两只筛上剩留的颗粒和筒已洗净的试样一并装入浅盘，置于温度为（105±5）℃的烘箱中烘干至恒重。取出冷却至室温后，称取试样的质量（m_1）。

（4）碎石或卵石中含泥量 W_c 应按式 2-11 计算，精确至 0.1%。

$$W_c = \frac{m_0 - m_1}{m_0} \times 100\% \qquad \text{式 2-11}$$

式中 　W_c——含泥量，%；

　　　m_0——试验前的烘干试样质量，g；

　　　m_1——试验后的烘干试样质量，g。

以两个试样试验结果的算术平均值作为测定值。两次结果之差大于 0.2% 时，应重新取样进行试验。

284. 砂的颗粒级配试验步骤是什么？

（1）准确称取烘干试样约 500g（特细砂可称 250g），置于按筛孔大小顺序排列（大孔在上、小孔在下）的套筛的最上一只筛（公称直径为 5.00mm 的方孔筛）上，将套筛装入摇筛机内固紧，筛分 10min；然后取出套筛，再按筛孔从大到小的顺序，在清洁的浅盘上逐一进行手筛，直到每分钟的筛出量不超过试样总量的 0.1% 时为止；通过的颗粒并入下一只筛子，并和下一只筛子中的试样一起进行手筛。按这样的顺序依次进行，直至所有筛子全部筛完为止。当试样含泥量超过 5%，应先将试样水洗，然后烘干至恒重，再进行筛分；无摇筛机时，可直接用手筛。

（2）试样在各只筛子上的筛余量均不得超过按式 2-12 计算得出的剩留量，否则应将该筛的筛余试样分成两份或数份，再次进行筛分，并以其筛余量之和作为该筛的筛余量。

$$m_r = \frac{A\sqrt{d}}{300}$$ 式 2-12

式中 m_r——某一筛上的剩余量，g；

  d——筛孔边长，mm；

  A——筛的面积，mm^2。

（3）称取各筛筛余试样的质量（精确至 1g），所有各筛的分计筛余量和底盘中的剩余量之和与筛分前的试样总量相比，相差不得超过 1%。

（4）筛分析试验结果应按下列步骤计算：

计算分计筛余（各筛上的筛余量除以试样总量的百分率），精确至 0.1%；

计算累计筛余（该筛的分计筛余与筛孔大于该筛的各筛的分计筛余之和），精确至 0.1%；

根据各筛两次试验累计筛余的平均值，评定该试样的颗粒级配分布情况，精确至 1%。

（5）砂的细度模数应按下式计算，精确至 0.01。

$$\mu_f = \frac{(\beta_2 + \beta_3 + \beta_4 + \beta_5 + \beta_6) - 5\beta_1}{100 - \beta_1}$$

式中 μ_f——砂的细度模数；

β_1、β_2、β_3、β_4、β_5、β_6——分别为公称直径 5.00mm、2.50mm、1.25mm、630μm、315μm、160μm 方孔筛上的累计筛余。

（6）以两次试验结果的算术平均值作为测定值，精确至 0.1。当两次试验所得的细度模数之差大于 0.20 时，应重新取试样进行试验。

285.《混凝土外加剂》（GB 8076—2008）中检验外加剂时，对配合比有什么要求？

基准混凝土配合比按《普通混凝土配合比设计规程》（JGJ 55—2011）进行设计。掺非引气型外加剂的受检混凝土和其对应的基准混凝土的水泥、砂、石的比例相同。配合比设计应符合以下规定：

（1）水泥用量：掺高性能减水剂或泵送剂的基准混凝土和受检混凝土的单位水泥用量为 360kg/m^3；

掺其他外加剂的基准混凝土和受检混凝土单位水泥用量为 330kg/m^3。

（2）砂率：掺高性能减水剂或泵送剂的基准混凝土和受检混凝土的砂率均为 43%~47%；掺其他外加剂的基准混凝土和受检混凝土的砂率为 36%~40%；但掺引气减水剂或引气剂的受检混凝土的砂率应比基准混凝土的砂率低 1%~3%。

（3）外加剂掺量：按生产厂家指定掺量。

（4）用水量：掺高性能减水剂或泵送剂的基准混凝土和受检混凝土的坍落度控制在（210±10）mm，用水量为坍落度在（210±10）mm 时的最小用水量；掺其他外加剂的基准混凝土和受检混凝土的坍落度控制在（80±10）mm。

用水量包括液体外加剂、砂、石材料中所含的水量。

286. 检测外加剂时对原材料有哪些要求？

（1）水泥：基准水泥。

（2）砂的质量要求：符合《建设用砂》（GB/T 14684—2022）中Ⅱ区中砂要求；细度模数：2.6～2.9；含泥量：小于1%；其他：符合《建设用卵石、碎石》（GB/T 14685—2022）要求。

（3）石子的质量要求：级配采用二级级配，5～10mm占40%，10～20mm占60%；针片状颗粒含量<10%；空隙率<47%；含泥量<0.5%；其他：符合《建设用卵石、碎石》《GB/T 14685—2022》要求。

（4）水：符合《混凝土用水标准》（JGJ 63—2006）。

287. 如何测定混凝土外加剂减水率？

（1）依据标准：《普通混凝土拌合物性能试验方法标准》（GB/T 50080—2016）。

（2）试验步骤：

减水率为坍落度基本相同时基准混凝土和掺外加剂混凝土单位用水量之差与基准混凝土单位用水量之比。坍落度按《普通混凝土拌合物性能试验方法标准》（GB/T 50080—2016）测定。减水率按下式计算：

$$W_R = \frac{W_0 - W_1}{W_0} \times 100\%$$

式中　　W_R——减水率，%；

　　　　W_0——基准混凝土单位用水量，kg/m^3；

　　　　W_1——掺外加剂混凝土单位用水量，kg/m^3。

W_R以三批试验的算术平均值计，精确到小数点后一位。若三批试验的最大值或最小值中有一个与中间值之差超过中间值的15%时，则把最大值与最小值一并舍去，取中间值作为该组试验的减水率；若两个测值与中间值之差均超过15%时，则该批试验结果无效，应该重做。

288. 简述混凝土外加剂细度检验方法。

（1）依据标准：《混凝土外加剂匀质性试验方法》（GB/T 8077—2012）。

（2）仪器设备。

天平：分度值0.001g。

试验筛：采用孔径为0.315mm的铜丝筛布。筛框有效直径150mm、高50mm。筛布应紧绷在筛框上，接缝应严密，并附有筛盖。

（3）试验步骤。

外加剂试样应充分拌匀并经100℃～105℃（特殊品种除外）烘干，称取烘干试样10g，称准 m_0 至0.001g倒入筛内，用人工筛样，将近筛完时，必须一手执筛往复摇动，一手拍打，摇动速度每分钟约120次。其间，筛子应向一定方向旋转数次，使试样分散在筛布上，直至每分钟通过质量不超过0.005g时为止。称量筛余物质量 m_1，称准至0.001g。

（4）结果表示。

细度用筛余（%）表示，按下式计算：

$$筛余 = \frac{m_1}{m_2} \times 100\%$$

式中　m_1——筛余物质量，g；

　　　m_2——试样质量，g。

（5）允许差。

室内允许差为 0.40%；

室间允许差为 0.60%。

289. 再生水、洗刷水作为混凝土用水取样有何要求？

（1）再生水应在取水管道终端接取；

（2）混凝土企业设备洗刷水应沉淀后，在池中距水面 100mm 以下采集。

290. 进行混凝土拌合物性能试验时，试验环境有何要求？

（1）试验环境相对湿度不宜小于 50%，温度应保持在（20±5）℃；所用材料、试验设备、容器及辅助设备的温度宜与试验室温度保持一致。

（2）现场试验时，应避免混凝土拌合物试样受到风、雨雪及阳光直射的影响。

291. 混凝土性能试验时，拌合物的取样要求是什么？

（1）同一组混凝土拌合物的取样，应在同一盘混凝土或同一车混凝土中取样。取样量应多于试验所需量的 1.5 倍，且不宜小于 20L。

（2）混凝土拌合物的取样应具有代表性，宜采用多次采样的方法。宜在同一盘混凝土或同一车混凝土中的 1/4 处、1/2 处和 3/4 处分别取样，并搅拌均匀；第一次取样和最后一次取样的时间间隔不宜超过 15min。

（3）宜在取样后 5min 内开始各项性能试验。

292. 拌合物取样记录及试验报告包含哪些内容？

（1）生产取样记录应包含取样日期、时间和取样人，工程名称、结构部位，混凝土搅拌时间，混凝土标记，取样方法，试样编号，试样数量，环境温度及取样的天气情况，取样混凝土的温度等。

（2）试验制备混凝土拌合物时，还应记录试验环境温度，试验环境湿度，各种原材料品种、规格、产地及性能指标，混凝土配合比和每盘混凝土的材料用量。

293. 混凝土坍落度试验的试验设备有哪些具体要求？

（1）坍落度仪应符合现行行业标准《混凝土坍落度仪》（JG/T 248）的规定；

（2）应配备 2 把钢尺，钢尺的量程不应小于 300mm，分度值不应大于 1mm；

（3）底板应采用平面尺寸不小于 1500mm×1500mm、厚度不小于 3mm 的钢板，其最大挠度不应大于 3mm。

294. 如何测定混凝土坍落度？

（1）湿润坍落度筒及底板，在坍落度筒内壁和底板上应无明水。底板应放置在坚实水平面上，并把筒放在底板中心，然后用脚踩住两边的脚踏板，坍落度筒在装料时应保持固定的位置。

（2）把按要求取得的混凝土试样用小铲分三层均匀地装入筒内，每装一层混凝土，用捣棒由边缘向中心按螺旋形均匀插捣 25 次，捣实后每层高度为筒高的三分之一左右。

（3）插捣底层时，捣棒应贯穿整个深度，插捣第二层和顶层时，捣棒应插透本层至下一层的表面。

（4）顶层混凝土拌合物装料应高出筒口。插捣过程中，如混凝土拌合物低于筒口时，则应随时添加。顶层插捣完后，取下装料斗，刮去多余的混凝土，并沿筒口用抹刀抹平。

（5）清除筒边底板上的混凝土后，垂直平稳地提起坍落度筒，轻放于试样旁边，当试样不再继续塌落或塌落时间达 30s 时，用钢尺测量出筒高与坍落后混凝土试体最高点之间的高度差，作为该混凝土拌合物的坍落度值。

（6）坍落度筒的提离过程应在 3～7s 内完成；从开始装料到提坍落度筒的整个过程应不间断地进行，并应在 150s 内完成。

（7）将坍落度筒提起后，混凝土发生一边崩塌或剪坏现象时，应重新取样另行测定；第二次试验仍出现一边崩塌或剪坏现象，应予记录说明。

（8）坍落度值测量精确至 1mm，结果修约至 5mm。

295. 如何测定坍落度经时损失？

（1）应测量出机时的混凝土拌合物的初始坍落度值 H_0。

（2）将全部混凝土拌合物试样装入塑料桶或不被水泥浆腐蚀的金属桶内，应用桶盖或塑料薄膜密封静置。

（3）自搅拌加水开始计时，静置 60min 后应将桶内混凝土拌合物试样全部倒入搅拌机内，搅拌 20s，进行坍落度试验，得出 60min 坍落度值 H_{60}。

（4）计算初始坍落度值与 60min 坍落度值的差值，可得到 60min 混凝土坍落度经时损失试验结果。

（5）当工程要求调整静置时间时，则应按实际静置时间测定并计算混凝土坍落度经时损失。

296. 如何测量混凝土扩展度？

（1）扩展度试验设备准备、混凝土拌合物取样、装料和插捣与坍落度试验要求一致。

（2）清除筒边底板上的混凝土后，应垂直平稳地提起坍落度筒，坍落度筒的提离过程宜控制在 3～7s；当混凝土拌合物不再扩散或扩散持续时间已达 50s 时，应使用钢尺测量混凝土拌合物展开扩展面的最大直径以及与最大直径呈垂直方向的直径。

（3）当两直径之差小于 50mm 时，应取其算术平均值作为扩展度试验结果；当两直径之差不小于 50mm 时，应重新取样另行测定。

（4）发现粗骨料在中央堆积或边缘有浆体析出时，应记录说明。

（5）扩展度试验从开始装料到测得混凝土扩展度值的整个过程应连续进行，并应在 4min 内完成。

（6）混凝土扩展度值测量精确至 1mm，结果修约至 5mm。

297. 如何测定扩展度经时损失？

（1）应测量出机时的混凝土拌合物的初始扩展度值 L_0。

（2）将全部混凝土拌合物试样装入塑料桶或不被水泥浆腐蚀的金属桶内，应用桶盖或塑料薄膜密封静置。

（3）自搅拌加水开始计时，静置 60min 后应将桶内混凝土拌合物试样全部倒入搅拌机内，搅拌 20s，即进行扩展度试验，得出 60min 扩展度值 L_{60}。

（4）计算初始扩展度值与 60min 扩展度值的差值，可得到 60min 混凝土扩展度经时损失试验结果。

（5）当工程要求调整静置时间时，则应按实际静置时间测定并计算混凝土扩展度经时损失。

298. 维勃稠度试验设备的试验要求是什么？维勃稠度的试验步骤是什么？

（1）试验设备

① 维勃稠度仪应符合现行行业标准《维勃稠度仪》（JC/T 250）的规定；

② 秒表的精度不应低于 0.1s。

（2）试验步骤

① 维勃稠度仪应放置在坚实水平面上，容器、坍落度筒内壁及其他用具应润湿无明水。

② 喂料斗应提到坍落度筒上方扣紧，校正容器位置，应使其中心与喂料斗中心重合，然后拧紧固定螺钉。

③ 混凝土拌合物试样应分三层均匀地装入坍落度筒内，捣实后每层高度应约为筒高的三分之一。每装一层，应用捣棒在筒内由边缘到中心按螺旋形均匀插捣 25 次；插捣底层时，捣棒应贯穿整个深度，插捣第二层和顶层时，捣棒应插透本层至下一层的表面；顶层混凝土装料应高出筒口，插捣过程中，混凝土低于筒口，应随时添加。

④ 顶层插捣完应将喂料斗转离，沿坍落度筒口刮平顶面，垂直地提起坍落度筒，不应使混凝土拌合物试样产生横向的扭动。

⑤ 将透明圆盘转到混凝土圆台体顶面，放松测杆螺钉，应使透明圆盘转至混凝土锥体上部，并下降至与混凝土顶面接触。

⑥ 拧紧定位螺钉，开启振动台，同时用秒表计时，当振动到透明圆盘的整个底面与水泥浆接触时应停止计时，并关闭振动台。

⑦ 秒表记录的时间应作为混凝土拌合物的维勃稠度值，精确至 1s。

299. 混凝土试件成型前，试模选择应注意哪些问题？

（1）试模应符合现行行业标准《混凝土试模》（JG 237）的有关规定，当混凝土强度等级不低于 C60 时，宜采用铸铁或铸钢试模成型。

（2）应定期对试模进行核查，核查周期不宜超过 3 个月。

（3）试件成型前，应检查试模的尺寸并应符合标准的有关规定；应将试模擦拭干净，在其内壁上均匀地涂刷一薄层矿物油或其他不与混凝土发生反应的隔离剂，试模内壁隔离剂应均匀分布，不应有明显沉积。

300. 采用振动台振实制作试件有哪些具体要求？

（1）将混凝土拌合物一次性装入试模，装料时应用抹刀沿试模内壁插捣，并使混凝土拌合物高出试模上口。

（2）试模应附着或固定在振动台上，振动时应防止试模在振动台上自由跳动，振动应持续到表面出浆且无明显大气泡逸出为止，不得过振。

（3）试件成型后刮除试模上口多余的混凝土，待混凝土临近初凝时，用抹刀沿着试模口抹平。试件表面与试模边缘的高度差不得超过 0.5mm。

（4）制作的试件应有明显和持久的标记，且不破坏试件。

301. 采用人工插捣制作试件有哪些具体要求？

（1）混凝土拌合物应分两层装入模内，每层的装料厚度应大致相等。

（2）插捣应按螺旋方向从边缘向中心均匀进行。在插捣底层混凝土时，捣棒应达到试模底部；插捣上层时，捣棒应贯穿上层后插入下层 20～30mm；插捣时捣棒应保持垂直，不得倾斜，插捣后应用抹刀沿试模内壁插拔数次。

（3）每层插捣次数按 10000mm² 截面面积内不得少于 12 次。

（4）插捣后应用橡皮锤或木槌轻轻敲击试模四周，直至插捣棒留下的空洞消失为止。

（5）试件成型后刮除试模上口多余的混凝土，待混凝土临近初凝时，用抹刀沿着试模口抹平。试件表面与试模边缘的高度差不得超过 0.5mm。

（6）制作的试件应有明显和持久的标记，且不破坏试件。

302. 采用插入式振捣棒振实制作试件有哪些具体要求？

（1）将混凝土拌合物一次装入试模，装料时应用抹刀沿试模内壁插捣，并使混凝土拌合物高出试模上口。

（2）宜用直径为 Φ25mm 的插入式振捣棒；插入试模振捣时，振捣棒距试模底板宜为 10～20mm 且不得触及试模底板，振动应持续到表面出浆且无明显大气泡逸出为止，不得过振；振捣时间宜为 20s；振捣棒拔出时应缓慢，拔出后不得留有孔洞。

（3）试件成型后刮除试模上口多余的混凝土，待混凝土临近初凝时，用抹刀沿着试模口抹平。试件表面与试模边缘的高度差不得超过 0.5mm。

（4）制作的试件应有明显和持久的标记，且不破坏试件。

303. 自密实混凝土成型制作试件有哪些具体要求？

（1）自密实混凝土应分两次将混凝土拌合物装入试模，每层的装料厚度宜相等，中间间隔 10s，混凝土应高出试模口，不应使用振动台、人工插捣或振捣棒方法成型。

（2）试件成型后刮除试模上口多余的混凝土，待混凝土临近初凝时，用抹刀沿着试模口抹平。试件表面与试模边缘的高度差不得超过 0.5mm。

（3）制作的试件应有明显和持久的标记，且不破坏试件。

304. 对于干硬性混凝土成型制作试件有哪些具体要求？

（1）混凝土拌和完成后，应倒在不吸水的底板上，采用四分法取样装入铸铁或铸钢的试模。

（2）通过四分法将混合均匀的干硬性混凝土料装入试模约二分之一高度，用捣棒进行均匀插捣；插捣密实后，继续装料之前，试模上方应加上套模，第二次装料应略高于试模顶面，然后进行均匀插捣，混凝土顶面应略高出于试模顶面。

（3）插捣应按螺旋方向从边缘向中心均匀进行。在插捣底层混凝土时，捣棒应达到试模底部；插捣上层时，捣棒应贯穿上层后插入下层 10～20mm；插捣时捣棒应保持垂直，不得倾斜。每层插捣完毕后，用平刀沿试模内壁插一遍。

（4）每层插捣次数按 10000mm² 截面面积内不得少于 12 次。

（5）装料插捣完毕后，将试模附着或固定在振动台上，并放置压重钢板和压重块或其他加压装置，应根据混凝土拌合物的稠度调整压重块的质量或加压装置的施加压力；开始振动，振动时间不宜少于混凝土的维勃稠度，且应到表面泛浆为止。

（6）试件成型后刮除试模上口多余的混凝土，待混凝土临近初凝时，用抹刀沿着试模口抹平。试件表面与试模边缘的高度差不得超过 0.5mm。

（7）制作的试件应有明显和持久的标记，且不破坏试件。

305. 国家标准对混凝土试件的标准养护有哪些具体要求？

（1）试件成型抹面后应立即用塑料薄膜覆盖表面，或采取其他保持试件表面湿度的方法。

（2）试件成型后应在温度为（20±5）℃、相对湿度大于 50% 的室内静置 1～2d，试件静置期间应避免受到振动和冲击，静置后编号标记、拆模，当试件有严重缺陷时，应按废弃处理。

（3）试件拆模后应立即放入温度为（20±2）℃、相对湿度为 95% 以上的标准养护室中养护，或在温度为（20±2）℃的不流动氢氧化钙饱和溶液中养护。标准养护室内的试件应放在支架上，彼此间隔 10～20mm，试件表面应保持潮湿，但不得用水直接冲淋试件。

306. 混凝土试件标准养护龄期有何要求？

（1）试件的养护龄期可分为 1d、3d、7d、28d、56d 或 60d、84d 或 90d、180d 等，也可根据设计龄期或需要进行确定。

（2）龄期应从搅拌加水开始计时，养护龄期的允许偏差宜符合表 2-15 的规定。

表 2-15　养护龄期允许偏差

养护龄期	1d	3d	7d	28d	56d 或 60d	≥84d
允许偏差	±30min	±2h	±6h	±20h	±24h	±48h

307. 混凝土立方体抗压强度试验步骤是什么？

混凝土立方体抗压强度试验应按下列步骤进行：

（1）试件到达试验龄期时，从养护地点取出后，应检查其尺寸及形状，尺寸公差应满足相关标准的规定，试件取出后应尽快进行试验。

（2）试件放置试验机前，应将试件表面与上、下承压板面擦拭干净。

（3）以试件成型时的侧面为承压面，应将试件安放在试验机的下压板或钢垫板上，试件的中心应与试验机下压板中心对准。

（4）启动试验机，试件表面与上、下承压板或钢垫板应均匀接触。

（5）试验过程中应连续均匀加荷，加荷速度应取 0.3～1.0MPa/s。当立方体抗压强度小于 30MPa 时，加荷速度宜取 0.3～0.5MPa/s；立方体抗压强度为 30～60MPa 时，加荷速度宜取 0.5～0.8MPa/s；立方体抗压强度不小于 60MPa 时，加荷速度宜取 0.8～1.0MPa/s。

（6）手动控制压力机加荷速度的过程中，当试件接近破坏开始急剧变形时，应停止调整试验机油门，直至破坏，并记录破坏荷载。

308. 混凝土立方体试件抗压强度试验结果计算及确定如何要求？

（1）混凝土立方体试件抗压强度应按下式计算：

$$f_{cc}=\frac{F}{A}$$

式中　f_{cc}——混凝土立方体试件抗压强度，MPa；

　　　F——试件破坏荷载，N；

　　　A——试件承压面积，mm^2。

计算结果应精确至 0.1MPa。

（2）立方体试件抗压强度值的确定应符合下列规定：

① 取 3 个试件测值的算术平均值作为该组试件的强度值，应精确至 0.1MPa；

② 当 3 个测值中的最大值或最小值中有一个与中间值的差值超过中间值的 15% 时，则应把最大及最小值剔除，取中间值作为该组试件的抗压强度值；

③ 当最大值和最小值与中间值的差值均超过中间值的 15% 时，该组试件的试验结果无效。

（3）混凝土强度等级小于 C60 时，用非标准试件测得的强度值均应乘以尺寸换算系数，对 200mm×200mm×200mm 试件可取 1.05；对 100mm×100mm×100mm 试件可取 0.95。

（4）当混凝土强度等级不小于 C60 时，宜采用标准试件；当使用非标准试件时，混凝土强度等级不大于 C100 时，尺寸换算系数宜由试验确定，在未进行试验确定的情况下，对 100mm×100mm×100mm 试件可取 0.95；混凝土强度等级大于 C100 时，尺寸换算系数应经试验确定。

2.1.4　生产应用部分

309. 为什么要控制水泥细度？

水泥细度指的是水泥粉磨的程度。水泥越细，水化速度越快，水化越完全，对水泥胶凝性物质有效利用率就越高；水泥的强度，特别是早期强度也越高；还能改善水泥的泌水性、和易性、黏结力等。但是，水泥过细，比表面积过大，水泥浆体要达到同样的流动度，需水量就增加，使硬化浆体因水分过多引起孔隙率增加而降低强度；同时，水泥过细，水泥磨产量也会迅速下降，单位产品电耗成倍增加。所以，水泥细度应根据熟料质量、粉磨条件以及所生产的水泥品种、强度等级等因素来确定。

310. 国家标准中为什么要限制水泥产品的碱含量和氯离子含量？

碱含量就是水泥中碱物质（NaOH、KOH）的含量。碱含量主要从水泥生产原材料带入，尤其是黏土。碱含量越高，使水泥凝结时间缩短，早期强度提高而后期强度降低；碱含量对减水剂的影响较大，碱含量越高，混凝土流动性越小。国家标准《通用硅酸盐水泥》（GB 175—2007）规定：水泥中碱含量按 $Na_2O+0.658K_2O$ 计算值表示。用户要求提供低碱水泥时，水泥中的碱含量由买卖双方协商确定。

碱含量高，还会引起水泥混凝土产生"碱-骨料反应"，即：来自水泥、外加剂、环境中的碱在水化过程中析出 NaOH 和 KOH，与骨料（指砂、石）中活性 SiO_2 相互作用，形成碱的硅酸盐凝胶体，致使混凝土发生体积膨胀，呈蛛网状龟裂，导致工程结构的破坏。

钢筋锈蚀是混凝土破坏的重要形式之一，而氯离子是混凝土中钢筋锈蚀的重要因素。

311. 通用硅酸盐水泥的化学指标要求是什么？

通用硅酸盐水泥化学指标应符合表 2-16 的规定。

表 2-16　通用硅酸盐水泥化学指标

品种	代号	不溶物（质量分数）	烧失量（质量分数）	三氧化硫（质量分数）	氧化镁（质量分数）	氯离子（质量分数）
硅酸盐水泥	P·Ⅰ	≤0.75	≤3.0	≤3.5	≤5.0[a]	≤0.06[c]
	P·Ⅱ	≤1.50	≤3.5			
普通硅酸盐水泥	P·O	—	≤5.0			
矿渣硅酸盐水泥	P·S.A	—	—	≤4.0	≤6.0[b]	
	P·S.B	—	—			
火山灰质硅酸盐水泥	P·P			≤3.5	≤6.0[b]	
粉煤灰硅酸盐水泥	P·F					
复合硅酸盐水泥	P·C					

a 如果水泥压蒸试验合格，则水泥中氧化镁的含量（质量分数）允许放宽至 6.0%。
b 如果水泥中氧化镁的含量（质量分数）大于 6.0%时，需进行水泥压蒸安定性试验并合格。
c 当有更低要求时，该指标由买卖双方协商确定。

312. 通用硅酸盐水泥的物理指标要求有哪些？

（1）凝结时间：

硅酸盐水泥初凝时间不小于 45min，终凝时间不大于 390min。

普通硅酸盐水泥、矿渣硅酸盐水泥、火山灰质硅酸盐水泥、粉煤灰硅酸盐水泥和复合硅酸盐水泥初凝时间不小于 45min，终凝时间不大于 600min。

（2）安定性：

沸煮法检验合格。

（3）强度：

不同品种不同强度等级通用硅酸盐水泥不同龄期强度应符合表 2-17 的规定。

表 2-17 通用硅酸盐水泥不同龄期强度

品种	强度等级	抗压强度（MPa）		抗折强度（MPa）	
		3d	28d	3d	28d
硅酸盐水泥	42.5	≥17.0	≥42.5	≥3.5	≥6.5
	42.5R	≥22.0		≥4.0	
	52.5	≥23.0	≥52.5	≥4.0	≥7.0
	52.5R	≥27.0		≥5.0	
	62.5	≥28.0	≥62.5	≥5.0	≥8.0
	62.5R	≥32.0		≥5.5	
普通硅酸盐水泥	42.5	≥17.0	≥42.5	≥3.5	≥6.5
	42.5R	≥22.0		≥4.0	
	52.5	≥23.0	≥52.5	≥4.0	≥7.0
	52.5R	≥27.0		≥5.0	
矿渣硅酸盐水泥 火山灰质硅酸盐水泥 粉煤灰硅酸盐水泥	32.5	≥10.0	≥32.5	≥2.5	≥5.5
	32.5R	≥15.0		≥3.5	
	42.5	≥15.0	≥42.5	≥3.5	≥6.5
	42.5R	≥19.0		≥4.0	
	52.5	≥21.0	≥52.5	≥4.0	≥7.0
	52.5R	≥23.0		≥4.5	
复合硅酸盐水泥	42.5	≥15.0	≥42.5	≥3.5	≥6.5
	42.5R	≥19.0		≥4.0	
	52.5	≥21.0	≥52.5	≥4.0	≥7.0
	52.5R	≥23.0		≥4.5	

313. 如何判定进场水泥是否合格？

（1）当化学指标、物理指标中的安定性、凝结时间和强度指标均符合标准要求时为合格品。

（2）当化学指标、物理指标中的安定性、凝结时间和强度中的任何一项技术要求不符合标准要求时为不合格品。

314. 水泥进场需提供哪些质量证明文件？检验与组批原则是什么？

水泥进场验收应提供出厂合格证、并提供出厂检验报告（含 3d 及 28d 强度报告），且产品包装完好。

按同一厂家、同一品种、同一强度等级、同一出厂编号的水泥，袋装水泥不超过200t，散装水泥不超过 500t 为一检验批。

315. 水泥的取样方法是什么？

（1）出厂水泥和交货验收检验样品应严格按国家或行业标准所规定的编号、吨位数取样。水泥进场时按同品种、同强度等级编号和取样。袋装水泥和散装水泥分别进行编号和取样。每一编号为一取样单位。

（2）取样应有代表性。可连续取样，亦可从 20 个以上不同部位取等量样品，总量至少 12kg。

（3）交货验收中所取样品应与合同或协议中注明的编号、吨位相符。对以抽取实物试样的检验结果为验收依据时，买卖双方应在发货前或交货地共同取样和签封，取样数量为 24kg；以生产者同编号水泥的检验报告为验收依据时，在发货前或交货时买方在同编号水泥中取样，双方共同签封，或认可卖方自行取样。

316. 对水泥检验和交货验收样品的制样和留样有哪些要求？

（1）水泥试样必须充分拌匀并通过 0.9mm 方孔筛，并注意记录筛余物。

（2）抽取实物样作为交货验收的样品，经充分拌匀后缩分为二等份，一份由卖方保存 40d，另一份由买方按规定的项目和方法进行检验；以水泥厂同编号水泥的检验报告为验收依据时所取样品，双方共同签封后由卖方保存 90d，或认可卖方自行取样、签封并保存 90d 的同编号水泥的封存样。

（3）生产厂家内部封存样和买卖双方签封的封存样应用食品塑料薄膜袋封装，并放入密封良好的留样桶内。所有封存样品应放入干燥的环境中。

（4）留样及交货验收中的封存样都应有留样卡或封条，注明水泥品种、强度等级、编号、包装日期及留样人等；封条上应注明取样日期、封存期限、水混品种、强度等级、出厂编号、混合材品种和掺量、出厂日期、签封人姓名等。

317. 封存水泥样品时使用食品塑料薄膜袋的原因是什么？

为了防止水泥吸潮、风化，水泥留样时要求用食品塑料薄膜袋装好，并扎紧袋山，放入留样桶中密封存放。食品塑料薄膜袋不同于非食品塑料薄膜袋。非食品塑料薄膜袋上有一层增塑剂，它们大多系挥发性很强的脂类化合物。如将它用于水泥留样包装，这种可挥发性的有机物就会吸附在水泥颗粒表面上，形成一层难透水的薄膜，阻隔水泥颗粒与水的接触，降低水泥的水化反应能力，使水泥强度下降。而食品塑料薄膜袋上则没有这种带挥发性的增塑剂。所以要求水泥留样时，应用食品塑料薄膜袋包装，而不能用非食品塑料薄膜袋。

318. 混凝土生产中，粉煤灰计量允许偏差有什么要求？

现行国家标准《混凝土结构工程施工质量验收规范》（GB 50204）中规定粉煤灰称量的允许偏差为±2%；《水工混凝土施工规范》（DL/T 5144—2015）规定粉煤灰称量的允许偏差为±1%；《公路水泥混凝土路面施工技术细则》（JTG/T F30—2014）规定高速公路和一级公路粉煤灰称量的允许偏差为±1%，其他等级公路为±2%。从提高混凝土施工质量和均匀性出发，宜严格控制粉煤灰的称量偏差，因此本条规定粉煤灰称量的允许偏差宜为±1%。

319. 粉煤灰在混凝土中可以发挥哪些效应？

粉煤灰具有潜在的化学活性，颗粒微细，且含有大量的玻璃微珠，掺入混凝土中可以发挥活性效应、形态效应、微骨料填充效应、界面效应。

活性效应：SiO_2、Al_2O_3 等物质本身不具有水硬性，但在有氢氧化钙和硫酸盐的激发下，可生成水化硅酸钙、钙矾石等物质，使强度增加，尤其是后期增加明显。

形态效应：粉煤灰中含有大量的玻璃微珠，呈球形，掺入混凝土中可以显著改善和易性；由外观形貌、表面性质、颗粒级配等产生的效应。FA 中的球形颗粒含量较高时，可增大混凝土的流动性。

微骨料填充效应：于粉煤灰的粒径大多很小，尤其是一级灰，其颗粒比水泥还细，可以填充在水泥石毛细孔和气孔中，使之更加密实。粉煤灰可替代部分水泥，从而减少了水化热的产生。

界面效应：粉煤灰的活性来源于它所含的玻璃体，与水泥水化生成的 $Ca(OH)_2$ 发生二次水化反应，生成 C-S-H 和 C-A-H、水化硫铝酸钙，强化了混凝土界面过渡区，同时提高混凝土的后期强度。

320. 在交货与验收时，矿渣粉的取样方法是什么？

取样按《水泥取样方法》（GB/T 12573—2008）规定进行，取样数量为 10kg，缩分为二等份。一份由卖方保存 40d，另一份由买方按照《用于水泥、砂浆和混凝土中的粒化高炉矿渣粉》（GB/T 18046—2017）规定的项目和方法进行检验。

321. 矿渣粉主要有哪些应用？

矿渣粉的应用主要有两种形式：一是与水泥混合生产高掺量的矿渣水泥；二是直接加在混凝土中作为掺合料。最初，矿渣粉只能作为惰性填充料，随着粉体工业技术的发展，矿渣粉微细化程度越来越高，其用途也越来越广泛。

322. 矿渣粉对新拌混凝土拌合物性能有什么影响？

（1）大量研究和生产实践证明，矿渣粉用于混凝土会影响混凝土的坍落度和流动性，矿渣粉的掺量对混凝土坍落度的影响如图 2-1 所示。

由图 2-1 可知：矿渣粉掺量较低时，新拌混凝土出机坍落度有所增加，流动性有所改善。矿渣粉掺量较高时，新拌混凝土出机坍落度变化幅度降低，混凝土流动性改善不明显。

（2）矿渣粉掺量越大，浆体的凝结时间越长；浆体的凝结时间的延长与矿渣粉的掺量基本呈线性增长关系；混凝土凝结时间与矿渣粉掺量之间的关系如图 2-2 所示。

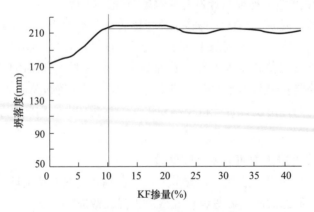

图 2-1　矿渣粉掺量对新拌混凝土坍落度的影响

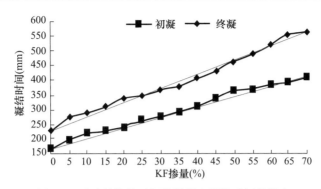

图 2-2 矿渣粉掺量对新拌混凝土凝结时间的影响

323. 配制混凝土时，对砂的选择有何要求？

优先选用Ⅱ区砂。当采用Ⅰ区砂时，应提高砂率，并保持足够的水泥用量，满足混凝土的和易性要求；当采用Ⅲ区砂时，宜适当降低砂率；当采用特细砂时，应符合相应的规定。配制泵送混凝土，宜选用中砂。

324. 配制不同等级、类别的混凝土对天然砂中的含泥量有什么要求？

天然砂中的含泥量应符合表 2-18 的规定。

表 2-18 天然砂中含泥量

混凝土强度等级	≥C60	C55~C30	≤C25
含泥量（按质量计,%）	≤2.0	≤3.0	≤5.0

对于有抗冻融、抗渗或其他特殊要求的小于或者等于 C25 的混凝土用砂，其含泥量不应大于 3.0%。

325. 砂的颗粒级配对混凝土的工作性能有什么影响？

（1）细度模数为 1.6~2.2 的砂为细砂，细度模数为 0.7~1.5 的砂为特细砂，细度模数为 3.1~3.7 的砂为粗砂。

（2）砂子太细，混凝土需水量增大，当混凝土用砂由中砂变为细砂时，若要保证混凝土相同的坍落度和流动性，则单方混凝土用水量增加，水胶比增大，混凝土的流动性、可泵性降低，强度降低，影响结构安全性。

（3）采用粗砂配制的混凝土，和易性、可泵性差，易泌水。

（4）砂的细度模数是表征砂粗细的宏观指标，砂的级配是决定其品质的内在因素，对新拌混凝土的工作性能有很大影响。级配合理，对混凝土拌合物的和易性、可泵性有利，反之无利。

326. 普通混凝土用碎石、卵石中含泥量是如何规定的？

碎石或卵石中含泥量应符合表 2-19 的规定。

表 2-19 碎石或卵石中含泥量

混凝土强度等级	≥C60	C30~C55	≤C25
含泥量（按质量计,%）	≤0.5	≤1.0	≤2.0

对于有抗冻、抗渗或其他特殊要求的小于或等于 C25 混凝土用砂，其所用碎石或卵石中含泥量不应大于 1.0%。当碎石或卵石中的泥是非黏土质的石粉时，其含泥量可由表 2-19 的 0.5%、1.0%、2.0%，分别提高到 1.0%、1.5%、3.0%。

327. 普通混凝土用碎石、卵石中泥块含量是如何规定的？

碎石或卵石中泥块含量应符合表 2-20 的规定。

表 2-20 碎石或卵石中泥块含量

混凝土强度等级	≥C60	C30～C55	≤C25
泥块含量（按质量计,%）	≤0.2	≤0.5	≤0.7

对于有抗冻、抗渗或其他特殊要求的强度等级小于 C30 的混凝土，其所用碎石或卵石中泥块含量应不大于 0.5%。

328. 防冻剂使用主要有哪些注意事项？

不同类别的防冻剂，性能具有差异，合理选用十分重要。

（1）氯盐类防冻剂适用于无筋混凝土。

（2）氯盐阻锈类防冻剂可用于钢筋混凝土。

（3）无氯盐类防冻剂可用于钢筋混凝土工程和预应力钢筋混凝土工程。

（4）硝酸盐、亚硝酸盐、碳酸盐易引起钢筋的应力腐蚀，故此类防冻剂不适用于预应力混凝土以及与镀锌钢材相接触部位的钢筋混凝土结构。

（5）另外，含有六价铬盐、亚硝酸盐等有毒成分的防冻剂，严禁用于饮水工程及与仪器接触的部位。

329. 如何加强原材料的进场验收？

原材料进场时，应做好进场验收工作。控制各种原材料进场验收，是保证混凝土最终质量的一个重要环节。控制不合格原材料的进场，确保不使用不合格原材料是保证混凝土质量的前提。原材料进场验收的主要内容有：

（1）原材料的品种、规格和数量应符合要求。

（2）原材料的生产供应单位应具有相应的资格。

（3）原材料生产供应单位应按批提供符合要求的原材料合格证，合格证应填写齐全，内容应至少包括生产单位名称、购货单位名称、原材料品种规格、数量、主要技术质量指标、出厂日期等。合格证应由生产单位加盖公章。

（4）原材料的包装方式应符合有关标准要求。

（5）加强原材料质量检查与检验。

（6）做好原材料的入仓储存、标识与使用管理。

330. 如何加强砂的质量管理？

（1）砂的级配、含泥量、泥块含量及其他性能指标等是否合格稳定，对混凝土的和易性、强度、耐久性等有重要作用，混凝土企业应对照《普通混凝土用砂、石质量及检验方法标准》（JGJ 52—2006）、《建设用砂》（GB/T 14684—2022）等标准，建立自己企业的内控标准。

（2）砂的进场检查。砂进场时通过目测、简单的检验方法，逐车检查其外观质量，尤其应注意检查运输车厢中、下部砂的质量。控制砂的含水量、细度、含泥量等，不合格材料直接退货。进场检查还应注意不得混入异物，如草根、树叶、树枝、塑料、煤块、炉渣、煤矸石、生石灰块等。

（3）砂的检验与验收。天然砂应按批进行颗粒级配、含泥量、泥块含量检验，需要时还应检验其他性能；人工砂或混合砂应按批进行颗粒级配、石粉含量、亚甲蓝试验、压碎指标检验，需要时还应检验其他性能。对于海砂或有氯离子污染的砂，应检验其氯离子含量。

砂应按同产地、同规格分批验收，以 400m³ 或 600t 为一验收批，当同产地的砂质量比较稳定、进料量又较大时，可 1000t 为一验收批，或定期取样检验。

（4）砂的堆放。砂应按产地、种类和规格分别堆放，以便生产时按比例使用，同时也利于砂的分类管理使用。砂堆场应用硬质地面，并有可靠的排水措施，以免料堆底部积水，在使用铲车上料或皮带上料时造成砂的含水率波动较大，水灰比不准，影响混凝土拌合物的和易性及强度。

不同品种砂的堆放应有防止混用的措施或设施。在装卸和储存时应采取措施，保持洁净。

（5）砂的使用。砂料仓上面应安装金属网筛（或其他设施），避免大颗粒石子或杂物进入计量仓内。冬期施工，拌制混凝土所采用的砂应清洁，不得含有冰、雪、冻块及其他易冻裂物质。

331. 如何加强石子的质量管理？

（1）石子的级配、含泥量、泥块含量、针片状颗粒含量及其他性能指标等是否合格稳定，对混凝土的和易性、强度、耐久性等有重要作用，对石子的进场质量必须给予充分重视。混凝土企业应对照《普通混凝土用砂、石质量及检验方法标准》（JGJ 52—2006）、《建设用卵石、碎石》（GB/T 14685—2022）等标准，建立自己企业的内控标准。

（2）石子进场检查时，应通过目测、简单的检验方法，逐车检查其外观质量，尤其应注意检查运输车厢中、下部石子的质量，不合格材料直接退货。进场检查还应注意不得混入异物，如泥团（块）、大石块、煤矸石、生石灰块等。

（3）石子的检验与验收。石子应按批进行颗粒级配（粒径）、含泥量、泥块含量及针片状颗粒含量检验。需要时还应检验其他性能。石子应按同产地、同规格分批验收，以 400m³ 或 600t 为一验收批，当同产地石子质量比较稳定、进料量又较大时，可 1000t 为一验收批，或定期取样检验。

（4）石子的堆放。石子应按产地、种类和规格分别堆放，以便生产时按比例使用，同时也利于石子的分类管理使用。石子的堆放应防止大小骨料分离，以期得到良好的级配状态，减少空隙率提高混凝土的密实性。为防止大小颗粒产生离析，最好是分层堆放或单粒级分别堆放。

石子的堆料高度不宜超过 5m，对于单粒级或最大粒径不超过 20mm 的连续粒级，其堆料高度可增加到 10m。车辆、装载机等不应在料堆上进行质检，因为这不仅会使骨料破裂，还会带入一些泥土杂物。

（5）石子的贮存应按品种和规格分别堆放，不得混杂堆放，应设有隔墙等隔离措施或设施。在装卸和储存时应采取措施，保持洁净。

（6）石子堆场应用硬质地面，并有可靠的排水措施，以免料堆底部积水。在使用铲车上料或皮带上料时造成石子含水率波动较大，水灰比不准，影响混凝土拌合物的和易性及强度。

（7）石子的使用。石子料仓上面应安装金属网筛（或其他设施），避免大颗粒石子或杂物进入计量仓内。冬期施工，拌制混凝土所采用的石子应清洁，不得含有冰、雪、冻块及其他易冻裂物质。

332. 如何加强水泥的质量管理？

（1）水泥是混凝土最重要的组成材料，对混凝土质量和工艺性能有重要影响，应根据工程特点、所处环境以及设计、施工要求、强度等级、施工季节以及外加剂的特点和矿物掺合料的掺用品种及数量，选用适当品种和强度等级的水泥。

（2）不同厂家的水泥其成分及性能都有一定的差别，水泥采购尽可能采用同一厂家、同一牌号的水泥，以保证水泥质量的稳定性。经常更换水泥牌号，不利于工程技术人员的熟练掌握和使用。

（3）水泥应按同厂、同品种、同强度等级分批验收储存，散装水泥以500t为一检验批。水泥应按批检验安定性和强度，需要时还应检验其他性能。

水泥取样应按照标准《水泥取样方法》（GB/T 12573—2008）的规定，采取专用水泥取样器，在罐体中不同深度取样。

（4）水泥入仓必须有专人负责管理，水泥仓进料口应加盖上锁。入仓时应认真核对水泥运输单中水泥品种、强度等级、厂家、发车时间、到达时间等，做好入仓记录，并随时向生产质检部门、质检部门提供信息，质检部门应对原材料情况随时监视、检查。

（5）水泥贮存不得受潮，不同生产厂家、不同品种和强度等级的水泥不得混合使用，超过规定贮存期（三个月）或质量明显下降的水泥，使用前应进行检验，按复验的结果使用。

333. 如何加强矿物掺合料的质量管理？

（1）矿物掺合料应选择相对固定的厂家，并应首选具有一定生产规模、产品质量控制严格的厂家的产品。如大型电厂的粉煤灰、立式辊磨工艺生产的矿渣粉，其质量波动相对较小。

用于混凝土中的矿物掺合料应符合有关规定，在满足混凝土性能要求的前提下取代水泥时，其掺量应通过试验确定，取代水泥的最大掺量应符合有关标准的规定。

（2）加强矿物掺合料的进场检验与验收。

粉煤灰进场，应逐车取样，进行粉煤灰细度检验。以连续供应的200t相同厂家、相同等级、相同种类的粉煤灰为一检验批，粉煤灰应按批检验需水量比、活性指数，需要时还应检验其他性能。

矿渣粉进场，应逐车取样，进行矿渣粉比表面积检验。矿渣粉应按批检验比表面积、活性指数和流动度比指标，需要时还应检验其他性能。

（3）矿物掺合料储存。不同厂家、不同型号的矿物掺合料应分别储存，贮存不得受潮、混入杂物，同时应防止环境污染。

矿物掺合料在运输和储存时应做好明显标识，严禁与水泥等其他粉状材料混仓。

矿物掺合料入仓应专人管理，入仓口应加盖上锁。

334. 如何加强外加剂的质量管理？

（1）外加剂的选用。选用外加剂时，应根据混凝土的性能要求、施工工艺及气候条件，结合混凝土的原材料性能、配合比以及对水泥的适应性等因素，通过试验确定其品种和掺量。

（2）外加剂的检验。外加剂进场，应按规定按批进行检验。对于最常使用的混凝土泵送剂，每车应取代表性样品进行复验，检验外加剂与水泥的适应性，检测混凝土坍落度值及坍落度保留值，并根据需要检测其他指标，符合要求方可使用。

（3）外加剂的存放与使用。不同品种、不同型号的外加剂应分别存放，标识清楚，并有防雨、防晒等措施。液体外加剂储存，应安装定时搅拌系统进行搅拌，防止外加剂出现沉淀，如出现结晶、沉淀等现象，经性能检验合格后方可使用。粉状外加剂应防止受潮结块，如有结块，经性能检验合格后应粉碎至全部通过 0.63mm 筛后方可使用。冬期施工，液体外加剂的贮存应有保温加热搅拌措施。

（4）不同厂家、品种、型号的外加剂复合使用时，应注意其相容性及对混凝土性能的影响，使用前应进行试验，满足要求后方可使用。防冻剂的选择，必须能满足在突然降温和可能出现最低气温的情况下使用。

（5）常规检测合格后，外加剂在进仓前，必须确认仓位（不使用仓位的除外，如采用人工方式掺加的）。使用时必须确认所要使用的品种，以免发生错用而造成质量事故。

（6）严禁使用对人体产生危害、对环境产生污染的外加剂。

335. 矿物外加剂的取样规则是什么？

矿物外加剂出厂前应按同类同等级进行编号和取样，每一编号为一个取样单位。

磨细矿渣日产 100t 及以下的，50t 为一个取样单位；日产大于 100t 且不大于 2000t 的，250t 为一个取样单位；日产大于 2000t 的，500t 为一个取样单位。硅灰及其复合矿物外加剂以 30t 为一个取样单位。其他矿物外加剂以 120t 为一个取样单位，其数量不足者也以一个取样单位计。

336. 如何加强拌合用水的质量管理？

（1）拌合用水应符合《混凝土用水标准》（JGJ 63—2006）规定要求，水中不得含有导致延缓水泥正常凝结硬化的杂质，以及能引起钢筋和混凝土腐蚀的离子。

（2）混凝土搅拌及运输设备的冲洗水，在经过试验证明对混凝土及钢筋性能无有害影响时，方可作为混凝土部分拌合用水使用。

（3）冬期施工，水加热温度应符合《建筑工程冬期施工规程》（JGJ/T 104—2011）规定。

337. 混凝土搅拌生产前如何加强混凝土配合比通知单的输入？

（1）混凝土生产必须严格执行混凝土配合比通知单的有关要求。

（2）配合比的输入应由至少两人来完成，其中操作员负责将混凝土配合比输入微机，质检员负责核查确认，并在混凝土配合比通知单上作好记录。

（3）配合比输入时要严格核查原材料的品种、规格和数量，保证混凝土所用的各种原材料的质量符合有关标准的要求和《混凝土配合比通知单》的规定。

（4）配合比输入时要注意原材料筒仓的编号、筒仓内原材料的品种和出料闸门（阀门）。

（5）正确输入搅拌时间。

338.《预拌混凝土》(GB/T 14902—2012) 中对搅拌时间是如何规定的？

（1）采用搅拌运输车运送混凝土时，搅拌时间应满足设备说明书的要求，并不应少于 30s（从全部材料投完算起）；

（2）采用翻斗车运输时，应适当延长搅拌时间；

（3）制备特制品或掺用引气剂、膨胀剂、粉状外加剂时，应适当延长搅拌时间。

339. 混凝土生产投料有什么要求？

（1）采用分次投料搅拌方法，应通过试验确定投料顺序、数量及分段搅拌的时间等工艺参数。

（2）矿物掺合料宜与水泥同步投料，液体外加剂宜滞后于粉料和水投料。

340. 预拌混凝土计量设备有什么要求？

（1）原材料计量应采用电子计量设备，计量设备应能连续计量不同混凝土配合比的各种原材料，并应具有逐盘记录和储存计量结果（数据）的功能，其精度应符合《建筑施工机械与设备 混凝土搅拌站（楼）》(GB/T 10171—2016) 的规定。

（2）计量设备应具有法定计量部门签发的有效检定证书，并应定期校验。混凝土生产单位每月应至少自检一次；每一工作班开始前，应对计量设备进行零点校准。

（3）停产 1 个月以上，重新生产前，发生异常情况时，也应进行自检。

341. 生产过程中质检员如何做好质量检查工作？

（1）生产前应检查混凝土所用原材料的品种、规格是否满足生产配合比要求。检查生产设备和控制系统是否正常、计量设备是否归零。

（2）对进厂使用的砂、石原材料每班检查不少于 2 次，保证砂、石上料正确，质量符合配合比质量要求。骨料含水率的检验每工作班不应少于 1 次；当雨雪天气等外界影响导致混凝土骨料含水率变化时，应及时检验。

（3）检查粉料仓、外加剂仓的仓位是否正确，材料使用应与混凝土配合比通知单相一致。

（4）加强对原材料计量设备的检查。

（5）冬期施工，应按《建筑工程冬期施工规程》(JGJ/T 104—2011) 规定抽检砂、石、水、外加剂、环境、拌合物出机温度。混凝土出机温度不应低于 10℃，入模温度不应低于 5℃。

（6）混凝土质量检验的取样、试件制作等应符合国家相应标准的要求。

（7）混凝土生产过程中，还应对计量设备的运行情况进行巡回检查，如液休外加剂上料过程中，蝶阀开关是否关闭严密，是否有外加剂渗漏情况等。

（8）混凝土原材料、计量、搅拌、坍落度抽检等相关检查记录应齐全，包括日期、混凝土配合比通知单编号、原材料名称、品种、规格、每盘混凝土用原材料称量的标准值、实际值、计量偏差、搅拌时间、坍落度等。

342. 混凝土原材料的计量允许偏差是多少？

混凝土原材料的计量允许偏差不应超过表 2-21 的规定。

表 2-21 混凝土原材料计量允许偏差

原材料品种	水泥	骨料	水	外加剂	掺合料
每盘计量允许偏差（%）	±2	±3	±1	±1	±2
累计计量允许偏差（%）	±1	±2	±1	±1	±1

注：累计计量允许偏差是指每一运输车中各盘混凝土的每种材料计量和的偏差。

343. 混凝土冬期施工时，对原材料加热有什么要求？

（1）宜优先采用加热水的方法，当加热水仍不能满足要求时，可对骨料进行加热。水和骨料加热的最高温度应符合表 2-22 的规定。

表 2-22 水和骨料加热的最高温度

水泥强度等级	拌合水（℃）	骨料（℃）
小于 42.5	80	60
42.5、42.5R 及以上	60	40

（2）当水和骨料的温度仍不能满足热工计算要求时，可提高水温至 100℃，但水泥不得与 80℃ 以上的水直接接触。

（3）水泥不得直接加热。

（4）水加热可采用水箱内蒸汽加热、蒸汽（热水）排管循环加热等方式。加热使用的水箱应予保温，其容积能使水达到规定的使用要求。

（5）对拌合水加热要求水温准确、供应及时，有足够的热水量，保证先后用水温度一致。

344. 冬期施工时，对混凝土生产过程中的测温有什么要求？

冬期施工混凝土生产过程中的测温项目与频次应符合表 2-23 规定。

表 2-23 冬期施工混凝土生产过程中的测温项目与频次

测温项目	频次
环境温度	每昼夜不少于 4 次，并测量最高、最低温度
搅拌层温度	每一工作班不少于 4 次
水、水泥、矿物掺合料、砂、石、外加剂	每一工作班不少于 4 次
混凝土出机	每一工作班不少于 4 次

345. 预拌混凝土出厂检验项目是如何规定的？

常规品应检验混凝土强度、拌合物坍落度和设计要求的耐久性能；掺有引气型外加剂的混凝土还应检验拌合物的含气量。

特制品除应检验常规品应检验项目外，还应按相关标准和合同规定检验其他项目。

346. 预拌混凝土出厂检验取样与检验频率如何规定？

混凝土出厂检验应在搅拌地点取样。

（1）混凝土强度出厂检验的取样频率应符合下列规定：

出厂检验时，每100盘相同配合比混凝土取样不应少于1次，每一个工作班相同配合比混凝土不足100盘时应按100盘计，每次取样应至少进行一组试验。

（2）混凝土坍落度检验的取样频率应与强度检验相同。

（3）同一配合比混凝土拌合物中的水溶性氯离子含量检验应至少取样检验1次。海砂混凝土拌合物中的水溶性氯离子含量检验的取样频率应符合《海砂混凝土应用技术规范》（JGJ 206—2010）的规定。

（4）混凝土耐久性能检验的取样频率应符合《混凝土耐久性检验评定标准》（JGJ/T 193—2009）的规定。

（5）混凝土的含气量、扩展度及其他项目检验的取样频率应符合国家现行有关标准和合同的规定。

347. 预拌混凝土发货单应至少包括哪些内容？

（1）预拌混凝土经出厂检验确认各项质量指标符合要求时，随车开具预拌混凝土发货单，一车一单。

（2）发货单应至少包括以下内容：

合同编号、发货单编号、需方、供方、工程名称、浇筑部位、混凝土标记、本车的供货量（m³）、运输车号、交货地点、交货日期、发车时间和到达时间、供需（含施工方）双方交接人员签字。

348. 什么是蓄热法？

混凝土浇筑后，利用原材料加热及水泥水化放热，并采取适当保温措施延缓混凝土冷却，在混凝土温度降到0℃以前达到受冻临界强度的施工方法。

349. 什么是综合蓄热法？

掺早强剂或早强型复合外加剂的混凝土浇筑后，利用原材料加热及水泥水化放热，并采取适当保温措施延缓混产凝土冷却，在混凝土温度降到0℃以前达到受冻临界强度的施工方法。

350. 什么是电加热法？

冬期浇筑的混凝土利用电能进行加热养护的施工方法。

351. 什么是电极加热法？

用钢筋作为电极，利用电流通过混凝土所产生的热量对混凝土进行养护的施工方法。

352. 什么是电热毯法？

混凝土浇筑后，在混凝土表面或模板外覆盖柔性电热毯，通电加热养护的施工方法。

353. 什么是暖棚法？

将混凝土构件或结构置于搭设的棚中，内部设置散热器、排管、电热器或火炉等加热棚内空气，使混凝土处于正温环境下养护的施工方法。

354. 什么是混凝土起始养护温度？

混凝土浇筑结束，表面覆盖保温材料完成后的起始温度。

355. 什么是负温养护法？负温养护法的要求是什么？

（1）负温养护法是指在混凝土中掺入防冻剂，使其在负温条件下能够不断硬化，在混凝土温度降到防冻剂规定温度前达到受冻临界强度的施工方法。

（2）负温养护法适用于不易加热保温，且对强度增长要求不高的一般混凝土结构工程。

（3）负温养护法施工的混凝土，应以浇筑后 5d 内的预计日最低气温来选用防冻剂，起始养护温度不应低于 5℃。

（4）混凝土浇筑后，裸露表面应采取保湿、保温覆盖措施；加强测温，混凝土内部温度降到防冻剂规定温度之前，混凝土抗压强度应达到受冻临界强度。

356. 什么是受冻临界强度？冬期施工混凝土的受冻临界强度有什么规定？

受冻临界强度是指冬期浇筑的混凝土在受冻以前必须达到的最低强度。

根据《建筑工程冬期施工规程》（JGJ/T 104—2011），混凝土受冻临界强度应满足以下规定：

（1）采用蓄热法、暖棚法、加热法等施工的普通混凝土，采用硅酸盐水泥、普通硅酸盐水泥配制时，其受冻临界强度不应小于设计混凝土强度等级值的 30%；采用矿渣硅酸盐水泥、粉煤灰硅酸盐水泥、火山灰质硅酸盐水泥、复合硅酸盐水泥时，不应小于设计混凝土强度等级值的 40%。

（2）当室外最低气温不低于 −15℃ 时，采用综合蓄热法、负温养护法施工的混凝土受冻临界强度不应小于 4.0MPa；当室外最低气温不低于 −30℃ 时，采用负温养护法施工的混凝土受冻临界强度不应小于 5.0MPa。

（3）对强度等级等于或高于 C50 的混凝土，不宜小于设计混凝土强度等级值的 30%。

（4）对有抗渗要求的混凝土，不宜小于设计混凝土强度等级值的 50%。

（5）对有抗冻耐久性要求的混凝土，不宜小于设计混凝土强度等级值的 70%。

（6）当采用暖棚法施工的混凝土中掺入早强剂时，可按综合蓄热法受冻临界强度取值。

（7）当施工需要提高混凝土强度等级时，应按提高后的强度等级确定受冻临界强度。

357. 混凝土成熟度和等效龄期是如何定义的？

成熟度是指混凝土在养护期间养护温度和养护时间的乘积。

等效龄期是指混凝土在养护期间温度不断变化，在这一段时间内，其养护的效果与在标准条件下养护达到的效果相同时所需要的时间。

358. 减水剂的作用效果有哪些?

(1) 在不减少单位用水量的情况下，改善新拌混凝土的工作性，提高流动性。

(2) 在保持一定工作度的情况下，减少用水量，提高混凝土的强度。

(3) 在保持一定强度的情况下，减少单位水泥用量，节约水泥。

(4) 改善混凝土拌合物的可泵性以及混凝土的其他物理力学性能。

2.2 三级/高级工

2.2.1 原材料知识

359. 水泥中掺加混合材料有哪些优缺点?

水泥中掺加混合材料有如下优点:

(1) 改善水泥性能，生产不同品种水泥;

(2) 调节水泥强度等级，合理使用水泥;

(3) 节约熟料，降低能耗;

(4) 综合利用工业废渣;

(5) 增加水泥产量，降低生产成本。

水泥中掺加混合材料也有一些缺点，如使生产控制复杂化，早期强度有所降低，低温性能较差等。

360. 引起水泥安定性不良的因素有哪些?

水泥安定性不良，一般是由于熟料中的游离氧化钙、游离氧化镁或掺入的石膏过多等原因所造成的。首先，是 f-CaO，它是一种最常见、影响也最严重的因素。死烧状态的 f-CaO 水化速度很慢，在硬化的水泥石中继续与水生成六方板状的 $Ca(OH)_2$ 晶体，体积增大近一倍，产生膨胀应力，以致破坏水泥石。其次，是游离氧化镁，即方镁石，它的水化速度更慢，水化生成 $Mg(OH)_2$ 时体积膨胀 148%。但急冷熟料的方镁石结晶细小，对安定性影响不大。最后，是水泥中 SO_3 含量过高，即石膏掺入量过多，多余的 SO_3 在水泥硬化后继续与水和 C_3A 形成钙矾石，产生膨胀应力而影响水泥的安定性。若水泥熟料中 f-CaO 和方镁石含量过高，磨制水泥时又加入过量的石膏，这些因素互相叠加，就会使水泥的安定性严重不良。

361. 什么是水泥的保水性和泌水性?

进行水泥性能试验配制砂浆和混凝土时，常发现不同品种的水泥呈现不同的现象。有的水泥凝结时会将拌合水保留起来，水泥的这种保留水分的性能就称作保水性。有的水泥在凝结过程中会析出一部分拌合水，这种析出的水往往会覆盖在试体或构筑物的表面上，或从模板底部溢出来，水泥析出水分的性能称为泌水性或析水性。保水性和泌水性实际上是指一件事的两个相反现象。

362. 水泥的泌水性对混凝土有什么危害?

泌水性对制造均质混凝土是有害的。因为从混凝土中泌出的水常会聚集在浇灌面层，这样就使这一层混凝土和下次浇灌的一层混凝土之间产生一层含水较高的间层，妨碍混凝土层与层间的结合，因而破坏了混凝土的均质性。同时，这种分层现象还会在混凝土内部发生，这时析出来的水分就会聚集在粗骨料和钢筋的下表面，结果不仅将使混凝土对钢筋的握裹力大为减弱，而且还会因为这些水分的蒸发遗留下许多微小的空隙，从而降低了构件的强度和抗水性。

363. 水泥混凝土的体积变化共分哪几种？

水泥砂浆和混凝土在水化硬化和使用过程中，其体积变化共有如下几种：

（1）自身收缩。水泥和水发生水化反应后，水泥与水的绝对体积由于水化原因而减小，这种因水泥水化时绝对体积减缩而引起的收缩称为自身收缩。

（2）干燥收缩。因硬化水泥浆体中水分的蒸发而引起的收缩称为干燥收缩。其原因主要由于较小的毛细管的凝胶水失去时而引起。

（3）碳化收缩。在一定的相对湿度下，空气中的 CO_2 会使水泥硬化浆体的水化产物如 $Ca(OH)_2$、水化硅酸钙、水化铝酸钙和水化硫铝酸钙分解，并释放出水分而导致混凝土的收缩。因上述原因引起的收缩称为碳化收缩。

（4）湿胀。当水泥砂浆或混凝土保持在水中时，硬化水泥浆体中的凝胶粒子会因被水饱和而分开，从而使砂浆或混凝土产生一定量的膨胀，这种膨胀称为湿胀。

（5）因化学反应而引起的膨胀。这类膨胀可分为两大类，一类是水泥混凝土使用过程中因硫酸盐侵蚀或碱-骨料反应等原因而产生膨胀；另一类是在配制混凝土时使用膨胀水泥、自应力水泥或膨胀剂而使水泥混凝土产生的膨胀。

364. 水泥为何要划分等级？确定等级的主要依据是什么？

生产过程中，由于工艺技术备件及其他原因，各厂家生产的水泥强度是有很大差别的。为了把水泥质量按强度高低分出等级，同时为了根据水泥强度推算设计混凝土标准量，因此实际中须将水泥按强度高低划分出强度等级。在混凝土的强度增进过程中，水泥混凝土有一个凝结硬化、强度由低到高发展的过程。一般在 28d 以前水泥强度增长速度很快，28d 以后增长速度越来越慢，根据水泥的这个特性和混凝土施工速度的要求，一般混凝土的使用强度都以 28d 强度为基准，因此水泥也以 28d 强度作为划分水泥强度等级的主要依据。

365. 造成水泥凝结时间不正常的因素有哪些？

（1）熟料中铝酸三钙和碱含量过高时，石膏的掺入量又未随之调整，可引起水泥的凝结时间不正常。

（2）石膏的掺入量不足，或掺加不均匀，会导致水泥中的 SO_3 分布不均，使局部水泥凝结时间不正常。

（3）水泥磨内温度波动较大。当磨内温度过高时，可引起二水石膏脱水，生成溶解度很低的半水石膏，导致水泥假凝。

（4）熟料中生烧料较多。生烧料中含有较多的 f-CaO，这种料水化时速度较快，且放热量和吸水量较大，易引起水泥凝结时间不正常。

（5）水泥粉磨细度过粗或过细时，对水泥凝结时间也有较大影响。

366. 什么是水泥快凝？

当水泥中活性 C_3A 含量高，而溶解进入水泥液相中的硫酸盐不能满足正常凝结的需要时，会很快形成单硫型水化硫铝酸钙和水化铝酸钙，使水泥浆体在 45min 内凝结，这种现象称为快凝。

367. 什么是水泥闪凝？

当磨细的水泥熟料中石膏掺量很少或未掺加时，C_3A 在加水后迅速水化，水泥瞬间凝结，同时产生大量的热量，这种现象称为闪凝。

368. 什么是水泥假凝？

当水泥中 C_3A 活性降低，而水泥中半水石膏较多，浆体中液相所含铝酸盐浓度降低，钙离子与硫酸根离子浓度很快达到饱和，形成大量的二水石膏晶体，浆体失去流动性，这种现象称为假凝。此时若激烈搅拌，浆体又会恢复流动性，并正常凝结硬化。

369. 水泥的细度指标是如何要求的？

硅酸盐水泥和普通硅酸盐水泥的细度以比表面积表示，其比表面积不小于 $300kg/m^3$，矿渣硅酸盐水泥、火山灰质硅酸盐水泥、粉煤灰硅酸盐水泥和复合硅酸盐水泥以筛余表示，其 $80\mu m$ 方孔筛筛余不大于 10% 或 $40\mu m$ 方孔筛筛余不大于 30%。

370. 作为混凝土掺合料，该如何选择各等级粉煤灰？

应尽量选择 I 级灰，其次是 II 级灰。尽量不要使用 III 级灰，因为 III 级灰细度粗，需水量大，烧失量高，大大降低了三种效应的发挥。

《水运工程混凝土质量控制标准》（JTJ 202-2—2011）中规定：预应力混凝土应采用级 I 粉煤灰。钢筋混凝土和 C30 及 C30 以上的素混凝土应采用 I 级或 II 级粉煤灰，海水环境浪溅区的钢筋混凝土应采用 I 级粉煤灰或需水量比不大于 100% 的 II 级粉煤灰。C30 以下的素混凝土可采用 III 级粉煤灰。有抗冻要求的混凝土应采用 I 级或 II 级粉煤灰。

371. 粉煤灰需水量如何影响混凝土强度？

需水量比越小，粉煤灰的强度贡献越大。粉煤灰细度与其强度贡献的相关性随养护龄期的延长而增强。相反，粉煤灰需水量比对强度贡献的影响在养护早期高于后期。当养护龄期为 7d 时，粉煤灰需水量比与强度贡献的相关系数为 -0.866，而 $45\mu m$ 筛余则为 -0.808。这说明作为粉煤灰的一个品质参数，需水量比在养护早期的作用大于细度；亦即，粉煤灰对混凝土性能的影响，在早期表现为物理作用，后期表现为化学作用。需水量比较小的粉煤灰掺入混凝土后，有减水作用，不仅可增进混凝土的强度发展，同时可提高抗渗性及耐久性。

372. 粉煤灰安定性对混凝土强度的影响有哪些？

粉煤灰加入混凝土后，其三氧化硫、氧化镁及钾、钠含量较高时，有可能影响混凝土的安定性。

（1）三氧化硫。粉煤灰内的三氧化硫主要集中在粉煤灰颗粒的表层。粉煤灰加入混凝土后，其三氧化硫能较快地析出，并参与火山灰反应形成水化硫铝酸钙。后者对混凝土的凝结时间、强度发展及安定性都有一定的影响。

（2）氧化镁。粉煤灰内的氧化镁能以两种形态存在：玻璃体及方镁石结晶体。以方镁石形态存在的氢化镁，其水化速度极慢。当水泥硬化浆体结构已基本稳定，而方镁石继续水化膨胀时可破坏混凝土硬化体结构。

373. 比表面积对矿渣粉质量影响的表现有哪些？

矿渣粉的比表面积对其质量的影响主要有两方面。一是影响矿渣粉的活性。矿渣粉颗粒越细，其面积越大，反应速度越快，反应程度也越充分。粒径在 $45\mu m$ 以下的颗粒活性可以起到积极作用，而大于 $45\mu m$ 的颗粒很难参与水化反应，因此，国家标准要求混凝土用矿渣粉的比表面积超过 $300m^2/kg$。但矿渣粉的比表面积超过 $400m^2/kg$ 后，其活性才能充分体现。二是影响矿渣粉的流动度比。矿渣粉越细，其流动度比变小的可能性就越大，需水量就有可能增加。导致在混凝土流动度相同的条件下，增加混凝土用水量，对混凝土的微观结构和耐久性会带来负面影响。

374. 高炉矿渣与钢渣的区别是什么？

高炉矿渣与钢渣在来源、成分及用途上均有差异，见表 2-24。

表 2-24　高炉矿渣与钢渣的对比

名称	来源	成分	用途
高炉矿渣	高炉矿渣是在高炉炼铁过程中，氧化铁还原成金属铁，铁矿石中的二氧化硅、氧化铝等杂质与石灰等反应生成以硅酸盐和硅铝酸盐为主要成分的熔融物，经过淬冷成质地疏松、多孔的粒状物	矿渣的化学成分有 CaO、SiO_2、Al_2O_3、MgO、MnO、Fe_2O_3 等氧化物和少量硫化物，如 CaS、MnS 等，一般来说，CaO、SiO_2 和 Al_2O_3 的含量占90％以上	工业生产中，矿渣发挥着重要的作用，尤其是一些重大型工厂。矿渣制成提炼加工为矿渣水泥、矿渣微粉、矿渣粉、矿渣硅酸盐水泥、矿渣棉、高炉矿渣、粒化高炉矿渣粉、铜矿渣、矿渣立磨
钢渣	钢渣由生铁中的硅、锰、磷、硫等杂质在熔炼过程中氧化而成的各种氧化物以及这些氧化物与溶剂反应生成的盐类所组成	钢渣含有多种有用成分：金属铁 2％～8％，氧化钙 40％～60％，氧化镁 3％～10％，氧化锰 1％～8％	钢渣作为二次资源综合利用有两个主要途径，一是作为冶炼溶剂在本厂循环利用，不但可以代替石灰石，还可从中回收大量的金属铁和其他有用元素；二是作为制造筑路材料、建筑材料或农业肥料的原材料

375. 矿渣粉与粉煤灰用于混凝土中各有什么优缺点？

大量试验与应用证明：矿渣粉的活性比粉煤灰大，仅从强度的角度考虑可实现更大掺量，矿渣粉早期强度高于粉煤灰，易泌水，干缩性较大，可有效改善混凝土耐久性，见表 2-25。

表 2-25　矿渣粉与粉煤灰的性能比较

掺合料	活性	早期强度	泌水性	干缩性	耐久性（抗渗、抗硫酸盐侵蚀）
矿渣粉	较高	较高	易泌水	较大	好
粉煤灰	较低	较低	保水好	较小	好

矿渣粉与粉煤灰双掺，可实现优点互补，建议企业使用时采取双掺配合比。

376. 矿渣粉磨系统主要有哪几种?

矿渣粉的粉磨系统有球磨机系统、立磨系统、辊压机预粉磨系统,其特点见表2-26。

表 2-26　矿渣粉的粉磨系统对比

名称	技术特点	存在问题
球磨机系统	工艺简单,生产可靠。操作要求低,投资小。产品细度调节方便。可以减少物料过粉磨现象,粉磨效率相对较高,单机能力有所增加	粉磨效率低,能耗大,单位产品成本高,单机能力小,产品细度调节困难。系统复杂,经营成本较高
立磨系统	集烘干、粉磨选粉于一体,系统简单,单机产量高,维护费用较低,系统可靠性较高,粉磨电耗较低	磨盘及磨辊的磨损是难点,系统投资较大
辊压机预粉磨系统	粉磨效率高,能耗低	工艺流程复杂,占地面积较大,投资大

传统的矿渣粉生产大多采用球磨机,由于矿渣本身的特性以及球磨机固有的缺点,球磨机生产的矿渣粉粒度大,且存在能耗高、噪声大、磨损高等缺点。因此,传统的球磨机工艺逐步被更加先进的立磨工艺所替代。

377. 矿渣粉对混凝土凝结时间有什么影响?

矿渣粉对混凝土凝结时间与普通混凝土相比,具有一定的缓凝效果。因此,在配制混凝土时应注意调整矿渣粉的掺量,在温度较低时,特别是日平均气温低于 10℃时,应对混凝土配合比作相应的调整,建议采用降低矿渣粉掺量或改变外加剂的品种来进行调整。

378. 什么叫砂的坚固性?砂的坚固性用什么方法进行试验?

砂的坚固性是指砂在气候环境变化和其他外界物理化学因素作用下抵抗破裂的能力。

通过测定硫酸钠饱和溶液渗入砂中形成结晶时胀裂力对砂的破坏程度来间接地判断其坚固性。

379. 什么是轻骨料?轻骨料是如何分类的?

堆积密度不大于 1200kg/m³ 的粗细骨料的总称。

按形成方式分为:

(1) 人造轻骨料:轻粗骨料(陶粒等)和轻细骨料(陶砂等);

(2) 天然轻骨料:浮石、火山渣等;

(3) 工业废渣轻骨料:自燃煤矸石、煤渣等。

380. 粗、细轻骨料的颗粒级配是如何规定的?

轻骨料的细度模数宜在 2.3～4.0 范围内。人造粗骨料的最大粒径不宜大于 19.0mm。

381. 用于混凝土中的人工砂(机制砂、混合砂)中石粉含量有什么技术要求?

人工砂或混合砂中石粉含量应符合表2-27的规定。

表 2-27　人工砂或混合砂中石粉含量

混凝土等级强度		≥C60	C30～C55	≤C25
石粉含量（%）	MB<1.4（合格）	≤5.0	≤7.0	≤10.0
	MB≥1.4（不合格）	≤2.0	≤3.0	≤5.0

382. 人工砂的总压碎值控制指标是多少？

总压碎指标应控制在 30% 以下。

383. 什么是砂的堆积密度、紧密密度和表观密度？

（1）堆积密度。

松散堆积密度包括颗粒内外孔及颗粒间空隙的松散颗粒堆积体的平均密度，用处于自然堆积状态的未经振实的颗粒物料的总质量除以堆积物料的总体积求得。

（2）紧密密度。

振实堆积密度不包括颗粒内外孔及颗粒间空隙，它是经振实后的颗粒堆积体的平均密度。

（3）表观密度。

表观密度是指材料在自然状态下单位体积的质量，该体积包括材料内部封闭孔隙的体积。（饱和面干密度是指砂石表面干燥，而内部孔隙中含水达到饱和这个状态下单位体积的质量）

384. 防水剂的作用机理是什么？

混凝土吸水是因为水化水泥浆内毛细孔的表面张力，从而产生毛细吸力而"引入"水，而防水剂的作用是阻止水浸入。防水剂的性能在很大程度上取决于下雨时（不是吹风）的水压是否较低，或者毛细管水上升高度，或挡水结构是否有静水压。防水剂有几种形式，但其主要作用是使混凝土疏水，这意味着水因毛细管壁和水之间的接触角增加而被排出。如硬脂酸和一些植物、动物脂肪。

防水剂与憎水剂不同，后者是有机硅类，主要应用于混凝土表面，防水膜是乳化沥青基涂料，产生有弹性的坚硬漆膜。

385. 什么是减缩剂？

混凝土减缩剂是使混凝土早期干缩减小，从而减少甚至消除裂缝产生的外加剂。减缩剂的主要作用机理是：一方面在强碱性的环境中大幅度降低水的表面张力，从而减小毛细孔失水时产生的收缩应力；另一方面增大混凝土孔隙水的黏度，增强水在凝聚体中的吸附作用，减小混凝土收缩值。

减缩剂主要成分是聚醚或聚醇及其衍生物，已被国内外研究和开发的用于减缩剂组分有丙三醇、聚丙烯醇、新戊二醇、二丙基乙二醇等。

386. 聚羧酸系高性能减水剂主要有哪些性能特点？

（1）低掺量（质量分数为 0.2%～0.5%）而分散性能好。

（2）经时坍落度损失小，一般 120min 内坍落度基本无损失。

（3）总碱含量极低，其带入混凝土中的总的碱含量仅为数十克，降低了发生碱-骨料反应的可能性，提高混凝土的耐久性。

（4）分子结构上自由度大，制造技术上可控制的参数多，高性能化的潜力大。

（5）合成过程中不使用甲醛，因而对环境不造成污染。

（6）与水泥和其他种类的混凝土外加剂相容性好。

（7）混凝土收缩低、凝结时间可控、抗压强度比高。

（8）一定的引气量。与第二代（高效）减水剂相比，其引气量有较大提高，平均在 $3\%\sim4\%$。

387. 外加剂型式检验如何控制？

型式检验项目包括《混凝土外加剂》（GB 8076—2008）的全部性能指标。有下列情况之一者，应进行型式检验：

（1）新产品或老产品转厂生产的试制定型鉴定；

（2）正式生产后，如材料、工艺有较大改变，可能影响产品性能时；

（3）正常生产时，一年至少进行一次检验；

（4）产品长期停产后，恢复生产时；

（5）出厂检验结果与上次型式检验结果有较大差异时；

（6）国家质量监督机构提出进行型式检验要求时。

388. 减水剂的作用机理是什么？

减水剂是一种表面活性剂。表面活性剂分子由亲水基团和憎水基团两部分组成，加入水中后亲水基团指向溶液，憎水基团指向空气、固体或非极性液体并作定向排列，形成定向吸附膜而降低水的表面张力和二相间的界面张力。

当水泥浆体中加入减水剂后，减水剂分子中的憎水基团定向吸附于水泥质点表面，降低表面能。亲水基团指向水溶液，在水泥颗粒表面形成单分子或多分子吸附膜，使水泥颗粒表面带上相同的电荷，表现出斥力，将水泥加水后形成的絮凝结构打开并释放出被絮凝结构包裹的水，水泥颗粒的吸附层外形成水膜起到润滑作用。这是减水剂分子吸附产生的分散作用（图 2.3、图 2.4）。

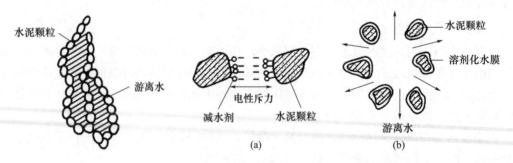

图 2-3　水泥浆的絮凝结构　　　　图 2-4　减水剂作用示意图

减水剂对混凝土"分散-流化"作用机理，应当包括如下几个方面：

（1）使颗粒间产生斥力；

（2）在水泥颗粒间形成润滑膜；

（3）分散水泥颗粒，释放水泥颗粒束缚的水；

（4）抑制水泥颗粒表面的水化，使更多的水用于拌合物流化；

（5）改变水泥水化产物的形态；

（6）形成空间阻碍，避免颗粒间接触。

具体而言：

（1）静电斥力作用。

水泥加水拌和后，由于水泥颗粒间存在引力作用会形成絮凝结构，使 $10\% \sim 30\%$ 左右的拌合水被包裹在其中，不能参与自由流动，失去润滑作用，影响混凝土拌合物的流动性。

加入减水剂后，减水剂分子会定向吸附于水泥颗粒表面，其带有的阴离子活性基团（$-SO_3-$、$-COO-$ 等）通过离子键、共价键、氢键以及范德华力等相互作用紧紧地吸附在水泥颗粒表面，使水泥颗粒表面形成双电层，水泥颗粒带上同种电荷，产生静电斥力，促使水泥颗粒相互分散，水泥絮凝结构解体，释放出被包裹的水分，从而有效地增加混凝土拌合物的流动性。

（2）空间位阻作用。

减水剂分子中的长聚醚侧链具有亲水性，可以伸展于溶液中，减水剂分子吸附在水泥颗粒表面后，会在所吸附的水泥颗粒表面形成一定厚度的亲水立体层。当水泥颗粒相互靠近达到一定距离时，亲水立体层产生重叠，于是在水泥颗粒间产生空间位阻作用，阻碍水泥颗粒的絮凝，使混凝土坍落度得到很好的保持。

（3）润滑作用。

减水剂分子带有极性亲水基，如 $-COOH$、$-OH$、$-NH_2$、$-SO_3H$、$(-O-R-)_n$ 等。这些基团通过吸附、分散、润湿、润滑等表面活性作用，为水泥颗粒提供分散性及流动性。减水剂具有亲水作用，可使水泥颗粒表面形成具有一定机械强度的溶剂化水膜，这不仅可以破坏水泥的絮凝结构，而且可以通过水泥颗粒表面的润湿性，为水泥颗粒与骨料级配间的相对运动提供润滑作用，使新拌混凝土的和易性更好。另外减水剂分子具有亲油性，减水剂的吸附可以降低水泥颗粒的固-液界面能，降低体系总能量，提高分散体系的热力学稳定性，有利于水泥颗粒的分散。

（4）络合作用。

钙离子能够与聚羧酸减水剂中的羧基（$-COOH$）形成络合物，以钙配位形式存在，钙离子还能以磺酸钙形式与外加剂结合，所以聚羧酸以钙离子为媒介吸附在水泥颗粒上。溶解到搅拌水中的钙离子被捕获后，由于钙离子浓度降低，延缓 $Ca(OH)_2$ 结晶的形成，减少 $C-S-H$ 凝胶的形成，延缓水泥水化，对水泥有缓凝作用。

389. 聚羧酸与其他几种减水剂的互溶性？

（1）木质磺酸盐（LS）——相溶性好；

净浆、混凝土：相容性好，可以复配。

（2）脂肪族（SAF）——相溶性差，有分层；

净浆、混凝土：选择性相容；

不能混配成一种溶液使用，可以分别加。

（3）氨基磺酸盐（ASF）——相溶性好；

净浆、混凝土：选择性相容。

（4）密胺类（MSF）——相容性差，有分层；

净浆、混凝土：选择性相容。

（5）萘系减水剂（NSF）——相溶性好；

净浆、混凝土：均不相容，无坍落度，且容器不能混用。

390. 混凝土外加剂的主要功能有哪些?

（1）改善混凝土或砂浆拌合物施工时的和易性；

（2）提高混凝土或砂浆的强度及其他物理力学性能；

（3）节约水泥或代替特种水泥；

（4）加速混凝土或砂浆的早期强度发展；

（5）调节混凝土或砂浆的凝结硬化速度；

（6）调节混凝土或砂浆的含气量；

（7）降低水泥初期水化热或延缓水化放热；

（8）改善拌合物的泌水性；

（9）提高混凝土或砂浆耐各种侵蚀性盐类的腐蚀性；

（10）减弱碱-骨料反应；

（11）改善混凝土或砂浆的毛细孔结构；

（12）改善混凝土的泵送性；

（13）提高钢筋的抗锈蚀能力；

（14）提高骨料与砂浆界面的粘结力，提高钢筋与混凝土的握裹力；

（15）提高新老混凝土界面的粘结力等。

391. 喷射混凝土用速凝剂有哪些种类?

按产品形态：粉体（固体）速凝剂和液体速凝剂。

按碱含量：有碱速凝剂和无碱速凝剂（将 Na_2O 当量<1％的速凝剂称为无碱速凝剂）。

按主要促凝成分：铝氧熟料（工业铝酸盐）型、碱金属碳酸盐型、水玻璃（硅酸盐）型、硫酸铝型和无硫无碱无氯型。

392. 氯盐早强剂在哪些情况下严禁使用?

（1）预应力混凝土。

（2）相对湿度大于80％，露天及经常淋雨、受水流冲刷的结构。

（3）大体积混凝土。

（4）直接接触酸碱或其他侵蚀介质的结构。

（5）处于60℃以上结构，需要经常蒸养的钢筋混凝土预制件。

（6）有外观质量要求的混凝土。

（7）薄壁结构。

（8）骨料具有活性的混凝土结构。

393. 外加剂的选用有什么注意事项？

（1）严禁使用对人体产生危害、对环境产生污染的外加剂。如六价铬盐、亚硝酸盐等成分严禁用于饮水工程。

（2）含有硝铵、尿素等释放氨气的外加剂用于办公、居住等建筑工程时，其氨含量必须符合有关标准的规定。

（3）普通减水剂、缓凝型外加剂、引气型外加剂不宜用于蒸养混凝土。

（4）用于钢筋混凝土外加剂中氯离子的含量不得大于外加剂折固质量的 0.2%，用于预应力钢筋混凝土的外加剂中的氯离子含量不得大于外加剂折固质量的 0.1%，由外加剂引入混凝土的氯离子质量不得大于 $0.02kg/m^3$。

（5）用于先张法预应力钢筋混凝土的外加剂中的硝酸根、碳酸根离子含量均不得大于折固外加剂质量的 0.1%。

（6）当使用碱活性骨料时，由外加剂带入的碱含量（以 Na_2O 当量计）不宜超过 $1kg/m^3$。

394. 外加剂检测试验过程中对搅拌有哪些要求？

采用符合《混凝土试验用搅拌机》（JG/T 244—2009）要求的公称容量为 60L 的单卧轴式强制搅拌机。搅拌机的拌合量应不少于 20L，不宜大于 45L。

外加剂为粉状时，将水泥、砂、石、外加剂一次投入搅拌机，干拌均匀，再加入拌合水，一起搅拌 2min。外加剂为液体时，将水泥、砂、石一次投入搅拌机，干拌均匀，再加入掺有外加剂的拌合水一起搅拌 2min。出料后，在铁板上用人工翻拌至均匀，再行试验。各种混凝土试验材料及环境温度均应保持在（20±3）℃。

395. 混凝土拌和用水中有害物质对混凝土性能的影响有哪些？

（1）影响混凝土的和易性及凝结时间；

（2）有损于混凝土强度发展；

（3）降低混凝土的耐久性，加快钢筋腐蚀及导致预应力钢筋脆断；

（4）污染混凝土表面。

396. 地表水如何定义？

在我国，通常所说的地表水并不包括海洋水，属于狭义的地表水的概念。主要包括河流水、湖泊水、冰川水和沼泽水，并把大气降水视为地表水体的主要补给源。把分别存在于河流、湖泊、沼泽、冰川和冰盖等水体中水分的总称定义为地表水。

397. 地表水如何分类？

依据地表水水域环境功能和保护目标，按功能高低依次划分为五类：

Ⅰ类：主要适用于源头水、国家自然保护区；

Ⅱ类：主要适用于集中式生活饮用水地表水源地一级保护区、珍稀水生生物栖息地、鱼虾类产卵场、仔稚幼鱼的索饵场等；

Ⅲ类：主要适用于集中式生活饮用水地表水源地二级保护区、鱼虾类越冬场、洄游通道、水产养殖区等渔业水域及游泳区；

Ⅳ类：主要适用于工业用水区及人体非直接接触的娱乐用水区；

Ⅴ类：主要适用于农业用水区及一般景观要求水域。

398. 地下水如何分类？

依据我国地下水质量状况和人体健康风险，参照生活饮用水、工业、农业等用水质量要求，依据各组分含量高低（pH除外），分为五类：

Ⅰ类：地下水化学组分含量低，适用于各种用途；

Ⅱ类：地下水化学组分含量较低，适用于各种用途；

Ⅲ类：地下水化学组分含量中等，以《生活饮用水卫生标准》（GB 5749—2022）为依据，主要适用于集中式生活饮用水水源及工农业用水；

Ⅳ类：地下水化学组分含量较高，以农业和工业用水质量要求以及一定水平的人体健康风险为依据，适用于农业和部分工业用水，适当处理后可作生活饮用水；

Ⅴ类：地下水化学组分含量高，不宜作为生活饮用水水源，其他用水可根据使用目的选用。

2.2.2 混凝土知识

399. 轻骨料混凝土的强度等级是如何划分的？

轻骨料混凝土的强度等级应按立方体抗压强度标准值确定，划分为：LC5.0、LC7.5、LC10、LC15、LC20、LC25、LC30、LC35、LC40、LC45、LC50、LC55、LC60。

400. 轻骨料混凝土的密度等级是如何划分的？

轻骨料混凝土按干表观密度分为 14 个等级。

轻骨料混凝土的密度等级及其理论密度取值应符合表 2-28。

表 2-28　轻骨料混凝土的密度等级及其理论密度取值

密度等级	干表观密度的变化范围（kg/m³）	理论等级（kg/m³）	
		轻骨料混凝土	配筋轻骨料混凝土
600	560～650	650	—
700	660～750	750	—
800	760～850	850	—
900	860～950	950	—
1000	960～1050	1050	—
1100	1060～1150	1150	—
1200	1160～1250	1250	1350
1300	1260～1350	1350	1450
1400	1360～1450	1450	1550
1500	1460～1550	1550	1650
1600	1560～1650	1650	1750
1700	1660～1750	1750	1850
1800	1760～1850	1850	1950
1900	1860～1950	1950	2050

401. 轻骨料混凝土常用的轻骨料有哪些？

轻骨料混凝土常用轻骨料有人造轻骨料、天然轻骨料、工业废渣轻骨料、煤渣、自燃煤矸石等。

（1）人造轻骨料是指采用无机材料加工制粒、高温焙烧而制成的轻粗骨料（陶粒等）及轻细骨料（陶砂等）；

（2）天然轻骨料同火山爆发形成的多孔岩石经破碎、筛分而制成的轻骨料，如浮石、火山渣等；

（3）工业废渣轻骨料由工业副产品或固体废弃物经破碎、筛分而制成的轻骨料；

（4）煤渣是指煤在锅炉内燃烧后的多孔残渣、经破碎、筛分而成的一种工业废渣轻骨料；

（5）自燃煤矸石是在采煤、选煤过程中排出的煤矸石，经堆积、自燃、破碎、筛分而成的一种工业废渣轻骨料。

402. 什么是混凝土的离析、泌水？

混凝土的离析是指混凝土混合料各组分分离，造成不均匀和失去连续性的现象。

混凝土的离析通常有两种形式：一种是粗骨料从混合料中分离，因为它们比细骨料更易于沿着斜面下滑或在模内下沉；另一种是稀水泥浆从混合料中淌出，这主要发生在流动性大的混合料中。

混凝土浇筑之后到开始凝结期间，固体颗粒下沉，水上升，并在混凝土表面析出水的现象称为泌水。

403. 原材料对混凝土泌水、离析的影响主要包括哪些方面？

（1）水泥。

水泥使用时细度变化，如细度变粗，导致水泥需水量下降，混凝土离析。水泥中 C_3A 含量突然下降，减缓了水泥水化速度，需水量及减水剂用量也相应减少，搅拌用水如未及时减少，混凝土会泌水。水泥中碱含量降低，特别是可溶性碱如降得过低时，外加剂掺量稍过量，使出现混凝土严重泌水。

（2）矿物掺合料。

粉煤灰对混凝土泌水和离析的影响具有两面性。品质好的粉煤灰可有效改善混凝土的泌水、离析。如果粉煤灰品质较差，需水量增大，会使混凝土中可泌水量增大。

掺加粉煤灰使混凝土泌水增加的原因有：一是粉煤灰的反应活性远低于水泥，会使混凝土中的结合水量显著减少，导致可泌水分增加；二是粉煤灰颗粒的形貌一般是球形玻璃体，这种形貌不利于吸附混凝土的水分，也可能使混凝土中的可泌水分增加，当然这种形貌对于改善混凝土的和易性非常有利。粉煤灰对新拌混凝土泌水的影响取决于具体的粉煤灰品质。

（3）骨料。

细骨料级配不良，砂子偏粗或偏细。粗骨料级配不良，粒径偏大、级配不连续，混凝土在运输、泵送过程中等待时，就会出现石子下沉，混凝土离析。

（4）外加剂。

减水剂使用范围窄、组成不合理或掺量不合理，掺量过大，容易导致混凝土离析、泌水现象。外加剂中缓凝剂超量，造成混凝土缓凝，释放大量游离水，会造成泌水。

（5）混凝土配合比。

水胶比过大或外加剂超量使用，造成水泥浆流动度大，浆体稀薄，不足以维持与骨料间的黏聚，引起离析。配合比砂率偏低。配合比中没有掺加粉煤灰等矿物掺合料。

404. 含气量对混凝土泌水、离析影响原因是什么？

含气量对新拌混凝土泌水和离析有显著影响。

（1）新拌混凝土中的气泡由水分包裹形成，如果气泡能稳定存在，则包裹该气泡的水分被固定在气泡周围。如果气泡很细小、数量足够多，则有相当多的水分被固定，可泌的水分大大减少，使泌水率显著降低。

（2）如果泌水通道中有气泡存在，气泡可以阻断通道，使自由水分不能泌出，从而降低离析率。即使不能完全阻断通道，也使通道有效面积显著降低，导致泌水量减少。

（3）使用优质引气剂，混凝土中的气泡能稳定存在，而且气泡足够细小，由于气泡的润滑作用可以有效减小颗粒间的摩擦阻力，引气的同时改善混凝土的和易性。

405. 生产、施工对混凝土泌水、离析的影响包括哪些内容？

（1）混凝土生产管理方面的原因，如混凝土运输车交接班时，未检查车辆罐体冲洗水是否倒净就接料，罐体内存水，造成混凝土离析。

（2）施工对混凝土泌水和离析的影响。

施工中混凝土过振。混凝土中的自由水在压力作用下，很容易在拌合物中形成通道泌出。泵送混凝土在泵送过程中的压力作用会使混凝土中气泡受到破坏，导致泌水增大，混凝土易离析。

406. 混凝土泌水、离析有什么危害？

施工期间，为防止混凝土表面干燥、便于表面整修作业并阻止塑性开裂的发生，适量的未受扰动的泌水现象还是有益的。但泌水量过大，对混凝土质量将产生影响。

（1）混凝土泌水，使上部混凝土水灰比增大，导致硬化后混凝土面层的强度降低、耐磨性差，影响混凝土的质量均匀性和使用效果。随泌水过程，部分水泥颗粒上升并堆积在混凝土表面，称为浮浆，最终形成疏松层，混凝土表面易形成"粉尘"，影响混凝土表面强度。

（2）泌水停留在粗骨料下方可形成水囊，在混凝土硬化后形成孔隙，将严重削弱粗骨料和水泥石之间的粘结强度，致使混凝土构件强度和耐久性下降。

（3）泌水停留在钢筋下方所形成的薄弱间层，可明显降低钢筋与混凝土之间的界面结合程度和握裹力，导致混凝土护筋能力降低，力学强度下降，还可导致先张法混凝土构件的自应力损失。

（4）泌水上升所形成的连通孔道，在水分蒸发后变为混凝土结构内部的连通孔隙，可成为外界水分和侵蚀性物质的出入通道，严重削弱混凝土的抗渗性和耐侵蚀能力。

（5）离析导致混凝土不均匀，影响混凝土的密实度，造成混凝土局部强度降低。

（6）离析可导致混凝土粗骨料外露或混凝土表面浮浆、粉化等现象，不仅影响混凝土构件的外观，而且所产生的微裂缝等结构缺陷也将影响混凝土的物理力学性能。

（7）混凝土离析，若泵送入模，会造成梁板结构开裂，墙、柱结构分层，严重影响混凝土整体质量。

（8）混凝土离析，泵送过程在压力作用下砂浆与粗骨料容易分离，容易造成堵管现象。

407. 如何预防混凝土的离析、泌水？

（1）原材料方面，使用级配良好的骨料，控制粗骨料的最大粒径，保证细骨料中微粒成分的适当含量。掺加优质粉煤灰等矿物掺合料。

（2）外加剂方面，掺加高品质的引气剂，选用泌水较小的减水剂，在满足标准和使用要求的情况下，选用减水率合适的减水剂掺量，避免减水率过高造成泌水和离析。

（3）混凝土配合比方面，水胶比不宜过大，适当增加胶凝材料用量，适当提高混凝土的砂率，在不影响其他性能的前提下，使混凝土适量引气。在保证施工性能的前提下尽量减少单位用水量。

（4）施工方面，严格控制混凝土的坍落度，混凝土不得随意加水。浇筑过程中应尽量避免长距离的自由下落以及沿斜面或平面滑移。严格控制混凝土振捣时间，避免过振。

408. 什么是混凝土拌合物的坍落度损失？

混凝土拌合物的坍落度值随拌和后时间的延长而逐渐减少的性质称为坍落度损失。

409. 混凝土拌合物的坍落度损失的原因是什么？

（1）随着时间的延长，水泥水化反应，水泥浆体系中水化产物（如 AF_t、CSH、CH）逐渐增多，使浆体黏度增大。

（2）水泥水化反应耗用大量拌合水，水泥浆体系中自由水量减少。

（3）混凝土中的部分气泡外逸以及水分蒸发，导致混凝土流动性变差。

（4）水泥矿物及其水化产物对减水剂的吸附，这是掺高效减水剂混凝土坍落度损失更大的主要因素。

410. 混凝土拌合物的坍落度损失的影响因素有哪些？

（1）水泥。

水泥用量，水泥中矿物成分的种类及其含量，水泥的细度，水泥中的碱含量，水泥温度，水泥的陈放时间，水泥中石膏的形态及掺加量等，影响水泥的水化速度，水泥对减水剂的吸附等，使混凝土拌合物坍落度经时损失大。

（2）骨料。

骨料质量差，级配差，含泥量、泥块含量高，对外加剂吸附大。

（3）矿物掺合料。

矿物掺合料质量差，对外加剂的吸附大，矿物掺合料掺加比例低，水泥用量大，混凝土坍落度经时损失增大。

（4）外加剂的种类和掺入方式。

使用不同品种的减水剂，坍落度损失也不同。减水剂后掺法与同掺法相比，混凝土坍落度经时损失小。外加剂中复掺适宜的引气剂、缓凝剂可有效降低坍落度损失。

（5）环境条件，如时间、温度、湿度和风速等。

（6）混凝土搅拌时间，搅拌均匀性，混凝土运输、等待时间等的影响。

411. 混凝土坍落度损失的防治措施有哪些？

（1）应尽量避免选用 C_3A 及 C_4AF 含量高和细度大的水泥。选择水泥混合材对外加剂的吸附作用小的水泥，合理控制水泥使用温度，选用二水石膏做水泥调凝剂的水泥。

（2）加强骨料质量验收管理，控制骨料质量和级配。严格控制并检测骨料含水率，保证混凝土用水量的稳定性。粗骨料可在使用前采用喷淋洒水湿润，减少混凝土坍落度损失。

（3）配合比尽可能降低砂率，改善砂、石（特别是石子）的级配，有利于提高混凝土的和易性，减小用水量。

（4）混凝土中掺加优质粉煤灰、矿渣粉等矿物掺合料，一方面可取代部分水泥，有效降低混凝土水泥用量；另一方面，矿物掺合料的形态效应、微骨料效应等，可增加混凝土的流动性，减少坍落度损失。

（5）高效减水剂中复掺引气、缓凝等组分，可以有效提高混凝土的和易性，减少坍落度损失。

采用外加剂后掺法，可有效减少水泥对外加剂的吸附。将高效减水剂分两次添加，是一种有效控制混凝土坍落度损失的方法。第二次加入减水剂，可以弥补和恢复液相中被消耗掉的高效减水剂，从而使混凝土坍落度得到一定的恢复。可以适当增大外加剂掺加量。

（6）加强混凝土运输管理，合理安排调度车辆，减少混凝土运输时间和等待时间。

（7）施工中减少混凝土输送距离，加快施工速度，减少混凝土等待时间。

412. 混凝土的变形包含哪些内容？

（1）混凝土的物理和化学变形。

包括塑性收缩、温度变形、自收缩、干缩和湿胀、碳化收缩、碱-骨料反应、延迟形成钙矾石、钢筋锈蚀、冻融循环等。

（2）混凝土在荷载作用下的变形。

413. 什么是混凝土塑性收缩？

在混凝土浇筑数小时后，混凝土表面开始沉降，同时混凝土发生泌水以及表面水分蒸发，混凝土的体积比未发生沉降和泌水前的体积有所减小，这种在塑性阶段出现的体积收缩称为塑性收缩。

414. 什么是温度变形？

温度变形主要是指混凝土浇筑后随着水泥水化放热而开始出现膨胀，峰温后的降温过程中产生收缩。

415. 什么是混凝土自收缩？

自收缩是指水泥基胶凝材料在水泥初凝之后恒温、恒重下产生的宏观体积降低。温度越高，水泥用量越大，水泥越细，其自收缩越大。

416. 什么是混凝土化学收缩？

化学收缩是指水泥水化反应后，反应产物的体积与剩余自由水体积之和小于反应前水泥矿物体积与水体积之和。

水泥水化反应收缩量可达混凝土体积的 0.5% 以上。混凝土初凝前，水化反应收缩的一部分反映在塑性收缩中；在混凝土初凝后的水泥化学反应收缩则主要形成混凝土内部的毛细孔，在养护不及时或养护时间过短时会产生收缩裂缝。

化学收缩是造成混凝土自收缩的主要原因，但二者之间没有直接关系。自收缩远远小于化学收缩。

化学收缩被认为是反应物绝对体积的降低，而自收缩被认为是固相体积形成后外观体积的降低。

417. 影响混凝土自收缩的原因有哪些？

（1）水泥品种。

水泥水化是混凝土产生自收缩的最根本原因，水泥水化产生化学减缩，而水化反应消耗水分产生自干燥收缩。水泥 C_3A、C_4AF 含量高，自收缩较大，采用低热水泥、中低热水泥自收缩值较小。水泥细度越细，化学活性越高，水化速度越快，水泥的自收缩越大。

（2）矿物掺合料。

掺加硅灰、比表面积大于 $400m^2/kg$ 的矿渣粉，可以使混凝土自收缩增大。

（3）水泥用量。

单位体积水泥用量越多，混凝土各龄期的自收缩就越大。

（4）水胶比。

水胶比越低，混凝土自收缩越大。

（5）养护条件。

养护温度、养护湿度对不同混凝土自收缩均产生影响。充分水养护对减少混凝土的自收缩非常有用。

418. 什么是混凝土的干缩和湿胀？

混凝土在干燥的空气中因失水引起收缩的现象称为干缩；混凝土在潮湿的空气中因吸水引起体积增加的现象称为湿胀。

419. 影响混凝土干缩、湿胀的因素有哪些？

（1）水泥品种和用量。

混凝土中发生干缩的主要成分是水泥石，因此减少水泥石的相对含量可以减少混凝土的收缩。水泥的性能，如细度、化学组成、矿物组成等对水泥的干缩虽有影响，但由于混凝土中水泥石含量较少及骨料的限制作用，水泥性能的变化对混凝土的收缩影响不大。

（2）单位用水量或水灰比。

混凝土收缩随单位用水量的增加而增大。

（3）粗骨料种类及含量。

混凝土中粗骨料的存在对混凝土的收缩起限制作用，弹性模量大的骨料配制成的混凝土干缩小，骨料含量越多，混凝土的收缩越小。骨料中黏土和泥块等杂质可增大混凝土的收缩。

（4）外加剂与矿物掺合料。

掺加外加剂与矿物掺合料会增大混凝土的干缩。

（5）养护方法及龄期。

常温保湿养护及养护时间对混凝土最终的干缩值影响不大。蒸汽养护和蒸压养护可减少混凝土的干缩值。

（6）环境条件。

周围介质的相对湿度对混凝土的收缩影响很大。空气相对湿度越低，混凝土收缩值越大，而在空气相对湿度为100%或水中，混凝土干缩值为负值，即湿胀。

420. 什么是混凝土的碳化收缩？

空气中的 CO_2 通过混凝土中的毛细孔隙，由表及里地向内部扩散，在有水分存在的条件下，与水泥石中的 $Ca(OH)_2$ 反应生成 $CaCO_3$，使混凝土中 $Ca(OH)_2$ 浓度下降，碱度降低，称为碳化（或中性化）。混凝土因碳化作用产生的收缩称为碳化收缩。

421. 影响混凝土碳化收缩的材料因素有哪些？

（1）水胶比。水胶比是决定混凝土孔结构与孔隙率的主要因素，水胶比增加，则混凝土的孔隙率加大，CO_2 有效扩散系数扩大，混凝土的碳化速度加快。

（2）水泥品种与用量。水泥中活性混合材掺加比例高，由于活性混合材二次水化消耗一部分 $Ca(OH)_2$，使可碳化物质含量降低，碳化速度加快。水泥用量越高，碳化速度越慢。

（3）水泥碱含量。水泥碱含量升高，碳化速度加快。

（4）外加剂。混凝土掺加减水剂、引气剂均可降低混凝土的碳化速度。

（5）骨料种类。不同品种、密度的骨料，对混凝土碳化速度的影响有明显的差异。

422. 影响混凝土碳化收缩的环境条件因素有哪些？

（1）周围介质的相对湿度。混凝土的碳化作用只有在适宜的湿度下（50%～70%），才会较快进行，湿度过高或过低，碳化作用均不易进行。

（2）CO_2 浓度。环境中 CO_2 浓度越大，碳化反应速度越快。

（3）环境温度。温度升高，可促进碳化反应速度的提高，还可以加快 CO_2 的扩散速度，温度越高，碳化速度越快。

（4）应力状态。不同应力状态可分别延缓或加速混凝土碳化速度。

（5）干燥与碳化的交替作用。干燥与碳化同时发生，比先干燥后碳化的总收缩量要小得多。

423. 影响混凝土碳化收缩的施工质量等因素有哪些？

（1）混凝土密实程度。混凝土密实表面无缺陷，可明显降低混凝土的碳化速度。

（2）养护方法和养护龄期。加强混凝土早期养护，保证足够的湿养时间，可降低混凝土的碳化速度。高压养护混凝土碳化收缩非常小。

（3）覆盖层。增大混凝土表面的覆盖层厚度和提高覆盖层的密实度对延缓碳化作用有明显效果。

424. 混凝土中使用钢渣骨料为什么会发生爆裂？

钢渣骨料中含有大量安定性不良的组分，主要是游离氧化钙和游离氧化镁，且分布不均匀。在湿润条件下，游离氧化钙遇水水化后，体积增大约 1.98 倍，游离氧化镁遇水水化后，体积增大约 2.48 倍，水化产生较大的膨胀应力，对混凝土造成破坏。此外钢渣中含有的硫化亚铁、硫化亚锰等也可导致体积膨胀。钢渣中游离 CaO、MgO 等安定性不良的组分水化速度缓慢，对混凝土破坏是一个缓慢而长期的过程。

425. 高强混凝土对细骨料的要求有哪些？

（1）细骨料应符合现行行业标准《普通混凝土用砂、石质量及检验方法》（JGJ 52）和《人工砂混凝土应用技术规程》（JGJ/T 241）的规定；海砂应符合现行行业标准《海砂混凝土应用技术规范》（JGJ 206）的规定。

（2）河砂宜采用细度模数为 2.6～3.0 的Ⅱ区中砂；砂含泥量不应大于 2.0%，泥块含量不应大于 0.5%。

采用人工砂时，石粉亚甲蓝（MB）值应小于 1.4，石粉含量不应大于 5%，压碎指标应小于 25%。

采用海砂时，氯离子含量不应大于 0.03%，贝壳最大尺寸不应大于 4.75mm，贝壳含量不应大于 3%。

（3）高强混凝土用砂宜为非碱活性。

（4）高强混凝土不宜采用再生细骨料。

426. 高强混凝土对粗骨料的要求有哪些？

（1）粗骨料应符合现行行业标准《普通混凝土用砂、石质量及检验方法标准》（JGJ 52）的规定；

（2）岩石抗压强度应比混凝土强度等级标准值高 30%；

（3）粗骨料应采用连续级配，最大公称粒径不宜大于 25mm；

（4）粗骨料含泥量不应大于 0.5%，泥块含量不应大于 0.2%；

（5）粗骨料的针片状颗粒含量不宜大于 5%，且不应大于 8%；

（6）高强混凝土用粗骨料宜为非碱活性；

（7）高强混凝土不宜采用再生粗骨料。

427. 生产过程中混凝土坍落度波动的原因是什么？

（1）骨料质量。如骨料的含泥量、泥块含量波动较大，导致混凝土和易性、坍落度的波动。

（2）骨料含水率。如新进场的骨料含水率波动较大，如果生产过程中未能及时根据骨料含水率情况调整生产配比用水量，就会导致混凝土和易性、坍落度的波动。

（3）水泥质量。水泥质量波动，水泥与外加剂的适应产生波动，导致混凝土和易性、坍落度的波动。

（4）矿物掺合料质量。矿物掺合料质量波动，矿物掺合料与外加剂的适应产生波动，导致混凝土和易性、坍落度的波动。

（5）外加剂质量。外加剂生产质量波动，外加剂与水泥、矿物掺合料的适应性产生波动，导致混凝土和易性、坍落度的波动。

（6）计量设备出现计量误差，导致混凝土和易性、坍落度的波动。

428. 导致混凝土破坏的原因有哪几类？

导致混凝土破坏的原因可分为三类：荷载破坏；耐久性破坏；意外灾害破坏。

（1）荷载破坏是指当外部荷载所产生的应力超过混凝土的承受能力而导致混凝土的破坏。

荷载破坏分为两种，一是瞬时荷载破坏，二是疲劳荷载破坏。

所施加的应力超过混凝土的强度时，混凝土立即破坏，这种破坏称之为瞬时荷载破坏。

若所施加的应力接近于混凝土的强度，混凝土虽没有立即破坏，但在混凝土中已产生较多的微裂纹。若较长时间保持这种应力，微裂纹将不断扩展，当裂纹相互连接贯穿时，混凝土将破坏，这种破坏称之为疲劳荷载破坏。

（2）耐久性破坏，是指在所使用的环境下，由于内部原因或外部原因引起混凝土结构的长期演变，最终使混凝土丧失使用能力。

耐久性破坏的原因很多，有抗冻性破坏、化学腐蚀破坏、碱-骨料反应破坏等。

（3）意外灾害破坏，是指由于意想不到的灾害所导致的混凝土破坏，如火灾、地震等。

429. 什么是混凝土的抗冻标号？

用慢冻法测得的最大冻融循环次数来划分的混凝土的抗冻性能等级。

430. 什么是混凝土抗冻等级？

用快冻法测得的最大冻融循环次数来划分的混凝土的抗冻性能等级。

431. 混凝土抗冻性能的等级如何划分？

混凝土抗冻性能按抗冻等级（快冻法）和抗冻标号（慢冻法）划分。

（1）混凝土抗冻等级（快冻法）分为 F50、F100、F150、F200、F250、F300、F350、F400 和＞F400，总计 9 个等级。

（2）混凝土抗冻标号（慢冻法）分为 D50、D100、D150、D200 和＞D200，总计 5 个等级。

432. 什么是混凝土的渗透性？

混凝土渗透性是表示外部物质（水、气及溶于气中的其他分子和离子等）入侵到混凝土内部难易程度的混凝土性能。

433. 什么是混凝土的抗渗性？

混凝土的抗渗性是指其抵抗压力水渗透作用的能力。

434. 什么是混凝土的抗渗等级？

混凝土抗渗性用抗渗等级（符号"P"）表示，抗渗等级是以 28d 龄期的抗渗标准试件，在标准试验方法下所能承受的最大的水压力来确定的。

435. 混凝土抗水渗透性能等级如何划分？

混凝土抗水渗透性能等级分为 P4、P6、P8、P10、P12 和＞P12，总计 6 个等级。

2.2.3 试验检验部分

436. 为什么国家标准规定用砂浆法检验水泥强度？

水泥强度可以通过水泥净浆法、混凝土法和砂浆法等方法进行检验。水泥净浆只能反映水化水泥浆的内聚力，不能反映出水化水泥浆对砂石的胶结能力，不符合水泥在混凝土中的实际使用情况。混凝土法能较好地反映水泥在混凝土中的作用，但由于砂石条件很难统一，检验工作也很麻烦，故很少用来作为水泥标准强度检力法。砂浆法既克服了净浆法的缺点，又避免了混凝土法条件难以统一的困难，所以，国家标准规定用砂浆法作为水泥强度检验方法。为了提高检验结果的可比性，各国都规定采用统一技术要求的标准砂来配制砂浆。

437. 如何提高水泥胶砂强度试验准确性？

水泥强度检验误差主要由仪器设备、试验条件和试验操作等原因造成。因此，减少强度试验误差必须从以下三个方面入手。

（1）实行各种仪器设备的标准化管理。

检验水泥强度应选择标准的仪器设备，并在使用中经常注意定时校准，以保证所用仪器设备准确可靠。试体成型设备如胶砂搅拌机、胶砂振动台、试模和下料漏斗等，必须按国标要求定期进行校准。对超出标准要求误差范围的设备要及时进行维修和更换。抗折机和抗压机必须按标准要求定期标定。抗折夹具和抗压夹具对强度结果的影响非常大，因此、在更换新夹具时，必须按规定认真检查，同时进行新旧夹具的对比试验，以保证试验结果的准确性。平时，要选择一副抗折夹具和抗压夹具作为标准夹具，用以定期校正所使用夹具的准确性。

（2）按国家标准严格控制试验条件。

强度检验中的试验条件，主要包括水泥试样的保存条件、标准砂和试验水的质量以及试体成型养护条件。试验条件的优劣与强度结果关系极大，试验中，必须按国家标准要求严格控制，特别对试体养护条件，更应经常检查，成型室、养护箱和养护水的温度要控制在标准允许的正常范围内。

（3）减小试验操作误差。

在水泥强度检验中，从样品混合、试体成型、养护和破型整个过程，每个操作环节，对强度试验结果都可能产生影响。因此，正确、熟练和统一的试验操作是提高试验准确性的重要保证。工作中，必须严格按标准规定的操作规程进行操作，尽量减小试验操作误差。

438. 水泥强度检验方法中规定灰砂比为 1∶3 的原因是什么？

成型试体的胶砂中，水泥与标准砂的质量比称为灰砂比。《水泥胶砂强度检验方法（ISO 法）》（GB/T 17671—2021）规定水泥强度检验的灰砂比为 1∶3，是通过采用不同灰砂比的大量对比试验并结合水灰比的选择而确定的。其优点是：

（1）最适宜于成型操作，它比较接近于多数现浇混凝土的水灰比。

（2）胶砂的和易性好，泌水率低，易于成型，试体强度跳差小，结果复演性好。

（3）强度测定数值较高，压力强度破坏总吨位较大，便于强度等级的划分和原有压力机的利用。

（4）与混凝土强度的相关性比较好。

（5）与国际上多数国家的水灰比和灰砂比的综合情况比较接近，与国家标准相一致。

439. 如何检测粉煤灰的安定性？

（1）将制好的标准稠度净浆（标准水泥样品和被检粉煤灰按 7∶3 质量比混合而成）取出一部分分成两等份，使之成球形，放在预先准备好的玻璃板上，轻轻振动玻璃板并用湿布擦过的小刀由边缘向中央抹，做成直径 70～80mm、中心厚约 10mm、边缘渐薄、表面光滑的试饼，接着将试饼放入湿气养护箱内养护（24±2）h。

（2）调整好沸煮箱内的水位，使能保证在整个沸煮过程中都超过试件，不需中途添补试验用水，同时又能保证在（30±5）min 内升至沸腾。

（3）脱去玻璃板取下试饼，在试饼无缺陷的情况下将试饼放在沸煮箱水中的篦板上，然后在（30±5）min 内加热并恒沸（180±5）min。

（4）结果判别

煮沸结束后，立即放掉煮沸箱中的热水，打开箱盖，待箱体冷却至室温，取出试件进行判别。目测试饼未发现裂缝，用钢直尺检查也没有弯曲（使钢直尺和试饼底部紧靠，以两者间不透光为不弯曲）的试饼为安定性合格，反之为不合格。当两个试饼判别结果有矛盾时，该粉煤灰的安定性为不合格。

440. 如何检测矿渣粉流动比？

（1）方法原理：通过测量试验胶砂和对比胶砂在振动状态下的扩展范围的比值。

（2）仪器设备：水泥胶砂搅拌机、水泥胶砂流动度测定仪、试模、捣棒、卡尺、小刀、天平。

（3）试验步骤：

① 胶砂配合比按表 2-29 执行。

表 2-29　胶砂配合比

胶砂种类	对比水泥（g）	试验样品		标准砂（g）	水（mL）
		对比水泥（g）	矿渣粉（g）		
对比胶砂	450	—	—	1350	225
试验胶砂	—	225	225	1350	225

② 将对比胶砂和试验胶砂分别按照《水泥胶砂强度检验方法（ISO法）》（GB/T 17671—2021）规定进行搅拌。按照《水泥胶砂流动度测定方法》（GB/T 2419—2005）进行对比胶砂和试验胶砂的流动度试验。

结果计算：

$$F = \frac{L}{L_m} \times 100\%$$

式中　F——矿渣粉流动度比，%；

　　　L_m——对比胶砂流动度，mm；

　　　L——试验胶砂流动度，mm。

441. 如何测定矿渣粉初凝时间比？

（1）方法原理：试针沉入对比净浆和试验净浆至一定深度所需的时间的比值。

（2）仪器设备：水泥净浆搅拌机、标准法维卡仪、天平、初凝用试针。

（3）试验步骤：

① 净浆配合比按表2-30执行。

表 2-30　净浆配合比

净浆种类	对比水泥（g）	试验样品		水（mL）
		对比水泥（g）	矿渣粉（g）	
对比净浆	500	—	—	标准稠度用水量
试验净浆	—	250	250	标准稠度用水量

② 按照《水泥标准稠度用水量、凝结时间、安定性检验方法》（GB/T 1346—2011）进行对比净浆和试验净浆初凝时间的测定。

结果计算：

$$T = \frac{I}{I_m} \times 100\%$$

式中　T——矿渣粉初凝时间比，%；

　　　I_m——对比净浆初凝时间，min；

　　　I——试验净浆初凝时间，min。

442. 砂的堆积密度（紧密密度）试验如何进行？

先用公称直径5.00mm的筛子过筛，然后取经缩分后的样品不少于3L，装入浅盘，在温度为（105±5）℃的烘箱中烘干至恒重，取出并冷却至室温，分成大致相等的两份备用。试样烘干后如有结块，应在试验前先予捏碎。

（1）堆积密度：取试样一份，用漏斗或铝制勺将其徐徐装入容量筒（漏斗出料口或料勺距容量筒筒口不应超过50mm）直至试样装满并超出容量筒筒口。然后用直尺将多余的试样沿筒口中心线向相反方向刮平，称其质量（m_2）。

（2）紧密密度：取试样一份，分两层装入容量筒。装完一层后，在筒底垫放一根直径为10mm的钢筋，将筒按住，左右交替颠击地面各25下，然后再装入第二层；第二层装满后用同样方法颠实（但筒底所垫钢筋的方向应与第一层放置方向垂直）；第二层装完并颠实后，加料直至试样超出容量筒筒口，然后用直尺将多余的试样沿筒口中心线向两个方向刮平，称其质量（m_2）。

（3）堆积密度（ρ_L）及紧密密度（ρ_c）按下式计算，精确至 10kg/m³：

$$\rho_L\ (\rho_c)=\frac{m_2-m_1}{V}$$

式中　ρ_L（ρ_c）——砂的堆积密度（紧密密度），kg/cm³；

　　　　m_1——容量筒的质量，kg；

　　　　m_2——容量筒和堆积砂的总质量，kg；

　　　　V——容量筒容积，L。

（4）空隙率按下式计算，精确至 1%。

$$空隙率\ V_L=\left(1-\frac{\rho_L}{\rho}\right)\times100\%$$

$$Vc=\left(1-\frac{\rho_c}{\rho}\right)\times100\qquad\qquad\%$$

式中　V_L——堆积密度的空隙率，%；

　　　　Vc——紧密密度的空隙率，%；

　　　　ρ_L——砂的堆积密度，kg/cm³；

　　　　ρ——砂的表观密度，kg/cm³；

　　　　ρ_c——砂的紧密密度，kg/cm³。

443. 砂的表观密度试验如何进行？

采用标准法进行：

（1）称取烘干的试样 300g（m_0），装入盛有半瓶冷开水的容量瓶中。

（2）摇转容量瓶，使试样在水中充分搅动以排除气泡，塞紧瓶塞，静置 24h 左右。然后用滴管加水至瓶颈刻度线平齐，再塞紧瓶塞，擦干瓶外水分，称其重量（m_1）。

（3）倒出容量瓶中的水和试样，将瓶的内外壁洗净，再向瓶内加入与下部水温相差不超过 2℃的冷开水至瓶颈刻度线。塞紧瓶塞，擦干容量瓶外壁水分，称质量（m_2）。

（4）试验结果按下式计算：精确至 10kg/m³。

$$\rho=\left(\frac{m_0}{m_0+m_2-m_1}-\alpha_t\right)\times1000$$

式中　ρ——表观密度，kg/cm³；

　　　　m_0——试样的烘干质量，g；

　　　　m_1——试样、水及容量瓶总质量，g；

　　　　m_2——水及容器瓶质量，g；

　　　　α_t——考虑称量时的水温对砂的表观密度影响的修正系数，见表 2-31。

表 2-31　不同水温对砂的表观密度影响的修正系数

水温（℃）	15	16	17	18	19	20	21	22	23	24	25
α_t	0.002	0.003	0.003	0.004	0.004	0.005	0.005	0.006	0.006	0.007	0.008

以两次试验结果的算术平均值作为测定值。当两次结果之差大于 20kg/m³时，应重新取样进行试验。

444. 人工砂压碎值检验步骤是什么？

首先将缩分后的样品置于（105±5）℃烘箱内烘干至恒重，待冷却至室温后，筛分成 2.50～5.00mm、1.25～2.50mm、630～1.25mm、315～630μm 四个粒级，每级试样质量不得少于 1000g。

（1）置圆筒于底盘上，组成受压模，将一单级砂样约 300g 装入模内，使试样距底盘约为 50mm；

（2）平整试模内试样的表面，将加压块放入圆筒内，并转动一周使之与试样均匀接触；

（3）将装好砂样的受压钢模至于压力机的支承板上，对准压板中心后，开动机器，以 500N/s 的速度加荷，加荷至 25kN 时持荷 5s，而后以同样速度卸荷；

（4）取下受压模，移去加压块，倒出压过的试样并称其质量（m_0），然后用该粒级的下限筛（如砂样为公称粒级 2.50～5.00mm 时，其下限筛为筛孔公称直径 2.50mm 的方孔筛）进行筛分，称出该粒级试样的筛余量（m_1）。

（5）人工砂的压碎指标按下述方法计算：

① 第 i 单级砂样的压碎指标按下式计算，精确至 0.1%：

$$\delta_i = \frac{m_0 - m_1}{m_0} \times 100\%$$

式中　δ_i——第 i 单级砂样压碎指标，%；

　　　m_0——第 i 单级试样的质量，g；

　　　m_1——第 i 单级试样的压碎试验后筛余的试样质量，g。

以三份试样试验结果的算术平均值作为各单粒级试样的测定值。

② 四级砂样总的压碎指标按下式计算，计算结果精确至 0.1%。

$$\delta_{sa} = \frac{\alpha_1 \delta_1 + \alpha_2 \delta_2 + \alpha_3 \delta_3 + \alpha_4 \delta_4}{\alpha_1 + \alpha_2 + \alpha_3 + \alpha_4} \times 100\%$$

式中　　　δ_{sa}——总的压碎指标，%；

α_1、α_2、α_3、α_4——公称直径分别为 2.50mm、1.25mm、0.630mm、0.315mm 各方孔筛的分计筛余，%；

δ_1、δ_2、δ_3、δ_4——公称粒级分别为 2.50～5.0mm、1.25～2.5mm、630～1.25mm、315～630μm 单级试样压碎指标，%。

445. 碎石针状和片状颗粒的试验如何进行？

（1）将样品在室内风干至表面干燥，并用四分法或分料器法缩分至满足表 2-32 规定的质量，称量（m_0）。

表 2-32　针状和片状颗粒的总含量试验所需的试样最少质量

最大公称粒径（mm）	10.0	16.0	20.0	25.0	31.5	≥40.0
试样最少质量（kg）	0.3	1	2	3	5	10

（2）筛分成表 2-33 所规定的粒级备用。

表 2-33　针状和片状颗粒的总含量试验的粒级划分及其相应的规准仪孔宽或间距

公称粒径（mm）	5.00～10.0	10.0～16.0	16.0～20.0	20.0～25.0	25.0～31.5	31.5～40.0
针状规准仪上相对应的孔宽（mm）	17.1	30.6	42.0	54.6	69.6	82.8
片状规准仪上相对应的孔宽（mm）	2.8	5.1	7.0	9.1	11.6	13.8

（3）按照上表所规定的粒级用规准仪逐粒对试样进行鉴定，凡颗粒长度大于针状规准仪上相对应的间距的，为针状颗粒。厚度小于片状规准仪上相应孔宽的，为片状颗粒。称取由各粒级挑出的针状和片状颗粒的总质量（m_1）。

（4）碎石或卵石中针状和片状颗粒的总含量 ω_P 应按下式计算，精确至 1%。

$$\omega_P = \frac{m_1}{m_0} \times 100\%$$

式中　ω_P——针状和片状颗粒的总含量，%；

m_1——试样中所含针状和片状颗粒的总质量，g；

m_0——试样总质量，g。

446. 混凝土外加剂泌水率如何测定？

（1）依据标准：《普通混凝土拌合物性能试验方法标准》（GB/T 50080—2016）。

（2）适用范围及试验步骤

① 常压泌水率

先用湿布润湿容积为 5L 的带盖筒（内径为 185mm，高 200mm），将混凝土拌合物一次装入，在振动台上振动 20s，然后用抹刀轻轻抹平，加盖以防水分蒸发。试样表面应比筒口边低约 20mm。自抹面开始计算时间，在前 60min，每隔 10min 用吸液管吸出泌水一次，以后每隔 20min 吸水一次，直至连续三次无泌水为止。每次吸水前 5min，应将筒底一侧垫高约 20mm，使筒倾斜，以便于吸水。吸水后，将筒轻轻放平盖好。将每次吸出的水都注入带塞的量筒，最后计算出总的泌水量，精确至 1g，并按下式计算泌水率：

$$B = \frac{V_w}{(W/G)\,G_w} \times 100\%$$

$$G_w = G_1 - G_0$$

式中　B——泌水率，%；

V_w——泌水总量，g；

W——混凝土拌合物的用水量，g；

G——混凝土拌合物的质量，g；

G_w——试样质量，g；

G_1——筒及试样质量，g；

G_0——筒质量，g。

试验时，每批混凝土拌合物取一个试样，泌水率取三个试样的算术平均值。若三个试样的最大值或最小值中有一个与中间值之差大于中间值的 15% 时，则把最大值与最小值一并舍去，取中间值作为该组试验的泌水率；如果最大值和最小值与中间值之差均大于中间值的 15% 时，则该批试验结果无效，应该重做。

② 压力泌水率

将混凝土拌合物装入试料筒内，用捣棒由外围向中心均匀插捣 25 次，将仪器按规定安装完毕。尽快给混凝土拌合物加压至 3.0MPa，立即打开泌水管阀门，同时开始计时，并保持恒压，泌出的水接入量筒内。加压 10s 后读取泌水量 V_{10}，加压 140s 后读取泌水量 V_{140}。按下式计算压力泌水率：

$$B_p = \frac{V_{10}}{V_{140}} \times 100\%$$

式中　B_p——压力泌水率，%；

　　　V_{10}——加压 10s 时的泌水量，mL；

　　　V_{140}——加压 140s 时的泌水量，mL。

结果以三次试验的平均值表示，精确至 0.1%。

③ 常压泌水率比按下式计算，计算结果精确至 0.1%：

$$B_R = \frac{B_t}{B_c} \times 100\%$$

式中　B_R——常压泌水率比，%；

　　　B_t——受检混凝土常压泌水率，%；

　　　B_c——基准混凝土常压泌水率，%。

④ 压力泌水率比按下式计算，精确至 1%。

$$R_b = \frac{B_p}{B_o} \times 100\%$$

式中　R_b——压力泌水率比，%；

　　　B_p——受检混凝土压力泌水率，%；

　　　B_o——基准混凝土压力泌水率，%。

447. 外加剂检验批次如何控制？

生产厂应根据产量和生产设备条件，将产品分批编号。掺量大于 1%（含 1%）同品种的外加剂每一批号为 100t，掺量小于 1% 的外加剂每一批号为 50t。不足 100t 或 50t 也应按一个批量计，同一批号的产品必须混合均匀。

每一批号取样量不少于 0.2t 水泥所需用的外加剂量。

448. 混凝土外加剂含气量的如何测定？

(1) 依据标准《普通混凝土拌合物性能试验方法标准》（GB/T 50080—2016）。

(2) 适用范围及试验步骤：

① 容器容积的校核和仪器的率定、绘制含气量与压力表读数值之间的关系曲线。

擦净容器，并将含气量仪全部安装好，测定含气量仪的总质量，测量精确至 50g。

容器灌水至满后放好密封圈并加盖拧紧螺栓，关闭操作阀和排气阀，打开排水阀和加水阀，通过加水阀，向容器内注入水，当排水阀流出的水不含气泡时，在注水的状态下，同时关闭加水阀和排水阀，再测定其总质量，测量精确至 50g。

容器容积按下式计算，计算精确至 0.01L。

$$V = \frac{m_2 - m_1}{\rho_w}$$

式中 V——含气量仪的容积，L；

m_1——干燥含气量仪的总质量，kg；

m_2——水、含气量仪的总质量，kg；

ρ_w——容器内水的密度，kg/m³，可取 1kg/L；

含气量仪的率定曲线按以下步骤进行：

打开进气阀，用气筒打气，使气室内压力略大于 0.1MPa(1kg/cm²)，轻扣表盘使指针稳定，打开排气阀，并用操作阀调整压力，使压力表的指针刚好指在 0.1MPa (1kg/cm²)，然后关紧所有阀门。打开操作阀，使气室内的压缩空气进入容器，待压力指针稳定后，测读表值，此为含气量为 0％时的仪表读数值。

打开排气阀，解除压力，开盖吸出等于容器体积 1％的水量。加盖拧紧螺栓，重复上述步骤读出含气量为 1％时的压力表读数值。

按上述方法继续测得含气量为 2％、3％、4％、5％、6％、7％、8％、10％时的压力表读数值。

以上试验均应进行 2 次，各次所测压力值应精确至 0.001MPa；

以上试验均应进行检验，其绝对误差应小于 0.2％，否则应重新率定；

以上每次读数均应精确至 0.001MPa(0.01kg/cm²)。

根据测量结果绘制含气量与压力表读数值之间的关系曲线。仪器中总的气体体积（包括气室体积、盖体与液面之间的空隙体积以及含气量值）的变化与表压值之间的关系应符合波义尔定律。如发现有显著偏离，则应查找原因，重新进行率定。

② 骨料含气量测定：应按下式计算每个试样中粗细骨料的质量。

$$m_g = \frac{V}{1000} \times m_g{}'$$

$$m_s = \frac{V}{1000} \times m_s{}'$$

式中 m_g、m_s——分别为每个试样中粗、细骨料的质量，kg；

$m_g{}'$、$m_s{}'$——分别为每立方米混凝土中粗、细骨料的质量，kg；

V——含气量仪的容积，L。

首先在容器中注入 1/3 的水，然后把通过 40mm 网筛的质量为 m_g、m_s 的粗细骨料称好、拌匀，慢慢倒入容器，水面每升高 25mm 左右轻轻插捣 10 次，并略予搅动以排除夹杂进去的空气，加水过程中应始终保持水面高出骨料的顶面，骨料全部加入后，应浸泡约 5min，再用橡皮锤轻敲容器外壁，排除气泡，除去水面泡沫，加水至满，擦净容器上口边缘，装好密封圈，加盖拧紧螺栓。

关闭操作阀和排气阀，打开排水阀和加水阀，通过加水阀相容器内注入水，当排水阀流出的水不含气泡时，在注水的状态下，同时关闭加水阀和排水阀，然后开启进气阀，用气泵注入空气至气室内压力略大于 0.1MPa，待压力表示值稳定后，微微开启排气阀，调整压力表至 0.1MPa，关闭排气阀。开启操作阀，使气室内压缩空气进入容器，待压力表显示值稳定后记录显示值 P_{g_1}，然后开启排气阀，压力仪表示值应回零。

重复以上试验，对容器内的试样再检测一次记录表值 P_{g_2}。若 P_{g_1} 和 P_{g_2} 的绝对误差小于 0.2% 时，则取 P_{g_1} 和 P_{g_2} 的算术平均值，按压力与含气量关系曲线查得骨料含气量（精确至 0.1%）。若不满足，则应进行第三次试验，测得压力值 P_{g_3}（MPa），当 P_{g_3} 与 P_{g_1} 和 P_{g_2} 中较接近一个值的绝对误差不大于 0.2% 时，则取此二值的算术平均值；当仍大于 0.2% 时，此次试验无效。

③ 含气量测定。

用湿布将量钵和盖的内表面擦净，将混凝土拌合物按装入量钵并稍高于容器，混凝土拌合物的装料及密实方法根据拌合物的坍落度确定。

按以下方法（或按仪器设备说明书操作）操作含气量测定仪：在正对操作阀孔的混凝土表面贴一小块薄纸或塑料薄膜，擦净法兰盘，盖好量钵盖拧紧钳式夹，关闭操作阀和排气阀，打开排水阀和进水阀，向容器内注入水，当排水阀流出的水不含气泡时，在注水的状态下，同时关闭加水阀和排水阀，然后开启进气阀，用气泵注入空气至气室内压力略大于 0.1MPa，待压力表示值稳定后，微微开启排气阀，调整压力表至 0.1MPa，关闭排气阀。开启操作阀，待压力表示值稳定后，测得压力值 P_{g_1}（MPa），开启排气阀，压力表示值回零，重复以上步骤，对容器内试样再测一次压力值 P_{g_2}，若 P_{g_1} 和 P_{g_2} 的绝对误差小于 0.2% 时，则取 P_{g_1} 和 P_{g_2} 的算术平均值，按压力与含气量关系曲线查得含气量 A_{01}（精确至 0.1%）若不满足，则应进行第三次试验，测得压力值 P_{g_3}（MPa），当 P_{g_3} 与 P_{g_1} 和 P_{g_2} 中较接近一个值的绝对误差不大于 0.2% 时，则取此二值的算术平均值，查得 A_{01}。当仍大于 0.2% 时，此次试验无效。

混凝土拌合物含气量应按下式计算：

$$A = A_0 - A_g$$

式中　A——混凝土拌合物含气量，%；

　　　A_0——两次含气量测定的平均值，%；

　　　A_g——骨料含气量，%。

试验时，每批混凝土拌合物取一个试样，含气量以三个试样测值的算术平均值来表示。若三个试样中的最大值或最小值中有一个与中间值之差大于中间值的 0.5% 时，将最大值与最小值一并舍去，取中间值作为该批试验的结果；如果最大值和最小值均超过 0.5% 时，则应重做试验。

449. 混凝土外加剂收缩率比是如何测定的？

（1）收缩率比测定

收缩率比以龄期为 28d 的掺外加剂混凝土与基准混凝土干缩率比值表示，按下式计算，精确至 1%：

$$R_E = \frac{E_t}{E_c} \times 100\%$$

式中　R_E——收缩率比，%；

　　　E_t——掺外加剂的混凝土的收缩率，%；

　　　E_c——基准混凝土的收缩率，%。

（2）收缩率测定（除防冻剂外所有外加剂）

测定代表某一混凝土收缩性能的特征值时，试件应在 3d 龄期（从搅拌混凝土加水时算起）从标准养护室取出并立即移入恒温恒湿室测定其初始长度，此后至少应按以下规定时间间隔测量其变形读数：1d、3d、7d、14d、28d、45d、60d、90d、120d、150d、180d（从移入恒温恒湿室内算起）。

测定混凝土在某一具体条件下的相对收缩值时（包括在徐变试验时的混凝土收缩变形测定）应按要求的条件安排试验，对非标准养护试件如需移入恒温恒湿室进行试验，应先在该室内预置 4h，再测其初始值，以使它们具有同样的温度基准。测量时并应记下试件的初始干湿状态。

测量前应先用标准杆校正仪表的零点，并应在半天的测定过程中至少再复核 1～2 次（其中一次在全部试件测读完后）。如复核时发现零点与原值的偏差超过 ±0.01mm，调零后应重新测定。

试件每次在收缩仪上放置的位置、方向均应保持一致，试件在放置及取出时应轻稳仔细，勿碰撞表架及表杆，如发生碰撞，则应取下试件，重新以标准杆复核零点。测量时每次读数应重复 3 次。

受检混凝土的收缩率应按下式进行计算：

$$E_t = \frac{L_0 - L_t}{L_b} \times 100\%$$

式中　E_t——受检混凝土的收缩率，%；

　　　L_b　——试件的测量标距，mm；

　　　L_0——试件长度的初始读数，mm；

　　　L_t——试件在龄期为 t 时测得的长度读数，mm。

取三个试件值的算术平均值作为该受检混凝土的收缩率值，计算结果精确到 1×10^{-6}。

450. 混凝土外加剂密度是如何测定的？

（1）依据标准：《混凝土外加剂匀质性试验方法》（GB/T 8077—2012）。

（2）仪器设备：

波美比重计、精密密度计、超级恒温设备。

（3）试验步骤：

① 将已恒温的外加剂倒入 500mL 玻璃量筒内，以波美比重计插入溶液中测出该溶液的密度。

② 参考波美比重计所测溶液的数据，选择这一刻度范围的精密密度计插入溶液中，精确读出溶液凹液面与精密密度计相齐的刻度即为该溶液的密度 ρ。

（4）结果表示：测得的数据即为 20℃时外加剂溶液的密度。

（5）重复性限和再现性限：

重复性限为 0.001g/mL；

再现性限为 0.002g/mL。

451. 混凝土外加剂细度是如何测定的？

（1）依据标准：《混凝土外加剂匀质性试验方法》（GB/T 8077—2012）。

（2）仪器设备：

天平：分度值 0.001g。

试验筛：采用孔径为 0.315mm 的铜丝筛布。筛框有效直径 150mm、高 50mm。筛布应紧绷在筛框上，接缝应严密，并附有筛盖。

（3）试验步骤：

外加剂试样应充分拌匀并经 100℃～105℃（特殊品种除外）烘干，称取烘干试样 10g，称准至 0.001g 倒入筛内，用人工筛样，将近筛完时，必须一手执筛往复摇动，一手拍打，摇动速度每分钟约 120 次。其间，筛子应向一定方向旋转数次，使试样分散在筛布上，直至每分钟通过质量不超过 0.005g 时为止。称量筛余物，称准至 0.001g。

（4）结果表示

细度用筛余（%）表示，按下式计算：

$$筛余 = \frac{m_0}{m_1} \times 100\%$$

式中　m_1——筛余物质量，g；

　　　m_0——试样质量，g。

（5）允许差：

室内允许差为 0.40%；

室间允许差为 0.60%。

452. 混凝土外加剂抗压强度比的测定方法是什么？

（1）依据标准：《混凝土物理力学性能试验方法标准》（GB/T 50081—2019）。

（2）适用范围及试验步骤：

① 抗压强度比以受检混凝土与基准混凝土同龄期抗压强度之比表示，按下式计算：

$$R_1 = \frac{f_{t1}}{f_{c1}} \times 100\%$$

$$R_3 = \frac{f_{t3}}{f_{c3}} \times 100\%$$

$$R_7 = \frac{f_{t7}}{f_{c7}} \times 100\%$$

$$R_{28} = \frac{f_{t28}}{f_{c28}} \times 100\%$$

$$R_{-7} = \frac{f_{t(-7)}}{f_{c28}} \times 100\%$$

$$R_{-7+28} = \frac{f_{t(-7+28)}}{f_{c28}} \times 100$$

$$R_{-7+56} = \frac{f_{t(-7+56)}}{f_{c28}} \times 100$$

式中　R_1——受检混凝土与基准混凝土标养 1d 的抗压强度之比，%；

　　　R_3——受检混凝土与基准混凝土标养 3d 的抗压强度之比，%；

　　　R_7——受检混凝土与基准混凝土标养 7d 的抗压强度之比，%；

　　　R_{28}——受检混凝土与基准混凝土标养 28d 的抗压强度之比，%；

　　　R_{-7}——受检负温混凝土在规定温度下负温养护 7d 的抗压强度与基准混凝土标养

28d 的抗压强度之比,%;

R_{-7+28}——受检负温混凝土在规定温度下负温养护 7d 再转标准养护 28d 的抗压强度与基准混凝土标养 28d 的抗压强度之比,%;

R_{-7+56}——受检负温混凝土在规定温度下负温养护 7d 再转标准养护 56d 的抗压强度与基准混凝土标养 28d 的抗压强度之比,%;

f_{c1}——基准混凝土标养 1d 的抗压强度,MPa;

f_{c3}——基准混凝土标养 3d 的抗压强度,MPa;

f_{c7}——基准混凝土标养 7d 的抗压强度,MPa;

f_{c28}——基准混凝土标养 28d 的抗压强度,MPa;

f_{t1}——受检混凝土标养 1d 的抗压强度,MPa;

f_{t3}——受检混凝土标养 3d 的抗压强度,MPa;

f_{t7}——受检混凝土标养 7d 的抗压强度,MPa;

f_{t28}——受检混凝土标养 28d 的抗压强度,MPa;

$f_{t(-7)}$——受检负温混凝土在规定温度下负温养护 7d 的抗压强度,MPa;

$f_{t(-7+28)}$——受检负温混凝土在规定温度下负温养护 7d 再转标准养护 28d 的抗压强度,MPa;

$f_{t(-7+56)}$——受检负温混凝土在规定温度下负温养护 7d 再转标准养护 56d 的抗压强度,MPa。

② 试件用振动台振动 15～20s,用插入式高频振捣器振捣时间为 8～12s。试件预养温度为 (20±3)℃。试验结果以三批试验测值的平均值表示,若三批试验中有一批的最大值或最小值与中间值的差值超过中间值的 15%,则把最大值和最小值一并舍去,取中间值作为该批的试验结果,如有两批测量值与中间值的差均超过中间值的 15%,则试验结果无效,应该重做。

453. 混凝土外加剂凝结时间差的测定方法是什么?

(1) 依据标准:《普通混凝土拌合物性能试验方法标准》(GB/T 50080—2016)。

(2) 试验步骤。

① 凝结时间差按下式计算:

$$\Delta T = T_t - T_c$$

式中 ΔT——凝结时间差,min;

T_t——掺外加剂混凝土的初凝或终凝时间,min;

T_c——基准混凝土的初凝或终凝时间,min。

② 凝结时间测定:凝结时间用贯入阻力仪测定,仪器精度为 5N,测定方法如下:

将混凝土拌合物用 5mm(圆孔筛)振动筛筛出砂浆,拌匀后装入上口内径为 160mm,下口内径为 150mm,净高 150mm 的刚性不渗水的金属圆筒,试样表面应低于筒口约 10mm,用振动台振实约 3～5s,置于 (20±3)℃ 的环境中,容器加盖。一般基准混凝土在成型后 3～4h,掺早强剂的在成型后 1～2h,掺缓凝剂的在成型后 4～6h 开始测定,以后每 0.5h 或 1h 测定 1 次,但在临近初凝、终凝时,可以缩短测定间隔时间。每次测点应避开前一次测孔,其净距为试针直径的 2 倍,但至少不小于 15mm,试针与容器边缘之距离不小于 25mm。测定初凝时间用截面积为 100mm² 的试针，测定终凝时间用截面积为 20mm² 的试针。贯入阻力按下式计算：

$$R=\frac{P}{A}$$

式中　R——贯入阻力值，MPa；

　　　P——贯入深度达 25mm 时所需的净压力，N；

　　　A——贯入试针的截面积，mm²。

根据计算结果，以贯入阻力值为纵坐标，测试时间为横坐标，绘制贯入阻力值与时间关系曲线，求出贯入阻力值达到 3.5MPa 时对应的时间作为初凝时间及贯入阻力值达到 28MPa 时对应的时间作为终凝时间。凝结时间从水泥与水接触时开始计算。

试验时，每批混凝土拌合物取一个试样，凝结时间取三个试样的平均值。若三批试验的最大值或最小值中有一个与中间值之差超过 30min 时，则把最大值与最小值一并舍去，取中间值作为该组试验的凝结时间；若两批测量值与中间值的之差均超过 30min 时，该组试验结果无效，则应重做。

454. 简述混凝土外加剂对水泥的适应性检测方法。

（1）本检测方法适用于检测各类混凝土减水剂及与减水剂复合的各种外加剂对水泥的适应性，也可用于检测其对矿物掺合料的适应性。

（2）检测所用仪器设备应符合下列规定：

① 水泥净浆搅拌机。

② 截锥形圆模：上口内径 36mm，下口内径 60mm，高度 60mm，内壁光滑无接缝的金属制品。

③ 玻璃板：400mm×400mm×5mm。

④ 钢直尺：300mm。

⑤ 刮刀。

⑥ 秒表，时钟。

⑦ 药物天平：称量 100g，感量 1g。

⑧ 电子天平：称量 50g，感量 0.059。

（3）水泥适应性检测方法按下列步骤进行：

① 将玻璃板放置在水平位置，用湿布将玻璃板、截锥圆模、搅拌器及搅拌锅均匀擦过，使其表面湿而不带水滴。

② 将截锥圆模放在玻璃板中央，并用湿布覆盖待用。

③ 称取水泥 600g，倒入搅拌锅内。

④ 对某种水泥需选择外加剂时，每种外加剂应分别加入不同掺量；对某种外加剂选择水泥时，每种水泥应分别加入不同掺量的外加剂。对不同品种外加剂，不同掺量应分别进行试验。

⑤ 加入 174g 或 210g 水（外加剂为水剂时，应扣除其含水量），搅拌 4min。

⑥ 将拌好的净浆迅速注入截锥圆模内，用刮刀刮平，将截锥圆模按垂直方向提起，同时，开启秒表计时，至 30s 用直尺量取流淌水泥净浆互相垂直的两个方向的最大直

径，取平均值作为水泥净浆初始流动度。此水泥净浆不再倒入搅拌锅内。

⑦ 已测定过流动度的水泥浆应弃去，不再装入搅拌锅中，水泥净浆停放时，应用湿布覆盖搅拌锅。

⑧ 剩留在搅拌锅内的水泥净浆，至加水后 30min、60min，开启搅拌机，搅拌 4min，按本规范第 A.0.3-6 方法分别测定相应时间的水泥净浆流动度。

（4）测试结果应按下列方法分析：

① 绘制以掺量为横坐标，流动度为纵坐标的曲线。其中饱和点（外加剂掺量与水泥净浆流动度变化曲线的拐点）外加剂掺量低、流动度大，流动度损失小的外加剂对水泥的适应性好。

② 需注明所用外加剂和水泥的品种、等级、生产厂，试验室温度、相对湿度等。如果水灰比（水胶比）与本规定不符，也需注明。

455. 地表水、地下水检验取样有何要求？

水质检验水样不应少于 5L。

采集水样的容器应无污染；容器应用待采集水样冲洗三次再罐装，并应密封待用。

地表水宜在水域中心部位、距水面 100mm 以下采集；取样应有代表性，并注意环境等影响因素。

地下水应在放水冲洗管道后接取，或直接用容器采集；取样应避免管道中或地表附近物质的影响。

456. 地表水、地下水的检验期限和频次有哪些要求？

地表水每 6 个月检验一次；

地下水每年检验一次；

当发现水受到污染和对混凝土性能有影响时，应立即检验。

457. 不溶物及可溶物的检验依据标准是什么？

不溶物的检验应符合现行国家标准《水质 悬浮物的测定 重量法》（GB/T 11901）的要求。

可溶物的检验应符合现行国家标准《生活饮用水标准检验方法》（GB 5750）中溶解性总固体检验法的要求。

458. 如何测定混凝土的表观密度？

（1）测定容量筒的容积。

① 将干净的容量筒与玻璃板一起称重。

② 将容量筒装满水，缓慢将玻璃板从筒口一侧推到另一侧，容量筒内应装满水并且不应存在气泡，擦干容量筒外壁，再次称重。

③ 两次称重结果之差除以该温度下水的密度应为容量筒容积 V；常温下水的密度可取 1kg/L。

（2）容量筒内外壁应擦干净，称出容量筒质量 m_1，精确至 10g。

（3）混凝土拌合物试样应按规定要求进行装料，并按规定插捣密实。

（4）将筒口多余的混凝土拌合物刮去，表面如有凹陷应填平；应将容量筒外壁按擦净，称出混凝土拌合物试样与容量筒总质量 m_2，精确至 10g。

（5）混凝土拌合物的表观密度应按下式计算：

$$\rho = \frac{m_2 - m_1}{V} \times 1000$$

式中　ρ——混凝土拌合物的表观密度，kg/m³，精确至 10kg/m³；

　　　m_1——容量筒质量，kg；

　　　m_2——容量筒和试样总质量，kg；

　　　V——容量筒容积，L。

459. 测定混凝土表观密度时如何将混凝土装料成型？

（1）混凝土拌合物坍落度不大于 90mm 时，宜用振动台振实，振动台振实时，应一次性将混凝土拌合物装填至高出容量筒筒口；装料时可用捣棒稍加插捣，振动过程中混凝土低于筒口，应随时添加混凝土，振动直到表面出浆为止。

（2）混凝土拌合物坍落度大于 90mm 时，宜用捣棒插捣密实。插捣时，应根据容量筒的大小决定分层与插捣次数：用 5L 容量筒时，混凝土拌合物分两层装入，每层的插捣次数 25 次；用大于 5L 容量筒时，每层混凝土的高度不应大于 100mm，每层插捣次数应由边缘向中心均匀地插捣，插捣底层时捣棒应贯穿整个深度，插捣第二层时，捣棒应插透本层至下一层的表面；每一层捣完后应使用橡皮锤沿容量筒外壁敲击 5~10 次，进行振实，直至混凝土拌合物表面插捣孔消失并不见大气泡为止。

（3）自密实混凝土应一次性填满，且不应进行振动和插捣。

460. 混凝土泌水试验步骤是什么？

（1）用湿布润湿容量筒内壁后应立即称量，并记录容量筒的质量。

（2）混凝土拌合物试样应按规定要求装入容量筒，并按规定进行振实或插捣密实，振实或捣实的混凝土拌合物表面应低于容量筒筒口（30±3）mm，并用抹刀抹平。

（3）应将筒口及外表面擦净，称量并记录容量筒与试样的总质量，盖好筒盖并开始计时。

（4）在吸取混凝土拌合物表面泌水的整个过程中，应使容量筒保持水平，不受振动；除了吸水操作外，应始终盖好盖子；室温应保持在（20±2）℃。

（5）计时开始后 60min 内，应每隔 10min 吸取 1 次试样表面泌水；60min 后，每隔 30min 吸取 1 次试样表面泌水，直至不再泌水为止。每次吸水前 2min，应将一片（35±5）mm 厚的垫块垫入筒底一侧使其倾斜，吸水后应平稳地复原盖好。吸出的水应盛放于量筒中，并盖好塞子；记录每次的吸水量，并应计算累计吸水量，精确至 1mL。

461. 混凝土泌水试验如何将混凝土装料成型？

（1）混凝土拌合物坍落度不大于 90mm 时，宜用振动台振实，应将混凝土拌合物一次性装入容量筒内，振动持续到表面出浆为止，并应避免过振。

（2）混凝土拌合物坍落度大于 90mm 时，宜用人工插捣，应将混凝土拌合物分两层装入，每层的插捣次数 25 次；捣棒由边缘向中心均匀地插捣，插捣底层时捣棒应贯穿整个深度，插捣第二层时，捣棒应插透本层至下一层的表面；每一层捣完后应使用橡皮锤沿容量筒外壁敲击 5～10 次，进行振实，直至混凝土拌合物表面插捣孔消失并不见大气泡为止。

（3）自密实混凝土应一次性填满，且不应进行振动和插捣。

462. 混凝土拌合物的泌水试验结果如何表达？

（1）混凝土拌合物泌水量按下式计算：

$$B_a = \frac{V}{A}$$

式中　B_a——单位面积混凝土拌合物的泌水量，mL/mm^2，精确至 $0.01mL/mm^2$；

　　　V——累计的泌水量，mL；

　　　A——混凝土拌合物试样外露的表面面积，mm^2。

泌水量应取三个试样测值的平均值。三个测值中的最大值或最小值，有一个与中间值之差超过中间值的 15％时，应以中间值作为试验结果；最大值和最小值与中间值之差均超过中间值的 15％时，应重做试验。

（2）混凝土拌合物泌水率应按下式计算：

$$B = \frac{V_W}{(W/m_T) \times m} \times 100\%$$

$$m = m_2 - m_1$$

式中　B——泌水率，％，精确至 1％；

　　　V_W——泌水总量，mL；

　　　m——混凝土拌合物试样质量，g；

　　　m_T——试验拌制混凝土拌合物的总质量，g；

　　　W——试验拌制混凝土拌合物的拌合用水量，mL；

　　　m_2——容量筒及试样总质量，g；

　　　m_1——容量筒质量，g。

泌水率应取三个试样测值的平均值。三个测值中的最大值或最小值，有一个与中间值之差超过中间值的 15％时，应以中间值作为试验结果；最大值和最小值与中间值之差均超过中间值的 15％时，应重做试验。

463. 混凝土压力泌水试验步骤是什么？

（1）混凝土试样应按下列要求装入压力泌水仪缸体，并插捣密实，捣实的混凝土拌合物表面低于压力泌水仪缸体筒口（30±2）mm。

（2）将缸体外表擦干净，压力泌水仪安装完毕后应在 15s 以内给混凝土拌合物试样加压至 3.2MPa；并应在 2s 内打开泌水阀门，同时开始计时，并保持恒压，泌出的水接入 150mL 烧杯里，并应移至量筒中读取泌水量，精确至 1mL。

（3）加压至 10s 时读取泌水量 V_{10}，加压至 140s 时读取泌水量 V_{140}。

（4）压力泌水率按下式计算：

$$B_V = \frac{V_{10}}{V_{140}} \times 100\%$$

式中　B_V——压力泌水率，％，精确至 1％；

V_{10}——加压至 10s 时的泌水量，mL；

V_{140}——加压至 140s 时的泌水量，mL。

464. 混凝土含气量是如何测定的？

（1）用湿布擦净混凝土含气量测定仪容器内壁和盖的内表面，装入混凝土拌合物试样；

（2）混凝土拌合物按标准规定装料及密实刮去表面多余的混凝土拌合物，用抹刀刮平，表面如有凹陷应填平抹光。

（3）擦净容器口及边缘，加盖并拧紧螺栓，应保持密封不透气。

（4）关闭操作阀和排气阀，打开排气阀和加水阀，应通过加水阀向容器内注入水；当排水阀流出的水流中不出现气泡时，应在注水的状态下，关闭加水阀和排水阀。

（5）关闭排气阀，向气室内打气，应加压至大于 0.1MPa，且压力表显示值稳定；应打开排气阀调压至 0.1MPa，同时关闭排气阀。

（6）开启操作阀，使气室内的压缩空气进入容器，待压力表显示值稳定后记录压力值，然后开启排气阀，压力表显示值应回零；应根据含气量与压力值之间的关系曲线确定压力值对应的骨料的含气量，精确至 0.1%。

（7）混凝土拌合物未校正的含气量 A_0 应以两次测量结果的平均值作为试验结果；两次测量结果的含气量相差大于 0.5% 时，应重做试验。

（8）混凝土拌合物含气量 A 应扣除骨料的含气量 A_g，即 $A=A_0-A_g$。

465. 混凝土拌合物含气量测定装料及密实方法如何规定？

根据拌合物的坍落度而定，并应符合下列规定：

（1）坍落度不大于 90mm 时，混凝土拌合物宜用振动台振实；振动台振实时，应一次性将混凝土拌合物装填至高出含气量测定仪容器口；振实过程中混凝土拌合物低于容器口时，应随时添加；振动直至表面出浆为止，并应避免过振。

（2）坍落度大于 90mm 时，混凝土拌合物宜用捣棒插捣密实。插捣时，混凝土拌合物应分 3 层装入，每层捣实后高度约为 1/3 容器高度；每层装料后由边缘向中心均匀地插捣 25 次，捣棒应插透本层至下一层的表面；每一层捣完后用橡皮锤沿容器外壁敲击 5～10 次，进行振实，直至拌合物表面插捣孔消失。

（3）自密实混凝土应一次性填满，且不应施行振动和插捣。

466. 简述漏斗试验步骤及结果表达。

（1）将漏斗稳固在台架上，应使其上口呈水平，本体为垂直；漏斗内壁应润湿无明水，关闭密封盖。

（2）应用盛料容器将混凝土拌合物由漏斗的上口平稳地一次性填入漏斗至满；装料整个过程不应搅拌和振捣，应用刮刀沿漏斗上口将混凝土拌合物试样的顶面刮平。

（3）在出料口下方应放置盛料容器；漏斗装满试样静置（10±2）s，应将漏斗出料口的密封盖打开，用秒表测量自开盖至漏斗内混凝土拌合物全部流出的时间。

（4）宜在 5min 内完成两次试验，以两次试验混凝土拌合物全部流出时间的算术平均值作为漏斗试验结果，结果应精确至 0.1s。

（5）混凝土拌合物应从漏斗中连续流出；如出现堵塞状况，应重做试验；再次出现堵塞情况，应记录说明。

467. 混凝土试件抗压强度检测结果数据离散的原因有哪些？

（1）混凝土试件制作过程中不符合规范要求。

（2）混凝土强度试模尺寸不符合要求，存在试模尺寸误差偏大、未及时对试模进行自检自校。

（3）混凝土试件养护不及时或养护不当，养护条件达不到要求。

（4）试件轴心抗压时，试件未放置在承压板中心位置，加荷速率不符合要求。

468. 测定混凝土立方体试件抗压强度的压力试验机有何规定？

（1）试件破坏荷载宜大于压力机全量程的 20% 且宜小于压力机全量程的 80%。

（2）示值相对误差应为 ±1%。

（3）应具有加荷速度指示装置或加荷速度控制装置，并应能均匀、连续地加荷。

（4）试验机上、下承压板的平面度公差不应大于 0.04mm；平行度公差不应大于 0.05mm；表面硬度不应小于 55HRC；板面应光滑、平整，表面粗糙度 Ra 不应大于 0.80μm。

（5）球座应转动灵活；球座宜置于试件顶面，并凸面朝上。

（6）其他要求应符合现行国家标准《液压式万能试验机》（GB/T 3159）和《试验机 通用技术要求》（GB/T 2611—2007）的有关规定。

469. 混凝土耐久性试验试件怎样制作和养护？

（1）试件的制作和养护应符合现行国家标准《普通混凝土长期性能和耐久性能试验方法标准》（GB/T 50082）中的规定。

（2）在制作混凝土长期性能和耐久性能试验用试件时，不应采用憎水性脱模剂。

（3）在制作混凝土长期性能和耐久性能试验用试件时，宜同时制作与相应耐久性试验龄期对应的混凝土立方体抗压强度用试件。

（4）制作混凝土长期性能和耐久性能试验用试件时，所采用的振动台和搅拌机应分别符合现行行业标准《混凝土试验用振动台》（JG/T 245）的规定。

（5）混凝土取样应符合现行国家标准《普通混凝土拌合物性能试验方法标准》（GB/T 50080）中的规定。每组试件所用的拌合物应从同一盘混凝土或同一车混凝土中取样。

470. 什么是混凝土慢冻法试验？

用于测定混凝土试件在气冻水融条件下，以经受的冻融循环次数来表示的混凝土抗冻性能试验。

471. 慢冻法抗冻试验所采用的试件尺寸及组数应符合什么规定？

（1）慢冻法混凝土抗冻性能试验应采用 100mm×100mm×100mm 的立方体试件。

（2）慢冻法试验所需的试件组数应符合表 2-34 的规定，每组试件应为 3 块。

表 2-34 慢冻法试验所需的试件组数（设计抗冻标号检查强度所需）

设计抗冻标号	D25	D50	D100	D150	D200	D250	D300	D300 以上
检查强度所需冻融循环次数	25	50	50 及 100	100 及 150	150 及 200	200 及 250	250 及 300	300 及设计次数
鉴定 28d 强度所需试件组数	1	1	1	1	1	1	1	1
冻融试件组数	1	1	2	2	2	2	2	2
对比试件组数	1	1	2	2	2	2	2	2
总计试件组数	3	3	5	5	5	5	5	5

472. 慢冻法混凝土抗冻性能试验所用设备应怎样规定？

慢冻法混凝土抗冻性能试验所用设备应符合下列规定：

（1）冻融试验箱应能使试件静止不动，并应通过气冻水融进行冻融循环。在满载运转的条件下，冷冻期间冻融试验箱内空气的温度应能保持在－20℃～－18℃范围内；融化期间冻融试验箱内浸泡混凝土试件的水温应能保持在 18℃～20℃范围内；满载时冻融试验箱内各点温度极差不应超过 2℃。

（2）采用自动冻融设备时，控制系统还应具有自动控制、数据曲线实时动态显示、断电记忆和试验数据自动存储等功能。

（3）试件架应采用不锈钢或者其他耐腐蚀的材料制作，其尺寸应与冻融试验箱和所装的试件相适应。

（4）称量设备的最大量程应为 20kg，感量不应超过 5g。

（5）压力试验机应符合现行国家标准《混凝土物理力学性能试验方法标准》（GB/T 50081）的相关要求。

（6）温度传感器的温度检测范围不应小于－20℃～20℃。测量精度应为±0.5℃。

473. 简述慢冻法混凝土抗冻性能的试验步骤。

慢冻法混凝土抗冻性能试验应按下列规定进行：

（1）在标准养护室内或同条件养护的冻融试验的试件应在养护龄期为 24d 时提前将试件从养护地点取出，随后应将试件放在（20±2）℃水中浸泡，浸泡时水面应高出试件顶面 20～30mm，在水中浸泡的时间应为 4d，试件应在 28d 龄期时开始进行冻融试验。始终在水中养护的冻融试验的试件，当试件养护龄期达到 28d 时，可直接进行后续试验，对此种情况，应在试验报告中予以说明。

（2）当试件养护龄期达到 28d 时应及时取出冻融试验的试件，用湿布擦除表面水分后应对外观尺寸进行测量，试件的外观尺寸应满足标准的要求，并应分别编号、称重，然后按编号置入试件架内，且试件架与试件的接触面积不宜超过试件底面的 1/5。试件与箱体内壁之间应至少留有 20mm 的空隙。试件架中各试件之间应至少保持 30mm 的空隙。

（3）冷冻时间应在冻融箱内温度降至－18℃时开始计算。每次从装完试件到温度降至－18℃所需的时间应在 1.5～2.0h 内。冻融箱内温度在冷冻时应保持在－20℃～－18℃。

（4）每次冻融循环中试件的冷冻时间不应小于 4h。

（5）冷冻结束后，应立即加入温度为 18℃～20℃的水，使试件转入融化状态，加水时间不应超过 10min 控制系统应确保在 30min 内，水温不低于 10℃，且在 30min 后水温能保持在 18℃～20℃。冻融箱内的水面应至少高出试件表面 20mm。融化时间不应小于 4h。融化完毕视为该次冻融循环结束，可进入下一次冻融循环。

（6）每 25 次循环宜对冻融试件进行一次外观检查。当出现严重破坏时，应立即进行称重。当一组试件的平均质量损失率超过 5%，可停止其冻融循环试验。

（7）试件在达到标准规定的冻融循环次数后，试件应称重并进行外观检查，应详细记录试件表面破损、裂缝及边角缺损情况。当试件表面破损严重时，应先用高强石膏找平，然后应进行抗压强度试验。抗压强度试验应符合现行国家标准《混凝土物理力学性能试验方法标准》（GB/T 50081）的相关规定。

（8）当冻融循环因故中断且试件处于冷冻状态时，试件应继续保持冷冻状态，直至恢复冻融试验为止，并应将故障原因及暂停时间在试验结果中注明。当试件处在融化状态下因故中断时，中断时间不应超过两个冻融循环的时间。在整个试验过程中，超过两个冻融循环时间的中断故障次数不得超过两次。

（9）当部分试件由于失效破坏或者停止试验被取出时，应用空白试件填充空位。

（10）对比试件应继续保持原有的养护条件，直到完成冻融循环后，与冻融试验的试件同时进行抗压强度试验。

474. 慢冻法混凝土冻融试验怎样计算其强度损失率？

混凝土冻融试验后应按下式计算其强度损失率：

$$\Delta fc = \frac{(f_{c0} - f_{cn})}{f_{c0}} \times 100\%$$

式中　Δf_c——n 次冻融循环后混凝土强度损失率，%，精确至 0.1；

　　　f_{c0}——对比用的一组混凝土试件的抗压强度测定值，MPa，精确至 0.1MPa；

　　　f_{cn}——经 n 次冻融循环后的一组混凝土试件抗压强度测定值，MPa，精确至 0.1MPa。

475. 慢冻法混凝土试件冻融后的重量损失率怎样计算？

（1）单个试件的质量损失率应按下式计算：

$$\Delta W_{ni} = \frac{W_{0i} - W_{ni}}{W_{0i}} \times 100\%$$

式中　ΔW_{ni}——n 次冻融循环后第 i 个混凝土试件的质量损失率，%，精确至 0.01；

　　　W_{0i}——冻融循环前第 i 个混凝土试件的质量，g；

　　　W_{ni}——n 次冻融循环后第 i 个混凝土试件的质量，g。

（2）一组试件的平均质量损失率应按下式计算：

$$\Delta W_n = \frac{\sum_{i=1}^{3} \Delta W_{ni}}{3} \times 100\%$$

式中　ΔW_n——n 次冻融循环后一组混凝土试件的平均质量损失率，%，精确至 0.01。

混凝土抗冻标号应以抗压强度损失率不超过 25% 或者重量损失率不超过 5% 时的最大冻融循环次数确定。

476. 混凝土抗水渗透试验有哪两种试验方法？

混凝土抗水渗透试验方法有渗水高度法和逐级加压法两种试验方法。

477. 什么是混凝土渗水高度法试验？

通过测定硬化混凝土在恒定水压力下的平均渗水高度来表示混凝土抗水渗透性能的试验。

478. 什么是混凝土逐级加压法试验？

通过逐级施加水压力来测定以抗渗等级来表示混凝土抗水渗透性能的试验。

479. 混凝土抗渗仪能使水压按规定的制度稳定地作用在试件的施加水压力范围应为多少？

混凝土抗渗仪能使水压按规定的制度稳定地作用在试件的施加水压力范围应为 0.1～2.0MPa。

480. 抗渗试模应采用什么样的圆台体？

抗渗试模应采用上口内部直径为 175mm、下口内部直径为 185mm、高度为 150mm 的圆台体。

481. 混凝土抗渗试验宜采用什么样的密封材料？

混凝土抗渗试验密封材料宜用石蜡加松香或水泥加黄油等材料，也可采用橡胶套等其他有效密封材料。

482. 混凝土抗渗试验使用的钢尺及钟表的分度值分别是什么？

混凝土抗渗试验使用的钢尺的分度值应为 1mm，钟表的分度值应为 1min。

483. 混凝土抗水渗透试验渗水高度法的试验步骤是怎样的？

（1）应先按现行标准检验方法进行试件的制作和养护。抗水渗透试验应以 6 个试件为一组。

（2）试件拆模后，应用钢丝刷刷去两端面的水泥浆膜，并立即将试件送入标准养护室进行养护。

（3）抗水渗透试验的龄期宜为 28d。应在到达试验龄期的前一天，从养护室取出试件，并擦拭干净。待试件表面晾干后，应按下列方法进行试件密封。

① 当用石蜡密封时，应在试件侧面裹涂一层熔化的内加少量松香的石蜡。然后应用螺旋加压器将试件压入经过烘箱或电炉预热过的试模中，使试件与试模底平齐，并应在试模变冷后解除压力。试模的预热温度，应以石蜡接触试模，即缓慢熔化，但不流淌为准。

② 用水泥加黄油密封时，其质量比应为（2.5～3）∶1。应用三角刀将密封材料均匀地刮涂在试件侧面上，厚度应为 1～2mm。应套上试模并将试件压入，应使试件与试模底齐平。

③ 试件密封也可以采用其他更可靠的密封方式。

（4）试件准备好之后，启动抗渗仪，并开通 6 个试位下的阀门，使水从 6 个孔中渗出，水应充满试位坑，在关闭 6 个试位下的阀门后应将密封好的试件安装在抗渗仪上。

（5）试件安装好以后，应立即开通 6 个试位下的阀门，使水压在 24h 内恒定控制在 (1.2±0.05) MPa，且加压过程不应大于 5min，应以达到稳定压力的时间作为试验记录起始时间（精确至 1min）。在稳压过程中随时观察试件端面的渗水情况，当有某一个试件端面出现渗水时，应停止该试件的试验并应记录时间，并以试件的高度作为该试件的渗水高度。对于试件端面未出现渗水的情况，应在试验 24h 后停止试验，并及时取出试件。在试验过程中，当发现水从试件周边渗出时，应重新按本标准的规定进行密封。

（6）将从抗渗仪上取出来的试件放在压力机上，应在试件上下两端面中心处沿直径方向各放一根直径为 6mm 的钢垫条，并确保它们在同一竖直平面内。然后开动压力机，将试件沿纵断面劈裂为两半。试件劈开后，应用防水笔描出水痕。

（7）应将梯形板放在试件劈裂面上，并用钢尺沿水痕等间距量测 10 个测点的渗水高度值，读数应精确至 1mm。当读数时，若遇到某测点被骨料阻挡，可以靠近骨料两端的渗水高度算术平均值来作为该测点的渗水高度。

484. 怎样对混凝土抗水渗透试验渗水高度法的试验结果计算及处理？

（1）试件劈开后，用防水笔描出水痕，将梯形板放在试件劈裂面上，并用钢尺沿水痕等间距量测 10 个测点的渗水高度值，读数精确至 1mm。当读数时若到某测点被骨料阻挡，可以靠近骨料两端的渗水高度算术平均值来作为该测点的渗水高度；

（2）试件渗水高度以 10 个测点渗水高度的平均值作为该试件渗水高度的测定值；

（3）以一组试件的渗水高度的算术平均值作为该试件渗水高度的测定值。

485. 简述混凝土抗水渗透试验逐级加压法的试验步骤。

混凝土抗水渗透试验逐级加压法的试验步骤是：

（1）首先应按标准的规定进行试件的密封和安装。

（2）试验时，水压应从 0.1MPa 开始，以后应每隔 8h 增加 0.1MPa 水压，并应随时观察试件端面渗水情况。当 6 个试件中有 3 个试件表面出现渗水时，或加至规定压力（设计抗渗等级）在 8h 内 6 个试件中表面渗水试件少于 3 个时，可停止试验，并记下此时的水压力。在试验过程中，当发现水从试件周边渗出时，应按相关标准的规定重新进行密封。

486. 怎样对混凝土抗水渗透试验逐级加压法的试验结果计算及处理？

混凝土抗水渗透级加压法的抗渗等级应以每组 6 个试件中有 4 个试件未出现渗水时的最大水压力乘以 10 来确定。

混凝土的抗渗等级应按下式计算：

$$P = 10H - 1$$

式中　P——混凝土抗渗等级；

　　　H——6 个试件中有 3 个试件渗水时的水压力，MPa。

2.2.4　混凝土生产应用部分

487. 在大体积混凝土工程中为何要测定水泥的水化热？

水泥的各种化合物与水发生反应时都会放出大量的热。在大体积混凝土构件中，无论是放热量还是放热速度，对工程都有很大影响。由于混凝土的导热能力很低，水泥放出的热量聚集在混凝土内部长期散发不出来，使混凝土温度升高。温度升高造成水泥硬化时的体积膨胀，待冷却到周围温度时则发生收缩，因此在大体积混凝土工程中，往往形成巨大的温差和温度应力，导致混凝土产生裂缝，给工程带来不同程度的危害。因此降低混凝土内部的发热量是保证大体积混凝土质量的重要因素。为了保证质量，除要求施工部门采取降温措施外，还必须将所用水泥的水化热控制在一定范围内。因此，对水泥水化热的测定是非常重要的。

488. 粉煤灰混凝土的施工有哪些注意事项？

掺入混凝土中粉煤灰的称量允许偏差宜为±1%。粉煤灰混凝土拌合物应搅拌均匀，搅拌时间应根据搅拌机类型由现场试验确定。粉煤灰混凝土浇筑时不得漏振或过振。振捣后的粉煤灰混凝土表面不得出现明显的粉煤灰浮浆层。粉煤灰混凝土浇筑完毕后，应及时进行保湿养护，养护时间不宜少于28d。粉煤灰混凝土在低温条件下施工时应采取保温措施。当日平均气温2d到3d连续下降大于6℃时，应加强粉煤灰混凝土表面的保护。当现场施工不能满足养护条件要求时，应降低粉煤灰掺量。粉煤灰混凝土的蒸养制度应通过试验确定。粉煤灰混凝土负温施工时，应采取相应的技术措施。

489. 矿渣粉掺量对混凝土质量有什么影响？

矿渣粉的掺量应根据混凝土强度等级、气温和气候特点、工程结构情况和施工养护方式的差异，合理确定其掺量。单掺矿渣粉时，以30%～40%为宜，大体积混凝土可以超过50%；复合使用时，夏季总取代水泥量不宜超过50%，冬季总取代水泥量不宜超过40%。

490. 不同环境下的混凝土和特殊性能混凝土对砂的坚固性有什么要求？

在严寒及寒冷地区室外使用并处于潮湿或干湿交替状态下的混凝土；

对于有抗疲劳、耐磨、抗冲击要求的混凝土，有腐蚀介质作用或经常处于水位变化区的地下结构混凝土，对砂的坚固性要求是5次循环后的质量损失小于等于8%；其他条件下使用的混凝土对砂的坚固性要求是5次循环后的质量损失小于等于10%。

491. 不同等级的混凝土，对普通混凝土用碎石、卵石的针、片状颗粒含量有什么要求？

（1）强度等级≥C60的混凝土。普通混凝土用碎石、卵石中的针、片状颗粒含量（按质量计）要求应不大于8%；

（2）强度等级在C55～C30之间的混凝土。普通混凝土用碎石、卵石中的针、片状颗粒含量（按质量计）要求应不大于15%；

（3）强度等级≤C25的混凝土。普通混凝土用碎石、卵石中的针、片状颗粒含量（按质量计）要求应不大于25%。

492. 人工砂（机制砂、混合砂）的压碎值指标对混凝土性能有哪些影响？

《普通混凝土用砂、石质量及检验方法标准》（JGJ 52—2006）中规定，经试验证明，中、低强度等级混凝土的强度不受压碎指标的影响，机制砂的压碎指标对高强度等级混凝土抗冻性无显著影响，但导致耐磨性明显下降，因此将压碎指标值定为 30％。

493. 外加剂型式检验周期是如何规定的？

有下列情况之一者，应进行型式检验：

（1）新产品或老产品转厂生产的试制定型鉴定；

（2）正式生产后，如材料、工艺有较大改变，可能影响产品性能时；

（3）正常生产时，一年至少进行一次检验；

（4）产品长期停产后，恢复生产时；

（5）出厂检验结果与上次型式检验结果有较大差异时；

（6）国家质量监督机构提出进行型式检验要求时。

494. 如何加强混凝土生产任务单管理？

（1）混凝土生产任务单是预拌混凝土生产的主要依据，预拌混凝土生产前的组织准备工作和预拌混凝土的生产是依据生产任务单而进行的。

（2）生产任务单由经营部门依据预拌混凝土供销合同等向生产、试验、材料等部门发放。

（3）签发生产任务单时应填写正确、清楚，项目齐全。生产任务单内容应包括需方单位、工程名称、工程部位、混凝土品种、交货地点、供应日期和时间、供应数量和供应速度以及其他特殊要求。

（4）生产任务单的各项内容已被生产、试验等部门正确理解，并做好签收记录。

495. 生产过程中配合比调整应注意哪些事项？

（1）用水量调整。根据砂石含水量及时调整生产用水量，控制在一定范围之内。

（2）砂率调整。根据砂中的石子含量变化、混凝土的和易性及时调整。

（3）外加剂掺量调整。根据砂石质量、胶凝材料需水量、水泥温度、环境气温、运输时间、浇筑部位等，做出合理调整。

496. 怎样根据观察搅拌机电流值大小，合理调整混凝土拌合物出机坍落度？

混凝土在搅拌在过程中，坍落度小，搅拌阻力大，搅拌电流值高。反之，坍落度大，流动性好，搅拌阻力小，搅拌电流值低。每盘搅拌量相同时，不同强度等级、不同技术要求的混凝土，搅拌均匀时搅拌机电流波动区间相对稳定。

搅拌过程中根据搅拌机电流值，质检员可对混凝土拌合物坍落度作出预判，在权限范围内可对生产配合比做出调整。当电流小于该区间时，可相应减少用水量或降低外加剂用量；当电流大于该区间时，可相应增加用水量或增加外加剂用量，调整至坍落度合格并做好记录。

497. 为保证预拌混凝土拌合物质量均匀，应如何加强搅拌机的保养与维护？

（1）工作一定周期后，应清除搅拌机内壁残余混凝土。

（2）使用一定时间后，应定期检查搅拌机的搅拌叶片、衬板的磨损情况，定期更换搅拌叶片、衬板，确保搅拌机搅拌性能。

（3）搅拌叶片必须定期调整，保证与衬板最高点之间的间距为 3～5mm。

（4）搅拌过程中，搅拌机不得漏浆、漏料。

（5）冬期施工，应做好主机的供热保温工作，检查供热保温线路，及时排除故障及隐患，确保冬期施工主机系统正常运转。

498. 如何加强粉料计量设备的维护与保养？

（1）根据搅拌站的使用频率，经常清理各粉料秤出口与料管的软连接处，防止有残料堆积。外层防尘帆布应经常清洗更换，保持柔软，防止板结。

（2）经常清理各粉料秤的排气软管，防止残料在内堆积板结，影响称量精度。

（3）经常检查振动器外部的各处紧固螺钉是否松动及损坏。

（4）振动器每工作半年到一年，应进行一次例行检修。

499. 如何加强液体计量设备的维护与保养？

（1）水的计量。

日常应注意观察粗计量、微计量的动作是否正常，微计量的量是否适当，如使用回收水应注意检查水管是否堵塞。

（2）外加剂的计量。

① 应经常检查微计量动作是否正常，一段时间不用或使用频率较少时，管道是否堵塞。

② 定时检查液体外加剂计量罐放料口蝶阀开关的运行及磨损（腐蚀）状况。

③ 计量超过时（间），外加剂超出最大计量或对超过计量的材料状况无法确认时，必须采取相应的技术措施。

500. 为保证混凝土运输质量，如何加强预拌混凝土运输管理？

（1）搅拌运输车应符合现行国家标准《混凝土搅拌运输车》（GB/T 26408）的规定。翻斗车应仅限用于运送坍落度小于80mm的混凝土拌合物。

（2）搅拌运输车在装料前应将搅拌罐内积水排尽，装料后严禁向搅拌罐内的混凝土拌合物中加水。

（3）运输车驾驶员依据《混凝土发货单》送货，驾驶员应明确所送混凝土工程地点、强度等级、运送地点、现场情况、运输路线、浇筑方式等。

（4）混凝土的运送应及时、连续、快捷。车队要合理的选择运输路线，并协调好各方面的关系，避免因运输或等待时间过长导致混凝土质量下降。

（5）搅拌运输车在运输及等待卸料过程中，应保持罐体正常转速，不得停转。保证混凝土拌合物均匀，不产生分层、离析。混凝土卸料前应快速旋转罐体。

（6）当卸料前需要在混凝土拌合物中掺入外加剂时，应在外加剂掺入后采取快档旋转搅拌罐进行搅拌；外加剂掺量和搅拌时间应有经试验确定的方案。

（7）预拌混凝土从搅拌机卸入搅拌运输车至卸料时的运输时间不宜大于90min。当最高气温低于25℃时，运送时间可延长0.5h。如需延长运送时间，则应采取相应的有效技术措施，并通过试验验证；当采用翻斗车时，运输时间不应大于45min。

（8）搅拌车到达施工现场，驾驶员应记录混凝土到达时间、浇筑时间、浇筑完毕时间，并将发货单交施工方签字认可。遇到浇筑时间超长，应做好记录，并向质检部门汇报。

（9）公司调度要随时了解现场施工进度情况，合理安排发货速度和数量，既要保证混凝土的及时连续供应，又要避免现场压车。

（10）对于寒冷、严寒或炎热的天气情况，搅拌运输车的搅拌罐应有保温或隔热措施。

（11）搅拌运输车在运送过程中应采取措施，避免遗撒。

501. 为保证混凝土运输质量，如何加强搅拌运输车的保养和维护？

（1）在日常保养和维护方面，混凝土搅拌运输车除应按常规对汽车发动机、底盘等部位进行维护外，还应采取车况日检制度，做好搅拌运输车技术状况日检记录。

（2）装料后冲洗进料口、卸料溜槽，保持进料口、卸料溜槽无残留混凝土。

（3）搅拌运输车卸料结束，冲洗卸料溜槽，转动罐体并向混凝土搅拌罐内加 30～40L 清洗用水。

（4）搅拌运输车装料前应放干净混凝土搅拌罐内的泥浆水。

（5）每天交接班时应彻底清洗混凝土搅拌罐，进、出料口及卸料溜槽，保证不粘有水泥、混凝土结块。

（6）应定期检查罐体内搅拌叶片的磨损情况，及时更换磨损严重的搅拌叶片。

502. 混凝土搅拌运输车向混凝土泵卸料时，应注意哪些影响质量的问题？

（1）混凝土泵送施工前应检查混凝土发货单，检查坍落度，必要时还应测定混凝土扩展度，在确认无误后方可进行混凝土泵送。

（2）为了使混凝土拌和均匀，卸料前应高速旋转拌筒。

（3）应配合泵送过程均匀反向旋转拌筒向骨料斗内卸料；骨料斗内的混凝土应满足最小骨料量的要求。

（4）搅拌运输车中断卸料阶段，应保持拌筒低速转动。

（5）泵送混凝土卸料作业应由具备相应能力的专职人员操作。

503. 高强混凝土运输过程质量控制有什么要求？

（1）运输高强混凝土搅拌车应符合现行国家标准《混凝土搅拌运输车》（GB/T 26408）的规定；翻斗车应仅限用于现场运送坍落度小于 90mm 的混凝土拌合物。

（2）搅拌运输车装料前，搅拌罐内应无积水或积浆。

（3）高强混凝土从搅拌机装入搅拌运输车至卸料时的时间不宜大于 90min，采用翻斗时，运输时间不宜大于 45min；运输应保证浇筑连续性。

（4）搅拌运输车到达浇筑现场时，应使搅拌罐高速旋转 20～30s 后再将混凝土拌合物卸出。

（5）当混凝土拌合物因稠度原因出罐困难而掺加减水剂时，应符合以下规定：应采用同品种减水剂；减水剂掺量应有经试验确定的预案；减水剂掺入混凝土拌合物后，应使搅拌罐高速旋转不少于 90s。

504. 混凝土拌合物的出机温度和入模温度有什么要求？

（1）高温季节施工时，混凝土拌合物的入模温度不应高于 35℃；宜选择晚上浇筑混凝土，现场温度高于 35℃ 时，宜对金属模板进行浇水降温，但不得留有积水，并宜采取遮挡措施避免阳光照射。

（2）冬期施工时，混凝土拌合物出机温度不宜低于 10℃，入模温度不应低于 5℃，并应有保温措施。

505. 如何评价混凝土的匀质性？

混凝土匀质性可采用砂浆密度法和混凝土稠度法评价，同一盘混凝土搅拌匀质性应符合下列规定：

（1）混凝土中砂浆密度两次测值的相对误差不应大于 0.8%；

（2）混凝土稠度两次测值的差值不应大于表 2-35 规定的混凝土拌合物稠度允许偏差的绝对值。

表 2-35　混凝土拌合物稠度允许偏差

拌合物性能		允许偏差		
坍落度（mm）	设计值	≤40	50～90	≥100
	允许偏差	±10	±20	±30
维勃稠度（mm）	设计值	≥11	10～6	≤5
	允许偏差	±3	±2	±1
扩展度（mm）	设计值	≥350		
	允许偏差	±30		

506. 交货检验的取样和试验工作有何规定？

交货检验的取样和试验工作应由需方承担，当需方不具备试验和人员的技术资质时，供需双方可协商确定并委托具有相应资质的检测机构承担，并应在合同中予以明确。

507. 如何加强预拌混凝土交货检验？

（1）预拌混凝土到达交货地点，需方应及时组织工程监理或建设相关单位、供方等相关人员按国家相关标准、合同约定的要求取样，检测混凝土坍落度等拌合物性能，制作、养护混凝土试件，完成预拌混凝土交货检验，并填写预拌混凝土交货检验记录表。

（2）交货检验需方现场试验人员应具备相应资格。

（3）交货检验应在工程监理或建设单位见证下，在交货地点取样。交货检验试样应随机从同一运输车卸料量的 1/4 至 3/4 之间抽取。

（4）混凝土交货检验取样及坍落度试验应在混凝土运到交货地点时开始算起 20min 内完成，试件制作应在混凝土运到交货地点时开始算起 40min 内完成。

（5）每个试样量应满足混凝土质量检验项目所需用量的 1.5 倍，且不宜少于 0.02m³。

（6）施工现场应具备混凝土标准试件制作条件，并应设置标准养护室或养护箱。

（7）标准试件带模及脱模后的养护应符合国家现行标准的规定。

（8）交货检验记录表由需方、供方、监理（建设）单位、第三方检测机构负责人在预拌混凝土交货检验记录表上签字确认。

508. 供需双方判断混凝土质量是否符合要求的依据是什么？

（1）强度、坍落度及含气量应以交货检验结果为依据；氯离子总含量以供方提供的资料为依据。

（2）其他检验项目应按合同规定执行。

（3）交货检验的试验结果应在试验结束后 10d 内通知供方。

509. 预拌混凝土供货量如何确定？

（1）预拌混凝土供货量应以体积计，计量单位为 m^3。

（2）预拌混凝土体积应由运输车实际装载的混凝土拌合物质量除以混凝土拌合物的表观密度求得（一辆运输车实际装载量可由用于该车混凝土全部原材料的质量之和求得，或可由运输车卸料前后的重量差求得）。

（3）预拌混凝土供货量应以运输车的发货总量计算。如需要以工程实际量（不扣除混凝土结构中的钢筋所占体积）进行复核时，其误差应不超过 ±2%。

510. 混凝土合格证应包括哪些内容？

（1）供方应按分部工程向需方提供同一配合比混凝土的出厂合格证。

（2）出厂合格证应至少包括以下内容：出厂合格证编号、合同编号、工程名称、需方、供方、供货日期、浇筑部位、混凝土标记、标记内容以外的技术要求、供货量、原材料品种、规格、级别及检验报告编号、混凝土配合比编号、混凝土质量评定等。

511. 预拌混凝土现场二次掺加外加剂有何要求？

（1）现场二次掺加外加剂，掺加的外加剂应只掺加原混凝土配合比外加剂中的减水组分外加剂，以避免引起混凝土含气量、凝结时间尤其是凝结时间等异常问题发生。

（2）外加剂二次掺加应有技术依据，不能随意掺加。

512. 冬期施工如何选择使用防冻剂？

（1）在日最低气温为 −5℃～0℃，混凝土采用塑料薄膜和保温材料覆盖养护时，可采用早强剂（含早强组分的外加剂或含有早强减水组分的外加剂）。

（2）防冻剂的品种、掺量应以混凝土浇筑后 5d 内的预计日最低气温选用。

（3）在日最低气温为 −20℃～−15℃、−15℃～−10℃、−10℃～−5℃，采用（1）条保温措施时，宜分别采用规定温度为 −15℃、−10℃、−5℃的防冻剂。

（4）防冻剂的规定温度为按《混凝土防冻剂》（JC 475—2004）规定的试验条件成型的试件，在恒负温条件下养护的温度。施工使用的最低气温可比规定温度低 5℃。

（5）防冻剂应由减水组分、早强组分、引气组分和防冻组分复合而成，以发挥更好的效果，单一组分防冻剂效果并不好。

（6）注意使用的防冻剂不得对钢筋产生锈蚀作用，不得对使用环境产生破坏，如氨气释放量等，不得对混凝土后期强度产生明显影响。

513. 为防止混凝土泵送过程中堵管，应采取哪些措施？

（1）确保输送管内洁净、无异物。合理铺设输送管，少用弯管和软管。混凝土输送管固定应可靠稳定。应严格按要求安装接口密封圈，管道接头处不得漏浆。

（2）混凝土泵骨料斗应设置网筛，避免过大的石子和异物进入料斗。

（3）混凝土应有良好的和易性，入泵坍落度不宜小于 100mm。

（4）混凝土泵启动后，应先泵送适量清水以润滑混凝土泵的料斗、活塞及输送管的内壁等直接与混凝土接触部位。经泵送清水检查，确认混凝土泵和输送管中无异物后，泵送满足标准要求的水泥净浆或水泥砂浆，润滑混凝土泵和输送管内壁。

（5）混凝土泵送应连续进行，避免泵送间歇时间过长。泵送过程中严禁随意加水。

（6）在混凝土泵送过程中，如需加接输送管，应预先对新接管道内壁进行湿润。

（7）泵送暂时中断供料时，应采取间歇泵送方式，放慢泵送速度。

（8）混凝土泵出现泵送困难时，不得强行泵送，应立即查明原因，采取措施排除故障。

（9）夏期施工时，对暴晒管道应采取覆盖、淋水降温等措施，防止混凝土坍落度损失过大；冬期施工时应用保温材料包裹混凝土输送管进行有效保温，防止管内混凝土受冻。

514. 泵送混凝土经泵送后坍落度损失大的原因是什么？

（1）砂、石骨料吸水率高、含泥高，经泵压后，吸附大量游离水和外加剂。

（2）掺合料质量差，需水量高，尤其是粉煤灰烧失量高，含大量未完全燃烧的碳，或存在有使用劣质粉煤灰的情况。

（3）混凝土含气量大，且含有大量不稳定气泡，经泵压后破裂。

（4）泵管布置不合理，泵送距离长，泵管弯头多，接口不严、漏浆，导致出泵坍落度小。

515. 导致混凝土泵送困难的原因有哪些？

（1）泵送时泵车操作工操作不当容易造成堵管，如泵送速度选择不当、余料量控制不适当、停机时间过长、管道未清洗干净。

（2）管道布置不合理，管道接法错误，以及管道固定不稳等很容易导致堵管。

（3）润泵砂浆堵管，泵管中润泵砂浆遇水时，造成离析而引起的堵管；润泵砂浆量太少或砂浆配合比不合格导致堵管。砂浆用量太少，导致部分输送管道没有得到润滑，从而导致堵管。

（4）局部漏浆造成堵管，漏浆一方面会影响混凝土的质量，另一方面将导致混凝土的坍落度减小和泵送压力的损失，导致泵送不畅。

（5）气温导致堵管，夏季气温较高，管道在强烈阳光照射下温度高，若施工缓慢，泵管内混凝土易脱水，从而导致堵管。冬季低温环境中，泵管内混凝土降温很快，若施工缓慢，混凝土受冻后失去塑性，造成堵管。

516. 什么是混凝土塑性收缩裂缝？

在混凝土浇筑数小时后，混凝土表面开始沉降，同时混凝土发生泌水以及表面水分蒸发，混凝土的体积比未发生沉降和泌水前的体积有所减少。受风吹日晒影响，当混凝土内部水分迁移速度小于上表面水分蒸发的速度，混凝土表面的收缩应力远大于混凝土的抗拉强度，就会产生大量不规则微细裂缝。

517. 什么是混凝土塑性沉降裂缝？

混凝土塑性沉降受到模板、钢筋及预埋件的阻碍抑制（或者模板沉陷、移动时）导致出现的裂缝。主要是混凝土坍落度大、沉陷过高所致。

518. 导致混凝土塑性裂缝的原材料、配合比影响因素有哪些？

（1）混凝土原材料：

① 水泥细度越细，含碱量越高，C_3A 含量高，其收缩越大；

② 粗细骨料的影响，尤其是细骨料细度越细，混凝土需水量越大，导致混凝土收缩也越大。粗细骨料中含泥量增大，也会增大混凝土收缩。

（2）混凝土配合比：

① 水胶比，水胶比是直接影响混凝土收缩的重要因素，水胶比增大，混凝土收缩也随之增大，裂缝必然产生。

② 砂率，混凝土中粗骨料是抵抗收缩的主要材料。在水胶比和水泥用量相同的情况下，混凝土收缩率随砂率的增大而增大。因此，在满足泵送前提下，应尽可能降低砂率。

③ 水泥用量，应控制水泥用量，合理掺加矿物掺合料，以减小混凝土的收缩。

④ 外加剂掺量，外加剂超量使用时，会造成混凝土假凝或离析，从而导致裂纹产生。

⑤ 混凝土缓凝时间超长。

519. 防止混凝土塑性裂缝的措施有哪些？

（1）优化选材，选用 C_3A、碱含量低的水泥；采用中、粗砂，级配良好的粗骨料，控制骨料的含泥量。

（2）优化配合比，合理掺加粉煤灰、矿渣粉等，可适当减小混凝土早期收缩；在满足泵送前提下，尽可能降低砂率和水胶比；尽可能降低单方水泥用量，控制混凝土坍落度。

（3）在混凝土中掺入合成纤维。

（4）混凝土浇筑前充分润湿底板、模板以防止快速吸收混凝土中水分。

（5）大风季节施工，应支设临时挡风棚，减少混凝土表面失水速率。

（6）高温季节施工，尽量安排夜间施工，避免阳光直射，防止混凝土表面失水过快。

（7）混凝土浇筑后应立即进行振捣，并应避免漏振或过振。

（8）对板类构件，应至少对混凝土进行两次搓压，必要时还可增加搓压次数。最后一次搓压应在泌浆结束、初凝前完成，并采取随搓压随覆盖塑料薄膜的养护方式。

520. 施工现场混凝土拌合物的取样原则是什么？

（1）混凝土拌合物稠度检测时，对同一配合比的混凝土，取样应符合下述规定：

① 每拌制 100 盘且不超过 100m³ 时，取样不得少于一次；

② 每工作班拌制不足 100 盘时，取样不得少于一次；

③ 连续浇筑超过 1000m³ 时，每 200m³ 取样不得少于一次；

④ 每一楼层取样不得少于一次。

（2）混凝土有耐久性指标要求时，同一配合比的混凝土，取样不应少于一次。

（3）混凝土有抗冻要求时，应在施工现场进行混凝土含气量检测，同一配合比的混凝土，取样不应少于一次。

521. 在浇筑地点，用于检验混凝土强度的试件的留置原则是什么？

（1）对同一配合比的混凝土，取样应符合下述规定：

① 每拌制 100 盘且不超过 100m³ 时，取样不得少于一次；

② 每工作班拌制不足 100 盘时，取样不得少于一次；

③ 连续浇筑超过 1000m³ 时，每 200m³ 取样不得少于一次；

④ 每一楼层取样不得少于一次。

（2）每次取样应至少留置一组试件。

2.3　二级/技师

2.3.1　原材料知识

522. 水泥中的碱含量指标要求是什么？

水泥中的碱含量属于选择性指标，按照 $Na_2O + 0.658K_2O$ 计算值表示。若使用活性骨料，用户要求提供低碱水泥时，水泥中的碱含量应不大于 0.60% 或由买卖双方协商确定。

523. 水泥是不是细度越大越好？

水泥细度属于选择性指标，水泥细度太细，需水量增大，早期强度较高，但后期强度增长少，甚至会出现强度倒缩现象。用于配制混凝土时，对外加剂的吸附量增大，会导致水泥与外加剂的相容性变差，混凝土坍落度损失增大，混凝土收缩也随之增大，混凝土开裂机率加大，混凝土抗冻性能降低，对混凝土的工作性能、力学性能、耐久性均会产生不利影响。

524. 水泥出厂检验报告应包含哪些内容？

检验报告内容应包括出厂检验项目、细度、混合材料品种和掺加量、石膏和助磨剂的品种及掺加量、属旋窑或立窑生产及合同约定的其他技术要求。当用户需要时，生产者应在水泥发出之日起 7d 内寄发除 28d 强度以外的各项检验结果，32d 内补报 28d 强度的检验结果。

525. 通用硅酸盐水泥包装有什么要求？

水泥可以散装或袋装，袋装水泥每袋净含量为 50kg，且应不少于标志质量的 99%；随机抽取 20 袋总质量（含包装袋）应不少于 1000kg。其他包装形式由买卖双方协商确定，但有关袋装质量要求，应符合上述规定。水泥包装袋应符合《水泥包装袋》（GB/T 9774—2020）的规定。

526. 通用硅酸盐水泥的出厂水泥标志有何规定？

水泥包装袋上应清楚标明：执行标准、水泥品种、代号、强度等级、生产者名称、生产许可证标志（QS）及编号、出厂编号、包装日期、净含量。硅酸盐水泥和普通硅酸盐水泥包装袋两侧应采用红色印刷或喷涂水泥名称和强度等级。矿渣硅酸盐水泥、火山灰质硅酸盐水泥、粉煤灰硅酸盐水泥和复合硅酸盐水泥包装两侧应采用黑色或蓝色印刷或喷涂水泥名称和强度等级。

散装发运水泥时应提交与袋装标志相同内容的卡片。

527. 影响水泥强度的主要因素是什么？

影响水泥强度的因素很多，大体上可分为以下几个方面：水泥的性质、水灰比及试体成型方法、养护条件、操作和时间等。

水泥的性质主要由熟料的矿物组成和结构、混合材料的质量和数量、石膏掺量、粉磨细度等决定，所以不同品种和不同生产方式所生产的水泥，其性能是不同的。水泥只有加水拌和后才能产生胶凝性，加水量多少（即水灰比）对水泥强度值的高低有直接影响，加水量多，强度降低。同时试体的成型方法包括灰砂比、搅拌、捣实等也会直接影响水泥强度。水泥胶结材料有一个水化凝结硬化的过程，在此过程中，周围的温度、湿度条件影响很大。在一定范围内，温度越高，水泥强度增长越快；温度越低，增长越慢。潮湿的环境对水泥凝结硬化有利，干燥的环境对水泥凝结硬化不利，特别是对早期强度影响更大。由于影响水泥强度的因素有很多，故在检验水泥强度时必须规定特定、严格的条件，才能使检验结果具有可比性。

528. 硅酸盐水泥的硬化机理是什么？

关于硅酸盐水泥的凝结硬化过程，历来是有争论的，A. A. 巴依科夫根据电子显微镜的研究结果，提出了水泥硬化阶段的学说，其要点是：

（1）溶解期。从水泥遇水后，颗粒表面开始水化，可溶性物质溶于水中至溶液达到饱和。在此阶段中由于溶解的吸热效应抵消了水化的放热效应，水泥浆体没有显著的发热现象。

（2）胶化期。固相生成物从饱和溶液中析出，因为饱和程度过高，所以沉淀为胶体颗粒，或者直接由固相反应生成胶体析出。随着水化物质的增多，游离水的减少和水化物质的凝聚，水泥浆逐渐失去了塑性，产生了凝结现象。此阶段有显著的发热现象。

（3）结晶期。生成的胶体并不稳定，能重新溶解再结晶，使水泥硬化体的机械强度不断提高，由于结晶过程进行缓慢，故无发热现象。

上述三个阶段，实际上并无严格的界限次序，而是互相交错进行的。水泥的凝结硬化机理，有不少科学家进行探讨，也提出了各种不同的理论，以上仅依 A. A. 巴依科夫的理论对水泥的凝结硬化过程进行了解释。

529. 为何水泥放置一段时间后凝结时间会产生变化？

影响水泥凝结时间的因素，可分为水泥本身因素和环境条件两方面。水泥本身主要是细度和矿物组成等对凝结时间影响较大；环境条件则主要是温度、湿度以及空气流通程度等对凝结时间影响较大。

通常情况下，水泥粉磨细度越细，水泥就越容易水化。当环境温度较高且潮湿时，若保存不当，则更容易出问题。存放时吸水，会导致水泥缓凝；吸收二氧化碳，则会导致水泥速凝。

水泥是活性物质，放置一段时间，如保存不好就会风化变质而丧失一部分活性。在放置期间，水泥细粉极易与空气中的水蒸气和二氧化碳发生化学反应，这种反应虽然较慢，但由于持续不断地进行，也会导致从量变到质变。所以，长期存放的水泥，即使不直接与液态水接触，也会发生结块、结粒和活性降低等现象。水泥间接受潮的程度与水泥的存放时间、存放条件以及水泥品种有关。相同水泥在不同环境下存放、不同水泥在相同环境下存放（不同水泥在不同环境下存放无可比性），存放时间越长，水泥活性的损失程度越严重。

一般估计，在空气流通的环境下，普通水泥存放 3 个月活性降低约 20%，存放半年降低约 30%，存放一年降低约 40%。而在环境比较干燥，空气不流通的存放条件下，水泥受潮，活性降低程度则远远低于上述数值。

水泥受潮化学反应一般在水泥颗粒表面薄薄的一层上进行，未水化的大部分水泥矿物被水化产物包围（或叫覆盖），使水化速度降低，导致凝结时间延长。季节不同，水泥存放后对凝结时间的影响也不同，夏季和冬季两种环境条件下存放的水泥，其凝结时间与存放前大不一样。因此，只有控制好试验条件，才能得出正确的测定结果。

530. 粉煤灰的运输与存储有哪些要求？

不同灰源、等级的粉煤灰不得混杂运输和存储，不得将粉煤灰与其他材料混杂，粉煤灰在运输与存储时不得受潮和混入杂物，同时应防止污染环境。

531. 粉煤灰混凝土遵循哪些配合比设计原则？

（1）粉煤灰混凝土的配合比应根据混凝土的强度等级、强度保证率、耐久性、拌合物的工作性等要求，采用工程实际使用的原材料进行设计。

（2）粉煤灰混凝土的设计龄期应根据建筑物类型和实际承载时间确定，并宜采用较长的设计龄期。地上、地面工程宜为 28d 或 60d，地下工程宜为 60d 或 90d，大坝混凝土宜为 90d 或 180d。

（3）实验室进行粉煤灰混凝土配合比设计时应采用搅拌机拌和。实验室确定的配合比应通过搅拌楼试拌检验后使用。

（4）粉煤灰混凝土的配合比设计可按体积法或重量法计算。

（5）粉煤灰掺量：应该根据试验确定，粉煤灰最大掺量宜符合表 2-36 的规定。

表 2-36　粉煤灰最大掺量（%）

混凝土种类	硅酸盐水泥		普通硅酸盐水泥	
	水胶比≤0.4	水胶比>0.4	水胶比≤0.4	水胶比>0.4
预应力混凝土	30	40	25	15
钢筋混凝土	40	35	35	30
素混凝土	55		45	
碾压混凝土	70		65	

注：1. 对浇筑量比较大的基础钢筋混凝土，粉煤灰最大掺量可增加 5%～10%；
　　2. 当粉煤灰掺量超过本表规定时，应进行试验验证。

（6）对早期强度要求较高或环境温度、湿度较低条件下施工的粉煤灰混凝土宜适当降低粉煤灰掺量。

（7）特殊情况下，工程混凝土不得不采用具有碱硅酸反应活性骨料时，粉煤灰的掺量应通过碱活性抑制试验确定。

532. 矿渣粉有哪些化学性能？

矿渣粉具有潜在的化学活性，其产生强度的机理和在混凝土中的作用与粉煤灰相似，不过它的活性比粉煤灰更大，其细度也更细，因此对混凝土的强度贡献更大。但由于它是粉磨而成的，其颗粒片状较多，保水性较差，易产生泌水。

矿渣粉的抗硫酸盐侵蚀能力较好，可用于受海水侵蚀的工程，由于其活性高，在混凝土中的掺量较大，可以更好地降低水化热，所以多用于大体积混凝土，但其干缩较大，应注意早期的湿养护。

533. 矿渣粉比表面积对混凝土性能有什么影响？

矿渣粉的比表面积降低，会给混凝土带来一些问题，如黏聚性降低，出现不同程度的离析、泌水现象；凝结时间延长；活性降低，造成早期强度降低，甚至影响28d强度。在矿渣粉使用过程中应重视比表面积的检测，并严格复检矿渣粉活性。

534. 矿渣粉的密度要求是什么？有哪些措施提高矿渣粉的活性指数？

《用于水泥、砂浆和混凝土中的粒化高炉矿渣粉》（GB/T 18046—2017）中规定：用于水泥和混凝土的磨细矿渣粉的密度不得小于 $2.8g/cm^3$。

提高矿渣粉活性的方法较多，除注意选择矿渣的品质外，主要依靠粉磨工艺、粉磨设备和粉磨技术提高矿渣粉活性，要做到矿渣粉比表面积较大，颗粒形貌比较好，颗粒级配分布范围较大；另外，还可以通过化学激发方法提高矿渣粉活性。

535. 建设用砂中云母、轻物质、有机物、硫化物及硫酸盐等有害物质的含量有什么要求？

云母的含量（按质量计，%），Ⅰ类应不大于1.0，Ⅱ类、Ⅲ类应不大于2.0；

轻物质的含量（按质量计，%），应不大于1.0；

硫化物及硫酸盐的含量（折算成 SO_3 按质量计，%），应不大于0.5；

氯化物的含量（以氯离子质量计，%），Ⅰ类应不大于0.01，Ⅱ类应不大于0.02，Ⅲ类应不大于0.06；

净化处理的海砂中贝壳含量（质量分数，%），Ⅰ类应不大于3.0，Ⅱ类应不大于5.0，Ⅲ类应不大于8.0；

有机物的含量（用比色法试验），颜色应不深于标准色。当颜色深于标准颜色时，应按水泥胶砂强度试验方法进行强度对比试验，抗压强度比不应低于95%。当砂中含有颗粒的硫酸盐或硫化物杂质时，应进行专门检验，确认能满足混凝土的耐久性要求后，方可采用。

536. 长期在潮湿环境的重要混凝土结构用砂对碱活性有什么要求？

对于长期在潮湿环境的重要混凝土结构用砂，应采用砂浆棒（快速法）或砂浆长度法进行骨料的碱活性检验，经上述检验判定为潜在危害时，应控制混凝土中的碱含量不超过 $3kg/m^3$，或采用能抑制碱-骨料反应的有效措施。

537. 不同的混凝土对砂中的氯离子含量是如何规定的？

（1）对于钢筋混凝土用砂，其氯离子的含量不得大于 0.06%（以干砂的质量百分率计）；

（2）对于预应力混凝土用砂，其氯离子的含量不得大于 0.02%（以干砂的质量百分率计）。

538. 混凝土使用淡化海砂中贝壳含量是如何规定的？

（1）大于等于 C40 的混凝土用砂，贝壳的含量应不大于 3%（按质量计）；

（2）C35～C30 的混凝土用砂，贝壳的含量应不大于 5%（按质量计）；

（3）C25 及以下的混凝土用砂，贝壳的含量应不大于 8%（按质量计）；

（4）对于有抗冻、抗渗或其他特殊要求的小于或等于 C25 混凝土用砂，贝壳的含量不应大于 5%（按质量计）。

539. 碎石的强度用什么指标来表示？

碎石的强度可以用岩石的抗压强度、碎石和卵石的压碎值指标进行评定。

540. 目前较普遍使用的减水剂品种主要有哪些？掺量和减水率为多少？

（1）木质素磺酸盐系减水剂，减水率为 6%～8%，一般掺量 0.15%；

（2）腐植酸减水剂，减水率为 6%～8%，一般掺量 0.2%～0.35%；

（3）萘系减水剂，减水率为 10%～20%，掺量 0.5%～2.0%；

（4）氨基磺酸盐系减水剂，减水率为 15%～30%，掺量 0.5%～2.0%；

（5）脂肪族系高效减水剂，减水率为 10%～20%，掺量 1.0%～3.0%；

（6）聚羧酸高性能减水剂，减水率 $\geq25\%$，掺量 0.5%～2.0%。

541. 基准水泥有哪些要求？

熟料中铝酸三钙（C_3A）含量 6%～8%；

熟料中硅酸三钙（C_3S）含量 55%～60%；

熟料中游离氧化钙（f-CaO）含量不得超过 1.2%；

水泥中碱（$Na_2O+0.658K_2O$）含量不得超过 1.0%；

水泥比表面积（350 ± 10）m^2/kg。

542. 缓凝剂的作用机理是什么？

（1）吸附理论

缓凝剂在未水化水泥颗粒吸附或在已水化相上吸附形成缓凝剂膜层，阻止水的浸入，从而延缓了 C_3S 和 C_3A 的水化。

（2）络盐理论

与液相中 Ca^{2+} 形成络合物膜层，延缓水泥水化。随液相中碱度的提高，络合物膜层破坏，水化继续。

（3）沉淀理论

无机缓凝剂在水泥颗粒表面与水泥中组分生成不溶性缓凝剂盐层，阻碍水化反应进行。

（4）成核生成抑制理论

缓凝剂吸附在 $Ca(OH)_2$ 晶核上，抑制其继续生长，达到缓凝效果。

543. 糖类缓凝剂有哪些产品特性？

（1）低掺量即具有强缓凝效果。

（2）与减水剂复合使用，具有增加流动度降低黏度作用；但在高强度等级中使用可能会增加黏度。

（3）显著降低水泥水化发热速率，延迟放热峰的出现。

（4）降低混凝土坍落度损失。

（5）早期强度有下降，后期强度有提高。

（6）在低温时缓凝明显，需要根据气温及时调整掺量。

（7）高掺量蔗糖可引起促凝，这是因为糖加速了水泥中铝酸盐的水化，并抑制了石膏的作用。（极少发生）

（8）还原糖和多元醇会大大降低硬石膏、氟石膏、半水石膏在水中的溶解度，导致水泥假凝，要注意不同水泥的适应性。

544. 氯盐早强剂的作用机理是什么？

$CaCl_2$ 与水泥中的 C_3A 作用，生成不溶性水化氯铝酸钙，并与 C_3S 水化析出的氢氧化钙作用，生成氧氯化钙，有利于水泥石结构形成，同时降低液相中的碱度，加速 C_3S 水化反应，提高早期强度。

$$CaCl_2 + C_3A + 10H_2O \longrightarrow C_3A \cdot CaCl_2 \cdot 10H_2O$$
$$CaCl_2 + 3Ca(OH)_2 + 12H_2O \longrightarrow C_3A \cdot 3Ca(OH)_2 \cdot 12H_2O$$

545. 硫酸盐早强剂的作用机理是什么？

能与 C_3A 迅速反应生成水化硫铝酸钙，形成早期骨架，由于上述反应，溶液中氢氧化钙浓度降低，加速 C_3S 水化反应，提高早期强度。

$$Na_2SO_4 + Ca(OH)_2 + 2H_2O \longrightarrow CaSO_4 \cdot 2H_2O + 2NaOH$$

546. 硫酸盐早强剂使用的注意事项有哪些？

（1）硫酸钠随温度降低，溶解度下降，容易结晶沉淀。

（2）容易导致碱-骨料反应。

（3）硫酸钙与水泥矿物反应膨胀，容易导致混凝土开裂，强度下降。

（4）用于蒸养混凝土掺量一般不超过 1%，否则会生成大量钙矾石导致膨胀破坏。

547. 引气剂作用机理是什么？

（1）界面活性作用：吸附在颗粒表面，降低界面能。

（2）起泡作用：在混凝土中引入大量微小、封闭的气孔。

（3）气泡的稳定性：引入混凝土中的气泡能保持形态，含气量相对稳定。

548. 引气剂主要有哪些种类？

（1）松香类引气剂：松香酸钠。

（2）烷基苯磺酸盐类引气剂：K12。

（3）脂肪醇磺酸盐类：脂肪醇聚乙烯醚。

（4）皂角苷类引气剂：三萜皂甙。

（5）烯基磺酸盐：AOS（α-烯基磺酸钠）。

549. 引气剂对混凝土的影响有哪些？

（1）改善混凝土的和易性。

（2）降低混凝土的泌水和沉降。

（3）提高混凝土的抗渗性。

（4）提高混凝土的抗化学物质侵蚀性。

（5）显著提高混凝土的抗冻融性能。

（6）大大延长混凝土的使用寿命。

（7）可使混凝土强度略有降低，但因其有一定的减水作用，基本可弥补强度降低。

550. 缓凝剂有哪些特点？

（1）掺量合适，24 小时后的强度不会受影响；

（2）掺量过多，混凝土的正常水化速度和强度受影响；

（3）超掺，会使水泥水化完全停止；

（4）不同种类的缓凝剂，对混凝土的泌水、离析影响不同。

551. 缓凝剂主要有哪些种类？

缓凝剂主要有以下几类：

（1）糖类及其碳水化合物，如糖蜜、白糖、糊精；

（2）木质素磺酸盐类，如木钙、木钠；

（3）羟基羧酸及其盐类，如柠檬酸、酒石酸、葡萄糖酸钠；

（4）无机盐类，如锌盐、磷酸盐、硼酸盐等；

（5）多元醇及醚类物质，如丙三醇、聚乙烯醇等。

552. 高效减水剂在我国有哪些种类？

高效减水剂不同于普通减水剂，具有较高的减水率，较低引气量，是我国使用量较大、使用面较广的外加剂品种。目前，我国使用的高效减水剂品种较多，主要有下列几种：

（1）萘系减水剂；

（2）氨基磺酸盐系减水剂；

（3）脂肪族（醛酮缩合物）减水剂；

（4）密胺系及改性密胺系减水剂；

（5）蒽系减水剂。

缓凝型高效减水剂是以上述各种高效减水剂为主要组分，再复合各种适量的缓凝组分或其他功能性组分而成的外加剂。

553. 普通减水剂有哪些主要成分？

普通减水剂的主要成分为木质素磺酸盐，通常由亚硫酸盐法生产纸浆的副产品制得。常用的有木钙、木钠和木镁。其具有一定的缓凝、减水和引气作用。以其为原料，加入不同类型的调凝剂，可制得不同类型的减水剂，如早强型、标准型和缓凝型的减水剂。

554. 影响水泥和外加剂适应性的主要因素有哪些?

（1）水泥：矿物组成、细度、游离氧化钙含量、石膏加入量及形态、水泥熟料碱含量、碱的硫酸饱和度、混合材种类及掺量、水泥助磨剂等。

（2）外加剂的种类和掺量。如萘系减水剂的分子结构，包括磺化度、平均分子量、分子量分布、聚合性能、平衡离子的种类等。

（3）混凝土配合比，尤其是水胶比、矿物外加剂的品种和掺量。

（4）混凝土搅拌时的加料程序、搅拌时的温度、搅拌机的类型等。

水泥与外加剂的适应性是一个十分复杂的问题，至少受到下列因素的影响。遇到水泥和外加剂不适应的问题，必须通过试验，对不适应因素逐个排除，找出其原因。

555. 水泥-聚羧酸高效减水剂相容性与哪些因素有关?

（1）C_3A/C_4AF 和 C_3S/C_2S 比值上升，相容性下降；

（2）C_3A 每升高 1%，水泥标准稠度用水量上升 1%，混凝土用水量上升 $6\sim7kg/m^3$；

（3）C_3A 含量大于 8% 后，即使提高外加剂用量，混凝土坍落度损失仍然会很大；

（4）MgO 含量高，相容性下降；

（5）水泥中碱含量对混凝土工作性能影响很大，碱含量宜为 0.5%～0.8%，过大或过小相容性都会下降；

（6）水泥中采用的粉煤灰混合材含碳量增加，聚羧酸减水剂配制的混凝土经时损失明显上升；

（7）水泥采用硬石膏作调凝剂时，聚羧酸减水剂配制的混凝土经时损失明显上升；

（8）水泥比表面积越大，聚羧酸配制的混凝土经时损失明显上升，混凝土泌水的趋势上升；

（9）新鲜水泥（粉磨后 12d 以内）带正电性强，对外加剂吸附性强，会导致外加剂减水率下降，坍落度损失加大。水泥温度高达 50℃ 以上时使用聚羧酸外加剂，混凝土会出现速凝现象。

556. 聚羧酸外加剂为什么会发臭? 如何解决?

聚羧酸减水剂母液本身的保质期为 6～12 个月，但通过复配后的泵送剂，由于添加了一些辅助材料（葡萄糖酸钠等糖类或醇类），保质期会缩短，在夏季高温条件下，一般两个星期左右就会出现发臭现象。

在复配时加入少许防腐剂（如甲醛、丙酮、苯甲酸钠）可以延长保质期，对已发臭的聚羧酸泵送剂，加入亚硝酸钠可以使变黑的聚羧酸减水剂颜色变浅。

557. 怎样配制复合型防冻泵送剂?

复合型液体防冻剂主要由防冻、早强、引气和减水组分构成。

（1）防冻组分。主要采用醇类（乙二醇、甲醇、乙醇胺等），既能降低水的冰点，又能使该物质的冰晶格构造严重变形，因而无法形成冻胀应力去破坏水化产物结构，使混凝土强度不受损，因而属于冰晶干扰型防冻剂。此类掺量一般为胶凝材料质量的 $0.08\% \sim 0.1\%$。

（2）早强组分。为使混凝土尽快达到抗冻临界强度，需加入能提高混凝土早期强度的外加剂，目前采用较多的是 0.05% 三乙醇胺＋0.5% 氯化钠复合早强剂。

（3）引气组分。优质引气剂能够在混凝土中引入无数微小且富有弹性的气泡，改善混凝土的孔结构，降低毛细管中水的冰点。同时，当混凝土中的水结冰时，毛细管中的水分可迁移到气泡中去，从而减少了毛细管中水分冻胀力，降低水结冰体积膨胀对混凝土的破坏力。引气剂质量越好，引入混凝土中气泡越小，气泡稳定性越好，气泡间距越小，混凝土抗冻性越好。

（4）减水组分。水是混凝土产生冻害的根源，冬期施工要高度重视，尽量降低混凝土水胶比，因而减水剂用量要较常温下有所增加。

558. 再生水如何定义？

再生水，也称作"中水"，是指对污水处理厂出水、工业排水、生活污水等非传统水源进行回收，经适当处理后达到一定水质标准，并在一定范围内重复利用的水资源。

559. 再生水作为混凝土拌和用水有哪些规定？

再生水的放射性应符合现行国家标准《生活饮用水卫生标准》（GB 5749）的规定；放射性要求按饮用水标准从严控制，超标者不能使用。

560. 洗刷水作为混凝土拌和用水有哪些注意事项？

混凝土企业设备洗刷水不宜用于预应力混凝土、装饰混凝土、加气混凝土和暴露于腐蚀环境的混凝土；不得用于使用碱活性或潜在碱活性骨料的混凝土。

2.3.2　混凝土知识

561. 水泥石结构是什么？

水泥与水反应形成的水泥石是一个极其复杂的非均质多相体，是一种多孔的固、液、气三相共存体。水泥石固相包括水化硅酸钙（CSH 凝胶）、氢氧化钙（CH）、水化硫铝酸钙、水化铝酸钙和未水化熟料颗粒。水泥石孔（气相）分为凝胶孔、毛细孔、气孔三类。水泥石水（液相）分为毛细管水、吸附水、层间水和化学结合水。

562. 什么是水泥石与骨料的过渡区？

从微观细度上看，水泥石与骨料的界面并不是一个"面"，而是一个有不定厚度的"区"（或者"层""带"）。这个特殊的区的结构、性质与水泥石本体有较大的区别，在厚度方向从骨料表面向水泥石逐渐过渡，因此被称为"过渡区"。

563. 水泥石与骨料的过渡区有什么特点？

过渡区有以下特点：水灰比高、孔隙率大、$Ca(OH)_2$ 和钙矾石含量多，水化硅酸钙的钙/硅大，$Ca(OH)_2$ 和钙矾石结晶颗粒大，$Ca(OH)_2$ 取向生长。

过渡区是混凝土结构疏松和最薄弱环节，它是混凝土中固有原始缺陷，也是混凝土破坏的开始点。

564. 水泥石-骨料界面过渡区是怎样形成的?

水泥石-骨料界面过渡区是由颗粒不均匀沉降引起的。当混凝土搅拌均匀成型后,由于重力作用,水泥颗粒向下运动,水向上运动。当水遇到骨料时,它的运动将受到阻碍,并在骨料下面富集下来,形成水囊,水泥熟料水化时产生的 Ca^{2+} 等一些离子,随着水的运动而带到骨料下面,由于较多的水在骨料下富集并形成水囊,导致水泥浆与骨料的黏结较弱,使得这一区域水泥浆的实际水灰比大于本体中的水灰比,造成这一区域水泥石的结构比较疏松。随着水化的不断进行以及干燥作用,大量的 $Ca(OH)_2$ 晶体在这一区域结晶出来,由于 $Ca(OH)_2$ 晶体与硅质骨料表面的亲合性,这种晶体 z 轴垂直骨料的表面而趋向外生。经过这些过程,在水泥石与骨料之间形成了一个 $Ca(OH)_2$ 晶体定向排列的结构疏松的界面过渡区。

565. 为什么说水泥石骨料的界面过渡区是混凝土中最薄弱环节?

水泥石-骨料的界面过渡区是混凝土中最薄弱的环节,原因如下:

(1)界面过渡区结构疏松,在混凝土受力过程中,破坏首先发生在界面过渡区;

(2)由于界面过渡区不同于普通水泥石,无论什么原因引起变形,裂缝首先从界面过渡区开始,延伸贯通直到破坏;

(3)界面及其附近常成为渗水路径,降低混凝土材料的抗渗性;

(4)界面孔缝首先引进侵蚀因素而降低混凝土的耐久性;

(5)耐久性试验,在界面处首先破坏,造成骨料脱落现象。

因此,水泥石-骨料界面过渡区的性能决定了混凝土的性能,应该引起高度重视。

566. 混凝土中的孔是怎样形成的?

在混凝土中有两种形式的孔存在,一种是连通孔,一种是封闭孔。

连通孔是拌和水留下的空间。在混凝土拌和时,为了保证混凝土具有一定的工作性,需要加入一定量的水,混凝土凝结而形成初始结构时,这些水仍留在混凝土中,并占据一定的空间。随着水化的进行及以后的干燥过程,这些水分失去,原来被水占据的空间则成为孔隙。

封闭孔通常是气泡占据的空间。这些气泡或者是由于在搅拌过程中混入空气而形成的,或者是由一些外加剂而产生的。这些在搅拌、成型过程中没有排出的气泡,当混凝土硬化后便形成了封闭孔。

567. 哪些因素影响水泥石的孔结构?

影响水泥石孔结构的因素有很多,归纳一下主要有以下几个方面:

(1)水胶比

连通孔主要是由拌和水的消耗而留下的空间,水胶比高表明拌和水的相对数量较多,这些水失去后也将留下较多的孔隙。因此,水胶比越高,水泥石孔隙率也将越高。

(2)水化程度

在水泥的水化过程中,固相体积将增加 1.13 倍,当水泥初始结构形成后,这些增加的反应产物将填充在孔隙中，使水泥的孔隙减少。水化程度越高，水泥石的孔隙率越低。

（3）水泥的保水性能

在混凝土生产搅拌过程中，拌和水均匀地分布在浆体中，如果水泥有较好的保水性能，不使这些水聚集，将在水泥石中留下分布较均匀分布的孔隙。若水泥的保水性能较差，这些水将可能聚集成较大的水珠，在水泥石中形成较多的大孔。

（4）成型条件

在混凝土搅拌过程中，不可避免地将混入一些空气，形成空气泡，成型时如不能将这些气泡赶出，将在水泥石中形成孔隙，这种孔一般较大，对混凝土的性能有较大的影响。

（5）养护制度

在不同的养护制度下，所形成的水化产物的形态是不一样的。采用高温养护，所形成的水化产物一般结晶良好，颗粒较粗大。在相同水化程度下，尽管孔隙率没有明显变化，但大孔相对增多。这一作用主要影响凝胶粒子间孔，即 3.2～200nm 范围内的孔。

（6）掺入减水剂

混凝土中掺入减水剂可以减少混凝土用水量，降低水灰比，不仅可以降低水泥石的孔隙率，也可以使水泥石的孔分布得到改善。

（7）掺入掺合料

在混凝土中掺入掺合料对水泥石的孔结构有较大的影响，这种影响取决于掺合料的品种、品质、掺量、掺入方式、养护制度等多种因素。

568. 混凝土中碱含量计算是如何取值的？

混凝土中碱含量计算是测定的混凝土各原材料碱含量之和，而实测的粉煤灰和粒化高炉矿渣粉等矿物掺合料碱含量并不是参与碱-骨料反应的有效碱含量，对于矿物掺合料中有效碱含量，粉煤灰碱含量取实测值的 1/6，粒化高炉矿渣粉取实测值的 1/2。

569. 什么是温度裂缝？

水泥水化产生水化热，内部温度不断上升，而混凝土表面散热较快，使内外截面产生温度梯度。特别是昼夜温差大时，内外温度差别更大。内部混凝土热胀变形产生压力，外部混凝土冷缩变形，产生拉应力，由于混凝土此时抗拉强度较低，当混凝土内部拉应力超过混凝土抗拉强度时，混凝土便产生裂缝，称为温度裂缝。

570. 防止混凝土出现温度裂缝的措施有哪些？

（1）选用低热水泥，选择适宜的水泥品种，掺加适量的矿物掺合料，降低水泥用量，减少混凝土水化热。

（2）采取措施降低混凝土入模温度，炎热天气浇筑混凝土时，骨料可采用遮阳、洒水等降温方式，混凝土采用加冰屑拌和等，降低原材料和混凝土温度，混凝土入模温度宜控制在 30℃以下。

（3）掺加缓凝型减水剂，延长混凝土凝结时间，减缓早期混凝土升温速率。

（4）采取有效的保温措施，减小内外温差和降温速率，混凝土浇筑体的里表温差不宜大于 25℃，混凝土浇筑体表面与大气温差不宜大于 20℃，混凝土浇筑体的降温速率不宜大于 2.0℃/d。

（5）对于较大体积的混凝土或者超长结构混凝土的设计强度，应考虑将原来 28d 须达到的指标，改为 56d 甚至更长，这样有助于在不增加总胶凝材料用量的情况下，大量使用掺合料。

（6）大体积混凝土施工应制定大体积混凝土施工技术方案，控制混凝土入模温度、浇筑时间，严格做好混凝土保温、降温、测温等工作措施。

571. 什么是混凝土干缩裂缝？

混凝土硬化后，内部的游离水会由表及里逐渐蒸发，导致混凝土由表及里逐渐产生干燥收缩。在约束条件下，收缩变形导致的收缩应力大于混凝土的抗拉强度时，混凝土就会出现由表及里的干燥收缩裂缝。

混凝土的干燥收缩是从施工阶段撤除养护时开始的，早期的收缩裂缝比较细微，往往不被人们所注意。随着时间的推移，混凝土的蒸发量和干燥收缩量逐渐增大，裂缝也逐渐明显起来。

干缩裂缝一般发生在一个月以上，甚至几个月、一年，裂缝发生在表层很浅的位置，裂缝细微，呈平行线状或网状。

572. 什么是混凝土的耐久性？

混凝土的耐久性是指混凝土在实际使用条件下，抵抗各种破坏因素的作用，长期保持强度、抗变形和外观完整的能力。

混凝土长期处在某种环境中，往往会造成不同程度的损害，环境条件恶劣时，甚至可以完全破坏。造成混凝土损害破坏的原因有外部环境条件引起的，也有混凝土内部的缺陷及组成材料的特性引起的。前者如气候条件的作用、磨蚀、天然或工业液体或气体的侵蚀等，后者如碱-骨料反应、混凝土的渗透性等。在这些条件下，混凝土能否长期保持性能稳定，关系到混凝土构筑物能否长期安全运行。因此，混凝土的耐久性是决定混凝土构筑物使用寿命的重要指标。

573. 混凝土的耐久性主要包括哪些方面？

渗透性、抗冻性、抗侵蚀性、抗裂、碳化、钢筋锈蚀、碱-骨料反应。

574. 什么是混凝土的抗冻性？

混凝土的抗冻性是指混凝土抵抗冻融循环的能力，是评价严寒地区混凝土及钢筋混凝土结构耐久性的重要指标之一。

575. 混凝土原材料对混凝土抗冻性的影响因素有哪些？

（1）水泥品种

混凝土的抗冻性随水泥活性增加而提高，普通硅酸盐水泥混凝土的抗冻性优于混合水泥混凝土的抗冻性，这是混合水泥需水量大所致。

（2）骨料质量

混凝土骨料对其抗冻性影响主要体现在对骨料吸水量及骨料本身抗冻性的影响，应注意选用优质骨料。

（3）外加剂

减水剂、引气剂及引气减水剂等外加剂均能提高混凝土的抗冻性。

（4）掺合料的影响

（5）粉煤灰对混凝土抗冻性的影响，则主要取决于粉煤灰本身的质量。掺入适当的粉煤灰，只要保证混凝土等强、等含气量就不会对其抗冻性有不利影响。

（6）水灰比

水灰比直接影响混凝土的孔隙率及孔结构，随着水灰比的增大，不仅饱和水的开孔总体积增加，而且平均孔径也增大，因而混凝土的抗冻性必然降低。

576. 提高混凝土抗冻性的主要措施有哪些？

提高混凝土的抗冻性可采取以下一些措施：

（1）严格控制水灰比：

水灰比越大，混凝土的孔隙率越高，较大孔数量也越多，可冻孔较多，混凝土抗冻性较差。所以，对于有抗冻性要求的混凝土，应严格控制混凝土的水灰比，一般不应超过 0.55。

（2）掺入引气剂：

掺入引气剂是提高混凝土抗冻性最常用的方法。在混凝土中引入均匀分布的气泡，对改善其抗冻性能有显著的作用，但必须要有合适的含气量和气泡的尺寸。对于抗冻混凝土，必须掺入引气剂，使混凝土有一定的含气量。

（3）掺入适量的优质掺合料：

掺入适量的优质掺合料，如硅灰、Ⅰ级粉煤灰等，可以改善孔结构，使孔细化，导致冰点降低，可冻孔数量减少。此外，掺入适量的优质掺合料，有利于气泡分散，使其更均匀地分布在混凝土中，因而有利于提高混凝土的抗冻性。

（4）水泥应采用硅酸盐水泥或普通硅酸盐水泥。

（5）粗骨料选续级配，其含泥量不得大于 1.0%，泥块含量不得大于 0.5%。

（6）细骨料含泥量不得大于 3.0%，泥块含量不得大于 1.0%。

（7）粗、细骨料均应进行坚固性试验，并应符合现行行业标准《普通混凝土用砂、石质量及检验方法标准》（JGJ 52）的规定。

（8）在钢筋混凝土和预应力混土中不得掺用含有氯盐的防冻剂；在预应力混凝土中不得掺用含有亚硝酸盐或碳酸盐的防冻剂。

（9）水泥最小用量、掺合料最大掺加量应满足标准规定。

577. 混凝土含气量对混凝土抗冻性的影响因素是什么？

含气量是影响混凝土抗冻性的主要因素，特别是加入引气剂形成的微细气孔对提高混凝土抗冻性尤为重要。

混凝土的抗冻性与混凝土的气泡结构有着密切的关系，在混凝土中，气泡是一种封闭的孔，这种孔中一般不含有水，因此，不会结冰。但是，当水结冰时所产生的压力使得未冻结水将可能向气泡中迁移，以减小结冰区的压力，因此，混凝土中的气泡可以缓解结冰区的压力，提高混凝土的抗冻性。

除了必要的含气量外，要提高混凝土的抗冻性，还必须保证气孔在砂浆中分布均匀。气泡平均间距越小，它离结冰区的平均距离也将越短。短距离渗透所需的渗透压较小，因而可以使得结冰区对混凝土的破坏作用较小。

578. 为什么引气剂所产生的孔对混凝土抗冻性有利？

（1）引气剂在混凝土中所产生的孔与其他孔的本质区别在于引气剂所产生的孔是封闭孔，孔内不含有水，通常称之为气泡。而其他孔是连通孔，允许水自由进入，在潮湿环境下，它含有较多的水。引气剂所形成的孔不是可冻孔，因而在冻融环境下，不会造成混凝土的破坏。

（2）引气剂所产生的孔还可能释放冰冻作用所产生的压力。由于水转化成冰体积膨胀 9%，因而会产生一个内压力。如果在冰冻区周围存在引气剂所产生的孔，则可以减小这种内压力、减轻它对混凝土的破坏。

因此，引气剂所产生的孔对混凝土的抗冻性的影响与其他孔不同，利于混凝土的抗冻性。

579. 混凝土饱水状态、受冻龄期对混凝土抗冻性影响因素是什么？

（1）混凝土饱水状态

混凝土的冻害与其孔隙的饱水程度紧密相关，毛细孔的自由水是导致混凝土遭受冻害的主要内在因素。一般认为含水量小于孔隙总体积的 91.7% 就不会产生冻结膨胀压力，该数值被称为极限饱水度。

（2）混凝土受冻龄期

混凝土的抗冻性随其龄期的增长而提高。因为龄期越长水泥水化越充分、混凝土强度越高，抵抗膨胀的能力越强，这一点对早期冻害的混凝土更为重要。

580. 防冻混凝土与抗冻混凝土有何区别？

防冻混凝土与抗冻混凝土的概念是完全不同的。

防冻混凝土是指在冬期施工过程中，混凝土要承受负温环境，而在环境温度升至正温后强度基本不受损失的混凝土，我国北方地区冬期施工过程中都要采用防冻混凝土。

抗冻混凝土是指在混凝土结构的工作环境中要承受反复冻融循环而不被破坏的混凝土，我国寒冷地区的长期处于水中的混凝土构件（如室外蓄水池）应采用抗冻混凝土。

581. 如何提高混凝土抗渗性？

混凝土渗水的原因，是由于混凝土内部存在渗水通道，这些通道除产生于施工振捣不密实及裂缝外，主要来源于水泥浆中多余水分蒸发而留下的毛细孔、水泥浆泌水所形成的孔道及骨料下部界面聚集的水隙。

（1）水泥品种一定时，水胶比是影响抗渗性的主要因素，降低水胶比可以提高混凝土抗渗性。

（2）掺加引气剂等外加剂时，由于改变了混凝土中的孔隙构造，截断了渗水通道，可显著提供混凝土的抗渗性。

（3）采用普通水泥、火山灰质水泥或掺入粉煤灰等掺合料时，混凝土抗渗性较好。

当采用矿渣硅酸盐水泥时，抗渗性较差。

（4）骨料级配、施工质量及养护条件、养护龄期等，也对混凝土抗渗性有一定影响。

582. 混凝土抗硫酸盐等级如何划分？

混凝土抗硫酸盐等级分为 KS30、KS60、KS90、KS120、KS150 和＞KS150，总计六个等级。

583. 混凝土抗氯离子渗透性能（84d）的等级如何划分（RCM 法）？

混凝土抗氯离子渗透性能（84d）的等级划分（RCM 法）应符合表 2-37 的规定。

表 2-37　混凝土抗氯离子渗透性能（84d）的等级划分（RCM 法）

等级	RCM-Ⅰ	RCM-Ⅱ	RCM-Ⅲ	RCM-Ⅳ	RCM-Ⅴ
氯离子迁移系数 D_{RCM}（RCM 法）/（$\times 10^{-12} m^2/s$）	≥4.5	≥3.5，＜4.5	≥2.5，＜3.5	≥1.5，＜2.5	＜1.5

584. 混凝土抗氯离子渗透性能的等级如何划分（电通量法）？

混凝土抗氯离子渗透性能的等级划分（电通量法）应符合表 2-38 的规定。

表 2-38　混凝土抗氯离子渗透性能的等级划分（电通量法）

等级	Q-Ⅰ	Q-Ⅱ	Q-Ⅲ	Q-Ⅳ	Q-Ⅴ
电通量 Q_s/C	≥4000	≥2000，＜4000	≥1000，＜2000	≥500，＜1000	＜500

注：混凝土试验龄期宜为 28d。当混凝土中水泥混合材与矿物掺合料之和超过胶凝材料用量的 50% 时，测试龄期可为 56d。

585. 混凝土拌合物中水溶性氯离子最大含量实测值如何规定？

混凝土拌合物水溶性氯离子最大含量实测值应符合表 2-39 的规定。

表 2-39　混凝土拌合物水溶性氯离子最大含量　（单位：胶凝材料用量的质量百分比，%）

环境条件	水溶性氯离子最大含量		
	钢筋混凝土	预应力混凝土	素混凝土
干燥环境	0.3		
潮湿但不含氯离子的环境	0.2	0.06	1.0
潮湿而含有氯离子的环境、盐渍土环境	0.1		
除冰盐等侵蚀性物质的腐蚀环境	0.06		

586. 混凝土抗碳化性能的等级如何划分？

混凝土抗碳化性能的等级划分应符合表 2-40 的规定。

表 2-40　混凝土抗碳化性能的等级划分

等级	T-Ⅰ	T-Ⅱ	T-Ⅲ	T-Ⅳ	T-Ⅴ
碳化深度 d（mm）	≥30	≥20，＜30	≥10，＜20	≥0.1，＜10	＜0.1

587. 混凝土碳化对混凝土有什么危害？

碳化会引起混凝土收缩，使混凝土表面产生微细裂缝。

碳化使混凝土中 $Ca(OH)_2$ 浓度下降，混凝土碱度降低，当碳化深度超过钢筋保护层时，钝化膜遭到破坏，混凝土失去对钢筋的保护作用，钢筋开始生锈，最终导致钢筋混凝土结构的破坏。

588. 如何提高混凝土抗碳化能力？

（1）使用硅酸盐水泥或普通水泥。

（2）合理掺加粉煤灰等矿物掺合料。

（3）掺用减水剂及引气剂。

（4）使用级配良好、质量优的砂石骨料。

（5）采用较小的水灰比及较多的水泥用量。

（6）严格控制混凝土施工质量，使混凝土均匀密实，加强混凝土的早期养护，均可提高混凝土抗碳化能力。

589. 混凝土环境类别分为哪几类？

结构所处环境按其对钢筋和混凝土材料的腐蚀机理可分为 5 类，见表 2-41。

表 2-41　混凝土环境类别分类

环境类别	名称	腐蚀机理
Ⅰ	一般环境	保护层混凝土碳化引起钢筋锈蚀
Ⅱ	冻融环境	反复冻融引起混凝土损伤
Ⅲ	海洋氯化物环境	氯盐引起钢筋锈蚀
Ⅳ	除冰盐等其他氯化物环境	氯盐引起钢筋锈蚀
Ⅴ	化学腐蚀环境	硫酸盐等化学物质对混凝土的腐蚀

590. 掺用引气剂的混凝土最小含气量应符合如何规定？

掺用引气剂的混凝土最小含气量应符合以下规定：长期处于潮湿或水位变动的寒冷环境以及盐冻环境的混凝土应掺用引气剂，引气剂掺量应根据混凝土含气量要求经试验确定，混凝土最小含气量应符合表 2-42 规定，最大不宜超过 7.0%。

表 2-42　混凝土最小含气量

粗骨料最大公称粒径 (mm)	混凝土最小含气量（%）	
	潮湿或水位变动的寒冷和严寒环境	盐冻环境
40.0	4.5	5.0
25.0	5.0	5.5
20.0	5.5	6.0

注：含气量为气体占混凝土体积的百分比。

591. 混凝土配合比设计的基本原则是什么？

（1）满足工程施工对混凝土和易性的要求，满足施工工艺、施工季节及施工环境等的要求。

（2）配合比设计应满足设计要求，即满足混凝土工程设计图纸要求的力学性能（设计混凝土强度等级）、耐久性能以及环境作用等级要求。

（3）满足相关现行国家标准规范的要求。

（4）配合比设计应尽可能降低混凝土的成本，实现经济合理。

（5）配合比应尽量与当前混凝土生产工艺和控制手段相适应，易于生产控制。

592. 混凝土配合比设计前应明确哪些资料和信息？

（1）明确工程混凝土结构的图纸设计要求，包括：工程类别（如民用建筑、市政桥梁、水利、道路工程等）、各个施工部位的设计强度等级、耐久性能要求、设计使用年限、环境作用等级要求（包括相对应的水胶比限值、可溶性氯离子含量和碱含量限值、含气量和抗冻融性能要求等）以及其他特殊要求（包括是否需要掺加特定的材料，例如抗裂纤维、膨胀剂等）。

（2）明确混凝土结构形式和体量（是否属于大体积、超长结构、预应力结构等），钢筋配置和间距（以此确定最大的骨料粒径），建筑高度（确定泵送高度及相应的混凝土拌合物性能，特别是针对超高程泵送的技术要求，应重点加以了解）等。

（3）明确不同部位混凝土施工工艺方法、施工所使用机械化施工的程度，混凝土运送至工地的大概时间以及施工速度。

例如是否采用泵送施工、自密实钢管混凝土顶升施工、清水混凝土施工等，从而确定与之相应的混凝土拌合物性能要求，包括交货时的混凝土坍落度及扩展度要求、混凝土坍落度及扩展度的经时变化要求、混凝土凝结时间要求，以此选用与之相适应的外加剂、掺合料等材料。

（4）明确原材料资源情况，以及原材料的性能等，原材料的性能是决定混凝土配合比参数的重要因素。

（5）明确工程位置，了解交通状况、施工时的温度、湿度状况等，这些情况可以帮助分析在混凝土配合比设计中遇到的各种矛盾。

（6）考虑企业的生产工艺条件、设备类型、人员素质、现场管理水平和质量控制水平。

（7）了解施工队伍的技术、管理和操作水平等情况。必要时了解施工单位混凝土的养护方法，如自然养护、蒸汽养护等。

（8）了解施工单位在混凝土质量验收评定中采用的是统计方法还是非统计方法，以便合理确定所设计的混凝土的标准差和试配强度。

593. 如何确保混凝土配合比设计采用的技术参数符合标准及技术要求？

（1）混凝土企业技术部门应与施工单位进行充分沟通，了解该工程混凝土结构的图纸设计要求，特别是要明确各技术指标和参数的限值要求。

（2）熟悉和了解涉及混凝土配合比设计的相关现行国家标准技术内容，水泥用量、最大水胶比、最大或最小胶材用量、用水量、最大氯离子含量、最大碱含量、矿物掺合料最大掺量、混凝土最小含气量、设计强度龄期等，配合比设计技术指标和参数应符合相关标准要求。

594. 混凝土配合比设计试配使用的原材料的含水率有什么要求？

混凝土配合比设计应采用工程实际使用的原材料，配合比设计所采用的细骨料含水率应小于0.5%，粗骨料含水率应小于0.2%。

595. 混凝土设计的三个关键参数是什么？

（1）水胶比、砂率、单位用水量三个关键参数与混凝土的各项性能密切相关。

（2）水胶比对混凝土强度和耐久性起决定性作用；砂率对新拌混凝土的黏聚性和保水性有很大影响；用水量是影响新拌混凝土流动性的最主要因素。

596. 混凝土配合比设计的步骤是什么？

（1）初步配合比的确定。计算混凝土配制强度，并计算同所要求的水胶比值，选取每立方混凝土的用水量，并由此计算出每立方米混凝土的胶凝材料用量；选取合理的砂率值，计算出粗、细骨料的用量、提出供试配用的计算配合比。

（2）混凝土试拌及抗压强度试验。对计算配合比进行混凝土试拌，根据拌合物性能进行调整修正，提出基准配合比并进行混凝土试拌，试拌时应采用三个不同的配合比，其中一个为修正后的试拌配合比，另外两个配合比的水胶比宜较试拌配合比分别增加和减少0.05，用水量应与试拌配合比相同，砂率可分别增加和减少1%。进行混凝土试验时，拌合物性能应符合设计和施工要求。进行混凝土强度试验时，每个配合比应至少制作一组试件，并应标准养护至28天或设计规定龄期时试压。

（3）配合比的调整。根据混凝土抗压强度试验结果，绘制强度和胶水比的线性关系图或插值法确定略大于配制强度对应的胶水比；在试拌配合比的基础上，用水量和外加剂用量根据确定的胶水比作调整；胶凝材料用量应以用水量乘以确定的胶水比计算得出；粗料、细骨料用量应根据胶凝材料用量调整。

（4）配合比的确定。混凝土拌合物表观密度实测值与计算值之差不超计算值的2%时，调整的配合比可维持不变；当二者之差超过2%时，应将配合比中每项材料用量均乘以校正系数加以校正；配合比调整后，测定拌合物水溶性氯离子含量，并确保符合要求；对耐久性设计有要求的应进行相关耐久性试验验证。

有下列情况之一时，应重新进行配合比设计。对混凝土性能有特殊要求时；水泥、外加剂或矿物掺合料等原材料品种、质量有显著变化时。

597. 混凝土配合比设计的配制强度如何确定？

混凝土配制强度应按下列规定确定：

（1）当混凝土的设计强度等级小于C60时，配制强度按下式确定：

$$f_{cu,0} \geqslant f_{cu,k} + 1.645\sigma$$

（2）当设计强度等级不小于C60时，配制强度按下式确定：

$$f_{cu,0} \geqslant 1.15 f_{cu,k}$$

式中　　$f_{cu,0}$——混凝土配制强度（MPa）；

　　　　$f_{cu,k}$——混凝土立方体抗压强度标准值，此处取混凝土的设计强度等级值（MPa）；

σ——混凝土强度标准差（MPa）。

598. 配合比设计中，混凝土强度标准差是如何确定的？

（1）当具有近1个月～3个月的同一品种、同一强度等级混凝土的强度资料，且试件组数不小于30时，其混凝土强度标准差 σ 应按下式计算：

$$\sigma_0 = \sqrt{\frac{\sum_{i=1}^{n} f_{cu,i}^2 - n\, m_{f_{cu}}^2}{n-1}}$$

式中 σ_0——混凝土强度标准差，精确到0.1MPa；

$f_{cu,i}$——第 i 组的试件强度，精确到0.1MPa；

$m_{f_{cu}}$——统计周期内 n 组混凝土立方体试件的抗压强度的平均值，精确到0.1MPa；

n——试件组数。

对于强度等级不大于C30的混凝土，当混凝土强度标准差计算值不小于3.0MPa时，应按上式中的计算结果取值；当混凝土强度标准差计算值小于3.0MPa时，应取3.0MPa。

对于强度等级大于C30且小于C60的混凝土，当混凝土强度标准差计算值不小于4.0MPa时，应按上式中的计算结果取值；当混凝土强度标准差计算值小于4.0MPa时，应取4.0MPa。

（2）当没有近期的同一品种、同一强度等级混凝土强度资料时，其强度标准差 σ 按表2-43取值。

表2-43 标准差 σ 值（MPa）

混凝土强度标准值	≤C20	C25～C45	C50～C55
σ	4.0	5.0	6.0

599. 普通混凝土配合比设计中，水胶比公式是什么？回归系数是如何确定的？

（1）当混凝土强度等级小于C60时，混凝土水胶比应按下式计算：

$$W/B = \frac{\alpha_a f_b}{f_{cu,0} + \alpha_a \alpha_b f_b}$$

式中 W/B——混凝土水胶比；

α_a、α_b——回归系数；

f_b——胶凝材料28d胶砂抗压强度（MPa），可实测，也可按规程中规定取值。

（2）回归系数（α_a、α_b）根据工程所使用的原材料，通过试验建立的水胶比与混凝土强度关系式来确定；当不具备试验统计资料时，可按表2-44选用。

表2-44 回归系数（α_a、α_b）取值表

系数	粗骨料品种	
	碎石	卵石
α_a	0.53	0.49
α_b	0.02	0.13

600. 混凝土配合比设计中，胶凝材料 28d 胶砂抗压强度值如何确定？

（1）胶凝材料 28d 胶砂抗压强度（MPa），可实测。当无实测值时，可按下式计算：

$$f_b = \gamma_f \cdot \gamma_s \cdot f_{ce}$$

式中　γ_f、γ_s——粉煤灰影响系数和粒化高炉矿渣粉影响系数；

　　　f_{ce}——水泥 28d 胶砂抗压强度（MPa），可实测，也可按照实际要求确定。

（2）粉煤灰影响系数和粒化高炉矿渣粉影响系数按表 2-45 选用。

表 2-45　粉煤灰影响系数（γ_f）和粒化高炉矿渣粉影响系数（γ_s）

掺量（%）	种类	
	粉煤灰影响系数 γ_f	粒化高炉矿渣粉影响系数 γ_s
0	1.00	1.00
10	0.85～0.95	1.00
20	0.75～0.85	0.95～1.00
30	0.65～0.75	0.90～1.00
40	0.55～0.65	0.80～0.90
50	—	0.70～0.85

注：1. 采用Ⅰ级、Ⅱ级粉煤灰宜取上限值。
　　2. 采用 S75 级粒化高炉矿渣粉应取下限值；采用 S95 级粒化高炉矿渣粉宜取上限值；采用 S105 级粒化高炉矿渣粉可取上限值加 0.05。
　　3. 当超出表中的掺量时，粉煤灰和粒化高炉矿渣粉影响系数应经试验确定。

（3）当水泥 28d 胶砂抗压强度（f_{ce}）无实测值时，可按下式计算：

$$f_{ce} = \gamma_c f_{ce,g}$$

式中　γ_c——水泥强度富余系数，可按实际统计资料确定；缺乏统计资料时，按表 2-46 选用。

　　　$f_{ce,g}$——水泥强度等级值（MPa）。

表 2-46　水泥强度等级值的富余系数（γ_c）

水泥强度等级值	32.5	42.5	52.5
富余系数	1.12	1.16	1.10

601. 泵送混凝土配合比设计有哪些注意事项？

（1）泵送混凝土所采用的原材料应符合以下规定：

① 水泥宜选用硅酸盐水泥、普通硅酸盐水泥、矿渣硅酸盐水泥和粉煤灰硅酸盐水泥。

② 粗骨料宜采用连续级配，其针片状颗粒含量不应大于 10%；粗骨料的最大公称粒径与输送管径之比应符合表 2-47 规定。

表 2-47 粗骨料的最大公称粒径与输送管径之比

粗骨料品种	泵送高度（m）	粗骨料最大公称粒径与输送管径之比
碎石	<50	≤1：3.0
	50~100	≤1：4.0
	>100	≤1：5.0
卵石	<50	≤1：2.5
	50~100	≤1：3.0
	>100	≤1：4.0

③ 细骨料宜采用中砂，其通过公称粒径为 $315\mu m$，筛孔的颗粒含量不得少于 15%。

④ 泵送混凝土应掺用泵送剂或减水剂，并宜掺用矿物掺合料。

（2）泵送混凝土配合比应符合以下规定：

① 胶凝材料用量不宜小于 $300kg/m^3$；

② 砂率宜为 35%~45%。

（3）泵送混凝土试配时应考虑坍落度经时损失。

602. 抗渗混凝土配合比设计时有哪些特殊要求？

（1）抗渗混凝土的原材料要求：

① 水泥宜采用普通硅酸盐水泥；

② 粗骨料宜采用连续级配，其最大公称粒径不宜大于 40.0mm，含泥量不得大于 1.0%，泥块含量不得大于 0.5%；

③ 细骨料宜采用中砂，含泥量不得大于 3.0%，泥块含量不得大于 1.0%；

④ 抗渗混凝土宜掺用外加剂和矿物掺合料，粉煤灰等级应为Ⅰ级或Ⅱ级。

（2）抗渗混凝土配合比应符合以下规定：

① 最大水胶比应符合表 2-48 的规定。

表 2-48 抗渗混凝土最大水胶比

设计抗渗等级	最大水胶比	
	C20~C30	C30 以上
P6	0.60	0.55
P6~P12	0.55	0.50
>P12	0.50	0.45

② 每立方米混凝土中的胶凝材料用量不宜小于 $320kg/m^3$。

③ 砂率宜为 35%~45%。

（3）配合设计中，混凝土抗渗技术要求应符合下列规定：

① 配制抗渗混凝土要求的抗渗水压应比设计值提高 0.2MPa。

② 抗渗试验结果应满足下式要求：

$$P_t \geqslant P/10 + 0.2$$

式中　P_t——6 个试件中不少于 4 个未出现渗水时的最大水压值（MPa）；

　　　　P——设计要求的抗渗等级值。

（4）掺用引气剂或引气型外加剂的抗渗混凝土，应进行含气量试验，含气量宜控制在 3.0%～5.0%。

603. 如何加强配合比试配过程试验控制水平？

（1）混凝土配合比试配试验前应制订详细、完善的试配计划，包括：时间、地点、人员、方法、目标、准备措施等。

（2）试验前，对搅拌机、振动台、称量设备、试模等试验仪器设备检定（校准）、自校情况进行检查，发现问题及时修理和维护，确保能够正常使用。

（3）试验原材料应准备充足，并对所有原材料进行检验。

（4）试验环境相对湿度不宜小于 50%，温度应保持在（20±5）℃，所用材料、试验设备、容器及辅助设备的温度宜与实验室温度保持一致。

（5）配合比试配试验所涉及的各个试验方法和性能检测指标，应符合相关现行国家标准要求。例如：混凝土拌合物一次搅拌量不宜少于搅拌机公称容量的 1/4，不应大于搅拌机公称容量，且不应少于 20L；试件成型抹面后应用塑料薄膜覆盖表面，根据混凝土的凝结时间及时编号标记、拆模，并立即放入标准养护室养护。

604. 混凝土配合比设计时，如何解决坍落度经时损失大的问题？

（1）根据所用原材料特点、环境等因素，配合比设计时选用适宜的外加剂，确保与施工用其他混凝土原材料相适应，生产前应做外加剂与其他混凝土原材料（尤其是水泥）相容性试验，特别是要关注水泥适应性的变化。

（2）混凝土配合比设计时，应考虑掺加粉煤灰、矿渣粉等掺合料，减小坍落度损失。

（3）混凝土配合比设计时，考虑采用具有减水、引气、缓凝复合型外加剂，改善混凝土和易性，提高混凝土保塑性，减小坍落度损失。

（4）调整混凝土配合比，适当提高砂率、用水量，将初始坍落度适当调大，同时适当加大外加剂用量，适当延缓混凝土初凝时间。

（5）加强砂、石原材料检测，保证所用砂石含泥量等指标满足技术要求。

605. 如何解决混凝土配合比设计试配的坍落度与实际生产不一致的问题？

（1）泵送混凝土试配时应进行坍落度经时损失试验。

（2）泵送混凝土试配时，坍落度经时损失试验的环境条件，应考虑实际生产条件，如环境温度、运输时间等，根据实际条件，合理确定坍落度经时损失试验的环境条件。

（3）配合比设计试配时采用的原材料应与生产用的原材料相一致。不宜采用材料供应商提供的原材料样品进行配比试配验证。

（4）应加强泵送剂的进场检验，尤其是坍落度损失检验。泵送剂取样应有专人负责，不得委托送货人员取样，保证取样的真实性。

（5）应加强进场泵送剂与配合比其他原材料的适应性检验。

606. 采用机制砂进行配合比设计时应注意哪些问题？

（1）机制砂含有一定量的石粉，适量的石粉对混凝土来说是有益的，可以改善混凝土的和易性，但机制砂的石粉含量过高，会导致需水量增大，混凝土达到同样的坍落度，需要提高用水量。

（2）机制砂石粉中有时含有一定量的泥粉，增大了对外加剂的吸附，外加剂的减水率和保坍效果相应降低。

（3）机制砂的细度模数偏大，颗粒级配较差〔颗粒一般两头多、中间少，大于1.18mm 和小于 $300\mu m$ 的颗粒偏多，中间颗粒（$300\mu m$、$600\mu m$ 级）偏少〕。

（4）机制砂粒形较差，机制砂的颗粒具有棱角多、表面粗糙、比表面积大等特点，影响了水泥浆体对粗细骨料的包裹效果，也会导致吸水性增大，用水量增加。

（5）加强对机制砂亚甲蓝（MB）值的检测，严格控制机制砂亚甲蓝（MB）值在合格范围内，减少石粉对外加剂的吸附。

（6）机制砂较之天然砂配制混凝土，应适当提高砂率，一般提高 2%～4%。

607. 如何加强实验室储备配合比管理？

（1）实验室应根据生产实际情况，储备一定数量的混凝土配合比及相关资料。

（2）储备配合比可包括以下内容：①不同混凝土强度等级；②不同坍落度要求；③不同水泥品种和强度等级；④不同骨料品种、不同骨料粒径；⑤不同掺合料品种，如粉煤灰、矿渣粉等；⑥不同外加剂品种等。

（3）实验室应将设计完成的混凝土配合比统一编号，建立台账并汇编成册，经技术负责人或其授权人审核批准后备用。每年应根据上一年度的实际生产情况和统计资料结果，对各种混凝土配合比设计进行确认、验算或设计，并重新汇编成册。

（4）实验室应定期统计实测混凝土强度值，不断完善混凝土配合比。

608. 生产中如何加强原材料的组织供应？

（1）生产过程中应对公司的原材料储存、供应、生产能力、供货量进行合理安排与准备，保证混凝土各种原材料的供应满足混凝土连续生产的要求。

（2）材料部门应依据生产任务单、混凝土配合比通知单要求，组织原材料的供应，保证原材料的品种、规格、数量和质量符合生产要求。在组织原材料供应中应注意，生产预拌混凝土用的各种原材料不仅要符合标准的要求，还要符合混凝土配合比通知单的要求。

（3）各种原材料存放的位置应符合生产要求，各种原材料应有醒目标识，标明原材料的品种和规格。特别是对筒仓内粉状原材料更要标识清楚。

（4）质检人员应明确各种原材料的存放地点。

609. 生产过程中混凝土坍落度变化原因及处理措施有哪些？

（1）坍落度不稳定：

① 砂石含水率不稳定，检测砂石含水率时，取样应有代表性，每工作班抽测不应少于一次。当含水率有显著变化时，应增加测定次数，及时调整生产配合比。

② 使用废水、废浆，混凝土拌和水掺加废水、废浆时，每班检测废水、废浆中固

体颗粒含量不应少于1次，根据固体颗粒含量，及时调整配合比。

③ 原材料质量波动，外加剂与原材料的相容性发生变化。

（2）混凝土坍落度损失较大：

① 砂石质量波动，如砂石含泥量高等。水泥、掺合料质量波动，水泥、掺合料温度高等，造成外加剂与原材料的相容性发生变化。

② 运输、等待时间长、气温升高等。

（3）应根据坍落度变化，适时调整用水量、外加剂掺量。外加剂与其他原材料的相容性差时，可适当提高外加剂掺加量，或考虑更换外加剂品种，以及采取其他技术处理措施。更换外加剂品种时，应有配合比试配试验基础。

（4）质检员值班过程中对混凝土配合比的调整，应有试验或质检负责人的授权。

（5）配合比调整依据应充分，并有相应的试验资料或技术要求。

610. 如何加强预拌混凝土技术服务？

（1）混凝土技术交底服务：

预拌混凝土与以往现场搅拌混凝土比较，具有坍落度大、砂率大、胶结料用量大、掺加化学外加剂等特点，相应带来收缩大、易开裂等先天性不足。为了保证混凝土使用质量，应根据企业的实际情况，编制"预拌混凝土使用说明书"，在合同签订后送达施工现场，进行认真全面的技术交底，使合格的混凝土能通过完善的施工管理得到可靠的保证。

（2）加强混凝土供应组织：

① 施工现场的信息反馈。预拌混凝土公司应建立质量和供应信息反馈制度，保持施工现场情况的沟通和反馈。

② 供应速度和供应量的调整。施工现场实际浇筑混凝土时经常会遇到不可预见的事情，从而影响混凝土的浇筑速度，因此需要及时将这些情况通知预拌混凝土的生产部门，以期达到供求速度的基本平衡。

③ 混凝土浇筑结束前要对混凝土的需要量有一个正确的估计，防止浪费混凝土。

（3）加强质量情况的信息反馈：

及时了解掌握混凝土在供应过程中质量可能会发生的变化，如混凝土坍落度变化影响泵送浇筑、不同浇筑部位对混凝土坍落度的不同技术要求等，及时通知质量部门予以调整。

（4）加强现场配合和督促：

① 督促施工单位做好预拌混凝土的接收工作，保证合理的混凝土浇筑速度，防止混凝土等候时间过长。

② 督促施工单位不得在混凝土中加水。

③ 督促施工单位做好交货检验工作。混凝土取样应随机进行，并在一车混凝土卸料过程的1/4~3/4之间取样，施工单位应按规范制作、养护试件。

611. 冬期施工混凝土配合比应注意哪些事项？

（1）宜采用硅酸盐水泥或普通硅酸盐水泥。C20以上混凝土最小水泥用量不宜低丁

$280kg/m^3$，水胶比不应大于 0.55（硅酸盐水泥或普通硅酸盐水泥）；大体积混凝土的最小水泥用量，可根据实际情况确定。

（2）控制骨料的含泥量和泥块含量，骨料应清洁，不得含有冰雪冻块及其他易冻裂的物质。

（3）外加剂应符合现行国家标准《混凝土外加剂应用技术规范》（GB 50119）的规定。掺加防冻剂必须事先进行配合比设计与试验，充分考虑原材料的特点和环境因素对混凝土性能的影响，并注意防冻剂含气量对混凝土抗冻性的影响及对强度的影响。

（4）注意控制掺合料的最大掺量，避免混凝土早期强度过低等问题的出现。

（5）尽量降低水胶比，适当增大水泥用量，从而增加水化热量，缩短达到龄期强度的时间。

2.3.3 试验检验部分

612. 水泥 28d 强度为什么会出现倒缩？

水泥强度一般都是随着龄期的延长而增高，但有时也会出现 28d 强度反而比 3d 强度低，也就是出现强度倒缩。

水泥强度出现倒缩，主要是由于熟料中f-CaO含量过高造成的。经过高温死烧的 f-CaO，结构致密，与水反应的速度很慢，通常是在加水后 7～14d 才大量水化，产生氢氧化钙水化产物，体积膨胀，在已硬化的水泥石内部产生膨胀应力，造成水泥石强度下降，严重时导致水泥石崩溃，造成安定性不良。

出现强度倒缩的水泥一般安定性不好，降低熟料中 f-CaO 含量、增加水泥粉磨细度，或把水泥储存一段时间使 f-CaO 吸收空气中的水分而消解，可有效防止强度倒缩现象的出现。

613. 如何进行粉煤灰的需水量比试验检测？

方法原理：按照《水泥胶砂流动度测定方法》（GB/T 2419—2005）测定试验胶砂和对比胶砂流动度，二者达到规定流动度范围时的加水量之比为粉煤灰的需水量比。

仪器设备：天平（量程不小于 1000g，最小分度值不大于 1g）；搅拌机；流动度跳桌。仪器设备均应符合相关标准规定。

试验步骤：

（1）粉煤灰需水量比按表 2-49 胶砂配比进行。

表 2-49 胶砂配比

胶砂种类	对比水泥（g）	试验样品		标准砂（g）(0.5～1.0mm 中级砂)
		对比水泥（g）	粉煤灰（g）	
对比胶砂	250	—	—	750
试验胶砂	—	175	75	750

（2）对比胶砂和试验胶砂按照《水泥胶砂强度检验方法（ISO 法）》（GB/T 17671—2021）规定进行搅拌。搅拌后的对比胶砂和试验胶砂按《水泥胶砂流动度测定方法》（GB/T 2419—2005）测定流动度。当试验胶砂流动度达到对比胶砂流动度（L_0）

的±2mm时，记录此时的加水量（m）。当试验胶砂超出对比胶砂流动度（L_0）的±2mm时，重新调整加水量，直至试验胶砂的流动度达到对比胶砂流动度的±2mm为止。

需水量比按下式计算：

$$X=\frac{m}{125}\times100\%$$

式中　X——需水量比，%；

　　　m——当试验胶砂流动度达到对比胶砂流动度（L_0）的±2mm时加水量，单位为 g；

　　125——对比胶砂的加水量，单位为 g。

614. 如何检测粉煤灰强度活性指数？

方法原理：按照《水泥胶砂强度检验方法（ISO 法）》（GB/T 17671—2021）测定试验胶砂和对比胶砂的 28d 抗压强度，以二者之比确定粉煤灰的强度活性指数。

仪器设备：天平、搅拌机、振实台、抗压强度试验机，均应符合相关标准要求。

试验步骤：

（1）粉煤灰强度活性指数按表 2-50 胶砂配比。

表 2-50　胶砂配比

胶砂种类	对比水泥（g）	试验样品		标准砂（g）	水（g）
		对比水泥（g）	粉煤灰（g）		
对比胶砂	450	—	—	1350	225
试验胶砂	—	315	135	1350	225

（2）将对比胶砂和试验胶砂分别按照《水泥胶砂强度检验方法（ISO 法）》（GB/T 17671—2021）规定进行搅拌、试体成型和养护。

（3）试体养护至 28d，按照《水泥胶砂强度检验方法（ISO 法）》（GB/T 17671—2021）规定，分别测定对比胶砂和试验胶砂的抗压强度。

抗压强度比按下式计算

$$H_{28}=\frac{R}{R_0}\times100\%$$

式中　H_{28}——强度活性指数，%，精确至 1%；

　　　R——试验胶砂 28d 抗压强度，MPa；

　　　R_0——对比胶砂 28d 抗压强度，MPa。

615. 如何检测粉煤灰烧失量？

方法原理：试样在（950±25）℃的高温炉中灼烧，灼烧所失去的质量即为烧失量。

仪器设备：高温炉（950±25）℃、干燥器（内装变色硅胶）、电子分析天平（精确至 0.0001g）。

试验步骤：

（1）称取约 1g 试样（m_1），精确至 0.0001g，放入已灼烧恒重的瓷坩埚中，盖上坩埚盖，并留有缝隙。

（2）放在高温炉内，从低温开始逐渐升高温度，在（950±25）℃下灼烧 15～20min，取出坩埚。

（3）将坩埚置于干燥器中冷却至室温，称量，反复灼烧直至恒重或者在（950±25）℃下灼烧 1h（有争议时以反复灼烧直至恒重的结果为准）置于干燥器中冷却至室温后称量（m_2）。

结果计算：
$$W_{LOI}=\frac{m_1-m_2}{m_1}\times100\%$$

式中　W_{LOI}——烧失量质量分数，%；

　　　m_1——试料质量，g；

　　　m_2——灼烧后试料质量，g。

616. 如何检测矿渣粉比表面积？

方法原理：本方法主要是根据一定量的空气通过具有一定空隙率和固定厚度的矿渣粉层时，所受阻力不同而引起流速的变化来测定矿渣粉的比表面积。在一定空隙率的矿渣粉层中，空隙的大小和数量是颗粒尺寸的函数，同时也决定了通过料层的气流速度。

仪器设备：分析天平（分度值为 0.001g）、透气仪、烘干箱。秒表、压力计液体、滤纸、汞。

试验步骤：

（1）测定矿渣粉密度《水泥密度测定方法》（GB/T 208—2014）。

（2）漏气检查：将透气圆筒上口用橡皮塞塞紧，接到压力计上。用抽气装置从压力计的一臂中抽出部分气体，然后关闭阀门，观察是否漏气。如果发现漏气，可用活塞油脂加以密封。

（3）空隙率的确定：矿渣粉一般采用 0.530±0.005。当不能满足标准规定时候，允许改变空隙率。空隙率的调整以 2000g 砝码（5 等砝码）将试样压实至规定的位置为准。

（4）确定试样质量：$m=\rho V(1-\varepsilon)$。

式中　m——试样质量，g；

　　　ρ——试样密度，g/cm³；

　　　V——试料层体积；按《勃氏透气仪》（JC/T 956—2014）测定，cm³；

　　　ε——试料层空隙率。

（5）试料层制备：将穿孔板放入圆筒的突缘上，用捣棒把一片滤纸放到穿孔板上，边缘放平并压紧。称取以上计算的试样量，精确到 0.001g，倒入圆筒。轻敲圆筒的边，使矿渣粉层表面平坦。再放入一片滤纸，用捣器均匀捣实试料直至捣器的支持环与圆筒顶边接触，并旋转 1～2 圈，慢慢取出捣器。（穿孔板上的滤纸为 φ12.7mm 边缘光滑的圆形滤纸片。每次测定需用新的滤纸片）

（6）透气试验：①在装有试料层的透气圆筒下锥面涂一薄层活塞油脂，然后把它插入压力计顶端锥型磨口处，旋转 1～2 圈。要保证紧密连接不致漏气，并不振动所制备的试料层。②打开微型电磁泵，慢慢从压力计一臂中抽出空气，直到压力计内液面上升到扩大部下端时关闭阀门。当压力计内液体的凹月面下降到第一条刻线时，开始计时，当液体的凹月面下降到第二条刻度线时停止计时，记录液面从第一条刻度线到第二条刻度线所需要的时间。以秒记录，并记录下试验时的温度。每次透气试验，应重新制备试料层。

结果计算：矿渣粉的比表面积应由两次透气试验结果的平均值确定。如两次试验结果相差 2% 以上时，应重新试验，计算结果保留至 $10\mathrm{cm}^2/\mathrm{g}$。当同一矿渣粉用手动勃氏透气仪测定的结果与自动勃氏透气仪测定的结果有争议时，以手动勃氏透气仪测定结果为准。

617. 如何检测矿渣粉烧失量？

方法原理：试样在 (950 ± 25)℃ 的高温炉中灼烧，由于试样中硫化物的氧化而引起试料质量的增加，通过测定灼烧前和灼烧后硫酸盐三氧化硫含量的增加来校正此类矿渣粉的烧失量。

仪器设备：高温炉 (950 ± 25)℃、干燥器（内装变色硅胶）、电子分析天平（精确至 0.0001g）。

试验步骤：

(1) 称取约 1g 试样，精确至 0.0001g，放入已灼烧至恒重的铂坩埚或瓷坩埚（所用瓷坩埚应内部釉完整、表面光滑）中，盖上坩埚盖，并留有缝隙。

(2) 放在高温炉内，在 (950 ± 25)℃ 下灼烧 15～20min，取出坩埚，置于干燥器中冷却至室温称量 (m_2)，不用反复灼烧至恒重。

(3) 灼烧后试样中硫酸盐三氧化硫的质量分数按照以下两种方法测定，有争议时，以方法一为准。方法一：仔细地将灼烧后的试料全部转移至 200mL 的烧杯中，用少许热盐酸（1∶10）洗净坩埚，用平头玻璃棒压碎试料。按照《水泥化学分析方法》（GB/T 176—2017）硫酸钡重量法测定硫酸盐三氧化硫的质量分数。方法二：称取约 0.5g 灼烧后的试料，测定并灼烧后的试料压碎搅匀，按照《水泥化学分析方法》（GB/T 176—2017）硫酸钡重量法测定硫酸盐三氧化硫的质量分数。

结果计算：
$$W_{O_2}=0.8\left(W_{灼SO_3}-W_{未灼SO_3}\right)$$
式中　W_{O_2}——矿渣粉灼烧过程中吸收空气中氧的质量分数，%；

$W_{灼SO_3}$——矿渣粉灼烧后测得的 SO_3，质量分数，%；

$W_{未灼SO_3}$——矿渣粉未经灼烧的 SO_3，质量分数，%。

$$X_{校正}=X_{测}+W_{O_2}$$
式中　$X_{校正}$——矿渣粉校正后的烧失量，质量分数，%；

$X_{测}$——矿渣粉试验测得的烧失量，质量分数，%。

618. 碎石或卵石的坚固性试验是如何进行的？

(1) 取一定数量的蒸馏水（多少取决于试样及容器大小），加温至 30℃～50℃，每 1000mL 洁净水加入无水硫酸钠（Na_2SO_4）300～350g，用玻璃棒搅拌，使其溶解并饱和，然后冷却至 20℃～25℃，在此温度下静置两昼夜。其密度应保持在 1151～1174kg/m³ 范围内。

(2) 将试样按表 2-51 分级并分别擦洗干净，放入 (105 ± 5)℃ 的烘箱中烘烤 24h，取出并冷却至室温，然后按表 2-51 对各粒级规定的量称取试样（m_1）。

表 2-51　坚固性试验所需的各粒级试样量

公称粒级（mm）	5.00～10.0	10.0～20.0	20.0～40.0	40.0～63.0	63.0～80.0
试样重（g）	500	1000	1500	3000	3000

（3）将所称取的不同粒级的试样分别装入三角网篮并浸入盛有硫酸钠溶液的容器中。溶液体积应不小于试样总体积的 5 倍，其温度保持在 20～25℃ 的范围内。三脚网篮浸入溶液时应先上下升降 25 次以排除试样中的气泡，然后静置于该容器中。此时网篮底面应距容器底面约 30mm（由网篮脚高控制），网篮之间的间距应不小于 30mm。试样表面至少应在液面以下 30mm。

（4）浸泡 20h 后，从溶液中提出网篮，放在（105±5）℃ 的烘箱中烘烤 4h。至此，完成了第一个试验循环。待试样冷却至 20℃～25℃ 后，即开始第二次循环。从第二次循环开始，浸泡及烘烤时间均为 4h。

（5）第五次循环完后，将试样置于 25℃～30℃ 的清水中洗净硫酸钠，再在（105±5）℃ 的烘箱中烘干至恒重，取出冷却至室温后，用筛孔孔径为试样粒级下限的筛，并称取各粒级试样试验后的筛余量（m_i'）。（试样中硫酸钠是否干净，可按下法检验：取洗试样的水数毫升，滴入少量氯化钡（$BaCl_2$）溶液，如无白色沉淀，即说明硫酸钠已被洗净）

（6）对公称粒径大于 20.0mm 的试样部分，应在试验前后记录其颗粒数量，并作外观检查，描述颗粒的裂缝、开裂、剥落、掉边和掉角等情况所占颗粒数量，以作为分析其坚固性时的补充依据。

（6）试样中各粒级颗粒的分计质量损失百分率 δ_{ji} 按下式计算：

$$\delta_{ji}=\frac{m_i-m_i'}{m_i}\times100\%$$

式中　δ_{ji}——试样中各粒级颗粒的分计质量损失百分率，%；

m_i——每一粒级试样试验前烘干质量，g；

m_i'——经硫酸钠溶液试验后，各粒级筛余颗粒的烘干质量，g。

（8）试样的总质量损失总百分率 δ_j 按下式计算，精确至 1%。

$$\delta_j=\frac{\alpha_1\delta_{j1}+\alpha_2\delta_{j2}+\alpha_3\delta_{j3}+\alpha_4\delta_{j4}}{\alpha_1+\alpha_2+\alpha_3+\alpha_4}\times100\%$$

式中　　　　δ_{ji}——总质量损失总百分率，%；

α_1、α_2、α_3、α_4——试样中分别为 5.00～10.0mm、10.0～20.0mm、20.0～40.0mm、40.0～63.0mm、63.0～80.0mm 各公称粒级的分计百分含量，%；

δ_{j1}、δ_{j2}、δ_{j3}、δ_{j4}——各粒级的分计质量损失百分率，%。

619. 如何检测人工砂及混合砂中的石粉含量？

石粉含量的试验采用亚甲蓝法。

（1）称取试样 200g，精确至 1g，将试样倒入盛有（500±5）mL 蒸馏水的烧杯中，用叶轮搅拌机以（600±60）r/min 转速搅拌 5min，形成悬浮液，然后以（400±40）r/

min 转速持续搅拌，直至试验结束。

（2）悬浮液中加入 5mL 亚甲蓝溶液后，用玻璃棒蘸取一滴悬浮液（所取悬浮液滴应使沉淀物直径在 8～12mm 内），滴于滤纸（置于空烧杯或其他合适的支撑物上，以使滤纸表面不与任何固体和液体接触）上，若沉淀物周围未显色晕，再加入 5mL 亚甲蓝溶液，继续搅拌 1min，再用玻璃棒蘸取一滴悬浮液滴于滤纸上，若沉淀物周围仍未显色晕，再重复上述步骤，直至沉淀物周围出现约 1mm 宽的稳定浅蓝色色晕，此时，应继续搅拌，不加亚甲蓝溶液，每一分钟进行一次蘸染试验。若色晕在 4min 后消失，再加入 5mL 亚甲蓝溶液；若色晕在第 5 分钟后消失，再加入 2mL 亚甲蓝溶液。两种情况下，均应继续进行搅拌和蘸染试验，直至色晕可持续 5min。

（3）记录色晕持续 5min 时所加入的亚甲蓝溶液总体积，精确至 1mL。

（4）亚甲蓝 MB 值按下式计算：

$$MB = \frac{V}{G} \times 10$$

式中 MB——亚甲蓝值（g/kg），表示每千克 0～2.36mm 颗粒试样所消耗的亚甲蓝克数，精确至 0.01；

G——试样质量，g；

V——所加入的亚甲蓝溶液的总量，mL。

（5）亚甲蓝试验结果评定应符合下列规定：

当 MB 值＜1.4 时，判定是以石粉为主；

当 MB 值≥1.4 时，判定为以泥粉为主的石粉。

620. 亚甲蓝溶液如何配制？

亚甲蓝溶液的配制按下列方法：

（1）将亚甲蓝粉末在（105±5）℃下烘干至恒重，称取烘干亚甲蓝粉末 10g，精确至 0.01g，倒入盛有约 600mL 蒸馏水（水温加热至 35℃～40℃）的烧杯中，用玻璃棒搅拌 40min，直至亚甲蓝粉末完全溶解，冷却至 20℃。将溶液倒入 1L 容量瓶中，用蒸馏水淋洗烧杯等，使所有亚甲蓝溶液全部移入容量瓶中，容量瓶和溶液的温度应保持在（20±1）℃，加蒸馏水至容量瓶 1L 刻度。振动容量瓶以保证亚甲蓝粉末完全溶解。将容量瓶中的溶液移入深色储藏瓶中，标明制备日期、失效日期（亚甲蓝溶液保质期应不超过 28d），并置于阴暗处保存。

（2）将样品缩分至 400g，放在烘箱中于（105±5）℃下烘干至恒重，等待冷却至室温后，筛除大于公称直径 5.0mm 的颗粒备用。

621. 简述倒置坍落度筒排空试验步骤。

（1）将倒置坍落度筒支撑在台架上，应使其中轴线垂直于底板，筒内壁应湿润无明水，关闭密封盖。

（2）混凝土拌合物应分两层装入坍落度筒内，每层捣实后高度宜为筒高的 1/2。每层用捣棒沿螺旋方向由外向中心插捣 15 次，插捣应在截面上均匀分布，插捣筒边混凝土时，捣棒可以稍稍倾斜。插捣第一层时，捣棒应贯穿混凝土拌合物整个深度；插捣第二层时，捣棒宜插透到第一层表面下 50mm。插捣完应刮去多余的混凝土拌合物，用抹刀抹平。

（3）打开密封盖，用秒表测量自开盖至坍落度筒内混凝土拌合物全部排空的时间 t_{sf}，精确至 0.01s。从开始装料到打开密封盖的整个过程应在 150s 内完成。

（4）宜在 5min 内完成两次试验，并应取两次试验测得排空时间的平均值作为试验结果，计算应精确至 0.1s。

（5）倒置坍落度筒排空试验结果应符合以下规定：

$$| t_{sf_1} - t_{sf_2} | \leqslant 0.05 t_{sf,m}$$

式中 $t_{sf,m}$——两次试验测得的倒置坍落度筒中混凝土拌合物排空时间的平均值（s）；

t_{sf_1}，t_{sf_2}——两次试验分别测得的倒置坍落度筒中混凝土拌合物排空时间（s）。

622. 简述混凝土扩展时间试验步骤？

（1）底板应放置在坚实的水平面上，底板和坍落度筒内壁应润湿无明水，坍落度筒应放在底板中心，并在装料时应保持在固定位置。

（2）应用盛料容器一次性将混凝土拌合物均匀填满坍落度筒，且不得捣实或振动；自开始入料至填充结束应控制在 40s 以内。

（3）取下装料漏斗，应将混凝土拌合物沿坍落度筒口抹平；清除筒边底板上的混凝土拌合物后，应垂直平稳地提起坍落度筒至（250±50）mm 高度，提离时间宜控制在 3～7s。

（4）测定扩展时间时，应自坍落度筒提离地面时开始，至扩展开的混凝土拌合物外缘初触平板上所绘直径为 500mm 的圆周为止，结果精确至 0.1s。

623. 混凝土间隙通过性试验的试验仪器有何规定？

（1）J 环应由钢或不透钢制成，圆环中心直径应为 300mm，厚度应为 25mm；并应用螺母和垫圈将 16 根圆钢锁在圆环上，圆钢直径应为 16mm，高应为 100mm；圆钢中心间距应为 58.9mm。

（2）混凝土坍落度筒不应带有脚踏板，材料和尺寸应符合现行行业标准《混凝土坍落度仪》（JG/T 248）的规定。

（3）底板应采用平面尺寸不小于 1500mm×1500mm、厚度不小于 3mm 的钢板，其最大挠度不应小于 3mm。

624. 简述间隙通过性试验的试验步骤？

（1）底板、J 环和坍落度筒内壁应润湿无明水；底板应放置在坚实的水平面上，J 环应放在底板中心。

（2）坍落度筒应正向放置在底板中心，应与 J 环同心，将混凝土拌合物一次性填充至满。

（3）用刮刀刮除坍落度筒顶部混凝土拌合物余料，应将混凝土拌合物沿坍落度筒口抹平；清除筒边底板上的混凝土后，应垂直平稳地向上提起坍落度筒至（250±50）mm 高度，提离时间宜控制在 3～7s；自开始入料至提起坍落度筒应在 150s 内完成；当混凝土拌合物不再扩散或扩散持续时间已达 50s 时，测量展开扩展面的最大直径以及与最大直径呈垂直方向的直径；测量应精确至 1mm，结果修约至 5mm。

625. 间隙通过性试验结果如何表达？

（1）J 环扩展度应为混凝土拌合物坍落度扩展终止后扩展面相互垂直的两个直径的平均值，当两直径之差大于 50mm 时，应重新试验测定。

（2）混凝土扩展度与 J 环扩展度的差值应作为混凝土间隙通过性性能指标结果。

（3）骨料在 J 环圆钢处出现堵塞时，应予记录说明。

626. 简述混凝土抗离析性能试验步骤。

（1）应先取（10±0.5）L 混凝土拌合物盛满于盛料器中，放置在水平位置上，加盖静置（15±0.5）min。

（2）方孔筛应固定在托盘上，然后将盛料容器上节混凝土拌合物完全移出，应用小铲辅助将混凝土拌合物及其表层泌浆倒入方孔筛；移出上节混凝土后应使下节混凝土的上表面与下节筒的上沿齐平；称量倒入试验筛中的混凝土质量 m_c，精确至 1g。

（3）将上节混凝土拌合物倒入方孔筛后，应静置（120±5）s。

（4）将筛及筛上的混凝土拌合物移走，应称量通过筛孔流到托盘上的浆体质量 m_m，精确至 1g。

（5）混凝土拌合物离析率按下式计算：

$$SR = \frac{m_m}{m_c} \times 100\%$$

式中　SR——混凝土拌合物离析率，%，精确至 0.1%；

　　　m_m——通过标准筛的砂浆质量，g；

　　　m_c——倒入标准筛的混凝土质量，g。

627. 混凝土凝结时间是如何测定的？

（1）用试验筛从混凝土拌合物中筛出砂浆，然后将筛出的砂浆搅拌均匀；将砂浆一次分别装入三个试样筒中。取样混凝土坍落度不大于 90mm 时，宜用振动台振实砂浆；取样混凝土坍落度大于 90mm 时，宜用捣棒人工捣实。用振动台振实砂浆时，振动应持续到表面出浆为止，不得过振；用捣棒人工捣实时，应沿螺旋方向由外向中心均匀插捣 25 次，然后用橡皮锤敲击筒壁，直至表面插捣孔消失为止。振实或插捣后，砂浆表面宜低于砂浆试样筒口 10mm，并应立即加盖。

（2）砂浆试样制备完毕，应置于温度为（20±2）℃的环境中待测，并在整个测试过程中，环境温度应始终保持（20±2）℃。在整个测试过程中，除吸取泌水或进行贯入试验外，试样筒应始终加盖。现场同条件测试时，试验环境应与现场一致。

（3）凝结时间测定从混凝土搅拌加水开始计时。根据混凝土拌合物的性能，确定测针试验时间，以后每隔 0.5h 测试一次，在临近初凝和终凝时，应缩短测试间隔时间。

（5）在每次测试前 2min，将一片（20±5）mm 厚的垫块垫入筒底一侧使其倾斜，用吸液管吸去表面的泌水，吸水后应复原。

（6）测试时，将砂浆试样筒置于贯入阻力仪上，测针端部与砂浆表面接触，应在（10±2）s 内均匀地使测针贯入砂浆（25±2）mm 深度，记录最大贯入阻力值，精确至 10N；记录测试时间，精确至 1min。

（7）每个砂浆筒每次测 1～2 个点，各测点的间距不应小于 15mm，测点与试样筒壁的距离不应小于 25mm。

（8）每个试样的贯入阻力测试不应少于 6 次，直至单位面积贯入阻力大于 28MPa 为止。

（9）根据砂浆凝结状况，在测试过程中应以测针承压面积从大到小顺序更换测针，更换测针按表 2-52 选用。

表 2-52　测针面积

单位面积贯入阻力（MPa）	0.2～3.5	3.5～20	20～28
测针面积（mm²）	100	50	20

628. 混凝土凝结时间的试验结果如何确定？

（1）单位面积贯入阻力按下式计算：

$$f_{PR} = \frac{P}{A}$$

式中　f_{PR}——单位面积贯入阻力，MPa，精确至 0.1MPa；

　　　P——贯入阻力，N；

　　　A——面积，mm²。

（2）凝结时间宜通过线性回归方程：

$$1nt = a + b\ln f_{PR}$$

式中　t——单位面积贯入阻力对应的测试时间，min；

　a、b——线性回归系数。

用线性回归方法确定，可求得当单位面积贯入阻力为 3.5MPa 时对应的时间应为初凝时间，单位面积贯入阻力为 28MPa 时对应的时间应为终凝时间。

（3）凝结时间也可用绘图拟合法确定，应以单位面积贯入阻力为纵坐标，测试时间为横坐标，绘制出单位面积贯入阻力与测试时间之间的关系曲线；分别以 3.5MPa 和 28MPa 绘制两条平行于横坐标的直线，与曲线交点的横坐标应分别为初凝时间和终凝时间；凝结时间结果应用 h：min 表示，精确至 5min。

（4）应以三个试样的初凝时间和终凝时间的算术平均值作为此次试验初凝时间和终凝时间的试验结果。三个测值的最大值或最小值中有一个与中间值之差超过中间值的 10％时，应以中间值作为试验结果；最大值和最小值与中间值之差均超过中间值的 10％时，应重新试验。

629. 用砂浆密度法测定混凝土均匀性的试验步骤是什么？

（1）测定容量筒容积：

① 将干净容量筒与玻璃板一起称重。

② 将容量筒装满水，缓慢将玻璃板从筒口一侧推到另一侧，容量筒内应装满水并且不应存在气泡，擦干容量筒外壁，再次称重。

③ 两次称重结果之差除以该温度下水的密度应为容量筒容积 V；常温下水的密度可取 1kg/L。

（2）应先用湿布擦净容量筒的内表面，再称量容量筒质量 m_1，精确至 1g。

（3）从搅拌机口分别取最先出机和最后出机的混凝土试样各一份，每份混凝土试样量不应少于 5L。

（4）方孔筛应固定托盘上，分别将所取的混凝土试样倒入方孔筛，筛得两份砂浆；并测定砂浆拌合物的稠度。

（5）根据相关标准要求进行砂浆试样的装料及密实。

（6）砂浆拌合物振实或插捣密实后，应将筒口多余的砂浆拌合物刮去，使砂浆表面平整，然后将容量筒外壁擦净，称出砂浆与容量筒总质量 m_2，精确至 1g。

（7）砂浆表观密度应按下式计算：

$$\rho_m = \frac{m_2 - m_1}{V} \times 1000$$

式中　ρ_m——砂浆拌合物的表观密度，kg/m³，精确至 10kg/m³；

m_1——容量筒质量，kg；

m_2——容量筒及砂浆试样总质量，kg；

V——容量筒容积，L，精确至 0.01L。

（8）混凝土拌合物的搅拌均匀性可用先后出机取样的混凝土砂浆密度偏差率作为评定依据。混凝土砂浆密度偏差率按下式计算：

$$DR\rho = \left| \frac{\Delta \rho_m}{\rho_{max}} \right| \times 100\%$$

式中　$DR\rho$——混凝土砂浆密度偏差率，%，精确至 0.1%；

$\Delta\rho_m$——先后出机取样的混凝土砂浆拌合物表观密度的差值，kg/m³；

ρ_{max}——先后出机取样的混凝土砂浆拌合物表观密度的最大值，kg/m³。

630. 用砂浆密度法测定混凝土均匀性，砂浆试样的装料及密实方法如何规定？

砂浆试样的装料及密实方法根据砂浆拌合物的稠度而定，并应符合下列规定：

（1）当砂浆稠度不大于 50mm 时，宜采用振动台振实；振动台振实时，砂浆拌合物一次性装填至高出容量筒，并在振动台上振动 10s，振动过程中砂浆试样低于容量筒筒口时，应随时添加。

（2）砂浆稠度大于 50mm 时，宜采用人工插捣；人工插捣时，应一次性将砂浆拌合物装填至高出容量筒，用捣棒由边缘向中心均匀地插捣 25 次，插捣过程中砂浆试样低于容量筒筒口时，应随时添加，并用橡皮锤沿容量筒外壁敲击 5～6 下。

631. 混凝土稠度法测定混凝土均匀性的试验步骤是什么？

（1）应从搅拌机口分别取最先出机和最后出机的混凝土拌合物试样各一份，每份混凝土拌合物试样量不少于 10L。

（2）混凝土拌合物的搅拌均匀性可用先后出机取样的混凝土拌合物的稠度差值作为评定的依据。

（3）混凝土坍落度试验应按《普通混凝土拌合物性能试验方法标准》（GB/T 50080—2016）规定测定，分别测试两份混凝土拌合物试样的坍落度值。混凝土拌合物坍落度差值应按下式计算：

$$\Delta H = | H_1 - H_2 |$$

式中 ΔH——混凝土拌合物的坍落度差值，mm，精确至 1mm；

　　　H_1——先出机取样的混凝土拌合物坍落度值，mm；

　　　H_2——后出机取样的混凝土拌合物坍落度值，mm。

（4）混凝土扩展度试验按《普通混凝土拌合物性能试验方法标准》（GB/T 50080—2016）规定测定，分别测试两份混凝土拌合物试样的扩展度值。混凝土拌合物扩展度差值应按下式计算：

$$\Delta L = |L_1 - L_2|$$

式中 ΔL——混凝土拌合物的扩展度差值，mm，精确至 1mm；

　　　L_1——先出机取样的混凝土拌合物扩展度值，mm；

　　　L_2——后出机取样的混凝土拌合物扩展度值，mm。

（5）混凝土维勃稠度试验按《普通混凝土拌合物性能试验方法标准》（GB/T 50080—2016）规定测定，分别测试两份混凝土拌合物试样的维勃稠度值。混凝土拌合物维勃稠度差值应按下式计算：

$$\Delta t_V = |t_{V_1} - t_{V_2}|$$

式中 Δt_V——混凝土拌合物的维勃稠度差值，s，精确至 1s；

　　　t_{V_1}——先出机取样的混凝土拌合物维勃稠度值，s；

　　　t_{V_2}——后出机取样的混凝土拌合物维勃稠度值，s。

632. 什么是混凝土快冻法试验？

用于测定混凝土试件在水冻水融条件下，以经受的快速冻融循环次数来表示的混凝土的抗冻性能试验。

633. 混凝土快冻法试验所采用的试件应符合什么规定？

混凝土快冻法试验采用 100mm×100mm×400mm 的棱柱体试件。混凝土试件每组 3 块，在试验过程中可连续使用，除制作冻融试件外，还应制作同样形状、尺寸、中心埋有温度传感器的测温试件，测温试件应采用防冻液作为冻融介质。测温试件所用混凝土的抗冻性能应高于冻融试件。测温试件的温度传感器应埋设在试件中心。温度传感器不应采用钻孔后插入的方式埋设。

634. 快冻法测定混凝土抗冻性能试验所用设备应符合哪些规定？

快冻法测定混凝土抗冻性能试验所用设备应符合下列规定：

（1）试件盒宜采用具有弹性的橡胶材料制作，其内表面底部应有半径为 3mm 橡胶凸起部分。盒内加水后水面应至少高出试件顶面 5mm。试件盒横截面尺寸宜为 115mm×115mm，试件盒长度宜为 500mm。

（2）快速冻融装置应符合现行行业标准《混凝土抗冻试验设备》（JG/T 243）的规定。除应在测温试件中埋设温度传感器外，还应在冻融箱内防冻液中心、中心与任何一条对角线的两端分别设有温度传感器。运转时冻融箱内防冻液各点温度的极差不得超过 2℃。

（3）称量设备的最大量程应为 20kg，感量不应超过 5g。

（4）混凝土动弹性模量测定仪应符合《混凝土抗冻试验设备》（JG/T 243—2009）

的规定。

（5）温度传感器（包括热电偶、电位差计等）应在—20℃～20℃范围内测定试件中心温度，且测量精度应为±0.5℃。

635. 简述快冻法混凝土抗冻性能试验步骤。

快冻法混凝土抗冻性能试验应按下列规定进行：

（1）在标准养护室内或同条件养护的试件应在养护龄期为24d时提前将冻融试验的试件从养护地点取出，随后应将冻融试件放在（20±2）℃水中浸泡，浸泡时水面应高出试件顶面20～30mm，在水中浸泡时间应为4d。试件应在28d龄期时开始进行冻融试验。始终在水中养护的试件，当试件养护龄期达到28d时，可直接进行后续试验。对此种情况，应在试验报告中予以说明。

（2）当试件养护龄期达到28d时应及时取出试件，用湿布擦除表面水分后应对外观尺寸进行测量，试件的外观尺寸应满足本标准要求，并应编号并称量试件初始质量为W_{0i}；然后应按标准规定测定其横向基频的初始值f_{0i}。

（3）将试件放入试件盒内，试件应位于试件盒中心，然后将试件盒放入冻融箱内的试件架中，并向试件盒中注入清水。在整个试验过程中，盒内水位高度应始终保持至少高出试件顶面5mm。

（4）测温试件盒应放在冻融箱的中心位置。

（5）冻融循环过程应符合下列规定：

① 每次冻融循环应在2～4h内完成，且用于融化的时间不得少于整个冻融循环时间的1/4。

② 在冷冻和融化过程中，试件中心最低和最高温度应分别控制在（—18±2）℃和（5±2）℃范围内。在任意时刻，试件中心温度不得高于7℃，且不得低于—20℃。

③ 每块试件从3℃降至—16℃所用的时间不得少于冷冻时间的1/2；每块试件从—16℃升至3℃所用时间不得少于整个融化时间的1/2，试件内外的温差不宜超过28℃。

③ 冷冻和融化之间的转换时间不宜超过10min。

（6）每隔25次冻融循环宜测量试件的横向基频f_{ni}。测量前应先将试件表面浮渣清洗干净并擦干表面水分，然后应检查其外部损伤并称量试件的质量W_{ni}。随后应按标准规定的方法测量横向基频。测完后，应迅速将试件调头重新装入试件盒内并加入清水，继续试验。试件的测量、称量及外观检查应迅速，待测试件应用湿布覆盖。

（7）当有试件停止试验被取出时，应另用其他试件填充空位。当试件在冷冻状态下因故中断时，试件应保持在冷冻状态，直至恢复冻融试验为止，并应将故障原因及暂停时间在试验结果中注明。试件在非冷冻状态下发生故障的时间不宜超过两个冻融循环的时间。在整个试验过程中，超过两个冻融循环时间的中断故障次数不得超过两次。

636. 冻融循环出现哪种情况即可停止试验？

冻融循环出现以下3种情况之一时，可停止试验：

（1）已达到循环次数；

（2）试件的相对动弹性模量下降到60%；

（3）试件的质量损失率达 5%。

637. 混凝土试件的相对动弹性模量计算式是什么？

混凝土试件的相对动弹性模量可按下式计算：

$$P_i = \frac{f_{ni}^2}{f_{0i}^2} \times 100\%$$

式中　P_i——经 n 次冻融循环后第 i 个混凝土试件的相对动弹性模量，%，精确至 0.1；

　　　f_{ni}——经 n 次冻融循环后第 i 个混凝土试件的横向基频，Hz；

　　　f_{0i}——冻融循环试验前第 i 个混凝土试件横向基频初始值，Hz。

$$P = \frac{1}{3}\sum_{i=1}^{3} P_i$$

式中　P——经 n 次冻融循环后一组混凝土试件的相对动弹性模量（%），精确至 0.1。

相对动弹性模量 P 应以三个试件试验结果的算术平均值作为测定值。当最大值或最小值与中间值之差超过中间值的 15% 时，应剔除此值，并应取其余两值的算术平均值作为测定值；当最大值和最小值与中间值之差均超过中间值的 15% 时，应取中间值作为测定值。

638. 每组试件的平均质量损失率应怎样计算？

（1）单个试件的质量损失率应按下式计算：

$$\Delta W_{ni} = \frac{W_{0i} - W_{ni}}{W_{0i}} \times 100\%$$

式中　ΔW_{ni}——n 次冻融循环后第 i 个混凝土试件的质量损失率，%，精确至 0.01；

　　　ΔW_{0i}——冻融循环试验前第 i 个混凝土试件的质量，g。

　　　ΔW_{ni}——n 次冻融循环后第 i 个混凝土试件的质量，g。

（2）一组试件的平均质量损失率应按下式计算：

$$\Delta W_n = \frac{\sum_{i=1}^{3} \Delta W_{ni}}{3} \times 100\%$$

式中　ΔW_n——n 次冻融循环后一组混凝土试件的平均质量损失率，%，精确至 0.1。

（3）每组试件的平均质量损失率应以三个试件的质量损失率试验结果的算术平均值作为测定值。当某个试验结果出现负值，应取 0，再取三个试件的平均值。当三个值中的最大值或最小值与中间值之差超过 1% 时，应剔除此值，并应取其余两值的算术平均值作为测定值；当最大值和最小值与中间值之差均超过 1% 时，应取中间值作为测定值。

639. 混凝土抗冻等级应怎样确定？

混凝土抗冻等级应以相对动弹性模量下降至不低于 60% 或者质量损失率不超过 5% 时的最大冻融循环次数来确定，并用符号 F 表示。

640. 采用什么方法测定混凝土的动弹性模量？

采用共振法测定混凝土的动弹性模量。

641. 动弹性模量试验应采用什么样的试件？

动弹性模量试验应采用尺寸为 100mm×100mm×400mm 的棱柱体试件。

642. 动弹性模量试验设备应符合什么样的规定？

动弹性模量试验设备应符合下列规定：

（1）共振法混凝土动弹性模量测定仪（又称共振仪）的输出频率可调范围应为（100～20000）Hz，输出功率应能使试件产生受迫振动。

（2）试件支承体应采用厚度约为 20mm 的泡沫塑料垫，宜采用表观密度为（16～18）kg/m³的聚苯板。

（3）称量设备的最大量程应为 20kg，感量不应超过 5g。

643. 简述动弹性模量试验步骤。

动弹性模量试验应按下列步骤进行：

（1）首先应测定试件的质量和尺寸。试件质量应精确至 0.01kg，尺寸的测量应精确至 1mm。

（2）测定完试件的质量和尺寸后，应将试件放置在支撑体中心位置，成型面应向上，并应将激振换能器的测杆轻轻地压在试件长边侧面中线的 1/2 处，接收换能器的测杆轻轻地压在试件长边侧面中线距端面 5mm 处。在测杆接触试件前，宜在测杆与试件接触面涂一薄层黄油或凡士林作为耦合介质，测杆压力的大小应以不出现噪声为准。采用的动弹性模量测定仪各部件连接和相对位置应符合的规定。

（3）放置好测杆后，应先调整共振仪的激振功率和接收增益旋钮至适当位置，然后变换激振频率，并应注意观察指示电表的指针偏转。当指针偏转为最大时，表示试件达到共振状态，应以这时所显示的共振频率作为试件的基频振动频率。每一测量应重复测读两次以上，当两次连续测值之差不超过两个测值的算术平均值的 0.5% 时，应取这两个测值的算术平均值作为该试件的基频振动频率。

（4）当用示波器作显示的仪器时，示波器的图形调成一个正圆时的频率应为共振频率。在测试过程中，当发现两个以上峰值时，应将接收换能器移至距试件端部 0.224 倍试件长处，当指示电表示值为零时，应将其作为真实的共振峰值。

644. 怎样计算及处理动弹性模量试验的结果？

试验计算及处理应符合下列规定：

（1）动弹性模量应按下式计算：

$$E_d = 13.244 \times 10^{-4} \times WL^3 f^2/a^4$$

式中　E_d——混凝土动弹性模量，MPa；

　　　a——正方形截面试件的边长，mm；

　　　L——试件的长度，mm；

　　　W——试件的质量，kg，精确到 0.01kg；

　　　f——试件横向振动时的基频振动频率，Hz。

（2）每组应以 3 个试件动弹性模量的试验结果的算术平均值作为测定值，计算应精确至 100MPa。

2.3.4 混凝土生产应用部分

645. 水泥的储存及使用方式有什么要求？

水泥应按品种、强度等级和生产厂家分别标识和贮存；应防止水泥受潮及污染，不应采用结块的水泥；水泥用于生产时的温度不宜高于 60℃；水泥出厂超过 3 个月应进行复检，合格者方可使用。

646. 粉煤灰混凝土的施工有哪些注意事项？

依据《粉煤灰混凝土应用技术规范》（GB/T 50146—2014）的规定，粉煤灰混凝土的施工应注意以下几点：

（1）粉煤灰的称量允许偏差为 ±1%。

（2）粉煤灰混凝土拌合物应搅拌均匀，搅拌时间应根据搅拌机类型，并经现场试验确定。

（3）粉煤灰混凝土浇筑时不得漏振或过振，振捣后的粉煤灰混凝土表面不得出现明显的粉煤灰浮浆层；粉煤灰混凝土浇筑与普通不掺粉煤灰的混凝土相近，相同坍落度更易于振实。若在混凝土浇筑中漏振，会使混凝土形成蜂窝麻面，不密实。因粉煤灰密度较小，特别是碳颗粒，过振将使粉煤灰浆体上浮，在混凝土表面出现明显浮浆层，影响表层混凝土质量。因此，在施工中应避免漏振或过振，特别是大坍落度混凝土更应注意。

（4）粉煤灰混凝土浇筑完毕后，应及时进行保湿养护，养护时间不宜少于 28d。粉煤灰混凝土在低温条件下施工应采取保温措施，当日平均气温 2d 到 3d 连续下降大于 6℃时，应加强粉煤灰混凝土表面的保护。当施工现场不能满足养护条件要求时，应降低粉煤灰掺量。

（5）粉煤灰混凝土的蒸养制度应通过试验确定。

（6）粉煤灰混凝土负温施工时，应采取相应的技术措施。

647. 粉煤灰混凝土的质量检验有哪些要求？

依据《粉煤灰混凝土应用技术规范》（GB/T 50146—2014）的规定，粉煤灰混凝土的质量检验应符合以下规定：

（1）粉煤灰混凝土的质量检验项目应包括坍落度和强度，掺引气型外加剂的粉煤灰混凝土应测定混凝土含气量，有耐久性要求或其他特殊要求时，还应测定耐久性或其他检验项目。

本条规定的粉煤灰混凝土的检验项目中，坍落度和抗压强度两项为必须检验项目（碾压混凝土检验 VC 值和抗压强度），其他对混凝土具有重要影响的性能，可以根据具体要求增加检验项目。如有抗冻要求的掺引气剂的粉煤灰混凝土，应增测混凝土含气量和抗冻性能；粉煤灰用于防渗结构混凝土时应增测抗渗性；低温条件施工的混凝土应增测混凝土的凝结时间及早龄期的抗压强度等。其检验组数不作强制性规定，根据需要和可能酌情确定。

（2）现场施工中，对粉煤灰混凝土坍落度进行检验，每 4h 应至少测定 1 次，其测定值允许偏差应符合表 2-53 的规定。

表 2-53 坍落度允许偏差（mm）

坍落度	坍落度≤40	40<坍落度≤100	坍落度>100
允许偏差	±10	±20	±30

（3）掺引气型外加剂的粉煤灰混凝土，每 4h 应至少测定 1 次含气量，其测定值允许偏差宜为±1%。

（4）粉煤灰混凝土的强度检验与评定，应按现行国家标准《混凝土强度检验评定标准》（GB/T 50107）的有关规定执行。粉煤灰混凝土的耐久性检验和评定，应按国家现行有关标准的规定执行。

648. 矿渣粉在混凝土中发挥哪些效应？

矿渣粉在混凝土中的作用机理主要有"火山灰效应""胶凝效应"和"微骨料效应"。

（1）火山灰效应：矿渣粉中的玻璃体形态的 SiO_2、Al_2O_3，在混凝土内部的碱性环境中，能与水泥水化产物 $Ca(OH)_2$ 发生二次反应，在表面生成具有胶凝性能的水化硅酸钙、水化硅酸铝等胶凝物质。矿渣粉的二次反应减少了 $Ca(OH)_2$ 晶体在界面过渡区的富集，打乱了 $Ca(OH)_2$ 晶体在界面过渡区的取向性，同时又可以减低 $Ca(OH)_2$ 晶体的尺寸，增强水泥石与骨料的黏结力。在混凝土中使用矿渣粉不仅可以提高混凝土的力学性能，也能对混凝土的某些方面的耐久性能起到改善作用。

（2）胶凝效应：矿渣粉中含有一定数量的低钙类水泥熟料矿物 C_2S、C_3S，这些矿物可以直接与水发生水化反应，生成水硬性水化产物，凝结硬化产生强度。这一反应过程是一次反应，不需要其他物质存在，这也是矿渣粉活性高于火山灰材料的原因。需要注意的是，尽管矿渣粉具有活性方面的优越性，但其仍不及水泥熟料，因此采用矿渣粉部分取代水泥时，对混凝土性能仍然会产生一些影响，特别是对早期强度的影响，一定要引起重视。

（3）微骨料效应：经过机械粉磨的矿渣粉的颗粒粒径在 $10\mu m$ 左右，在水泥水化过程中，未参与反应的微细矿渣粉颗粒均匀分散在孔隙和胶凝体中，起着填充毛细孔即孔裂缝的作用，改善孔结构，提高水泥石的密实度。此外，矿渣粉颗粒也起着微骨料的骨架作用，使胶凝材料具有良好的颗粒级配，形成密实的填充结构和细观层次的自紧密堆积体系，进一步优化胶凝结构，改善粗细骨料之间的界面黏结性能和混凝土微观结构，从而改善混凝土的综合性能。不同粒度区间的胶凝材料互相搭配，不仅有利于充分发挥各材料的潜力，也能改善胶凝材料体系颗粒级配，提高胶凝材料的填充性。

649. 碎石和卵石的强度指标要求有哪些？

碎石的强度可用岩石的抗压强度和压碎指标表示。岩石的抗压强度应比所配制的混凝土强度至少高 20%。当混凝土强度等级大于或等于 C60 时，应进行岩石抗压强度检验。岩石强度首先应由生产单位提供，工程中可采用压碎指标进行质量控制。碎石的压碎值指标应符合表 2-54 的规定。

表 2-54　碎石的压碎值指标

岩石品种	混凝土强度等级	碎石压碎值指标（%）
沉积岩	C60～C40	≤10
	≤C35	≤16
变质岩或深层的火成岩	C60～C40	≤12
	≤C35	≤20
喷出的火成岩	C60～C40	≤13
	≤C35	≤30

卵石的强度可通过压碎值指标表示。其压碎值指标宜符合表 2-55 的规定。

表 2-55　卵石的压碎值指标

混凝土强度等级	C60～C40	≤C35
压碎值指标（%）	≤12	≤16

650. 碎石和卵石的坚固性指标要求有哪些？

碎石和卵石的坚固性应用硫酸钠溶液法检验，试样经 5 次循环后，其质量损失应符合以下规定：

（1）在严寒及寒冷地区室外使用，并经常处于潮湿或干湿交替状态下的混凝土；有腐蚀性介质作用或经常处于水位变化区的地下结构或有抗疲劳、耐磨、抗冲击等要求的混凝土，要求试样 5 次循环后的质量损失应不大于 8%。

（2）其他条件下使用的混凝土，试样 5 次循环后的质量损失应不大于 12%。

651. 碎石或卵石的中硫化物或硫酸盐含量以及有机物等有害物质含量指标要求有哪些？

碎石或卵石中硫酸盐或硫化物含量以及卵石中有害物质含量应满足以下规定：

（1）硫化物及硫酸盐的含量（折算成 SO_3，按质量计）小于等于 1.0%。

（2）卵石中有机物质含量（用比色法试验），颜色应不深于标准色；当颜色深于标准色时，应配制成混凝土进行强度对比，抗压强度比应不低于 0.95。

（3）当碎石或卵石中含有颗粒状硫酸盐或硫化物杂质时，应进行专门试验，确保能满足混凝土耐久性要求后，方可采用。

652. 引气剂对混凝土的质量有哪些影响？

（1）混凝土中掺入引气剂可改善混凝土拌合物的和易性，可以显著降低混凝土浆体黏性，使其可塑性增强，减少单位用水量。通常每增加含气量 1%，能减少单位用水量 3%。

（2）减少离析和泌水量，提高抗渗性。

（3）提高抗腐蚀性和耐久性。

（4）含气量每提高 1%，抗压强度下降 4%～5%，抗折强度下降 2%～3%。

（5）引入空气会使干缩增大，但若同时减少用水量，对干缩的影响不会太大。

（6）使混凝土对钢筋的黏结强度有所降低，一般含气量为 4% 时，对垂直方向的钢筋黏结强度降低 10%～15%，对水平方向的钢筋黏结强度稍有下降。

653. 外加剂造成混凝土局部不凝的原因有哪些？

（1）后加外加剂，搅拌不均匀，造成外加剂局部富集；

（2）现场加水，使混凝土黏聚性降低，混凝土离析，浇筑时振捣使局部浆体集中，水灰比变大且外加剂相对过量；

（3）使用粉状外加剂时有结块，混凝土浇筑后外加剂逐渐溶解，使得混凝土局部外加剂严重过量；

（4）使用液体外加剂时，长时间不清理沉淀物，使沉淀物黏稠不易搅碎，其成分基本为不易溶解的缓凝组分，从而造成混凝土的局部过度缓凝。

654. 掺膨胀剂的混凝土的配合比设计应符合哪些规定？

（1）胶凝材料最少用量（水泥、膨胀剂和掺合料的总量）应符合表 2-56 的要求。

表 2-56　掺膨胀剂混凝土的胶凝材料最少用量

膨胀混凝土	胶凝材料最少用量（kg/m³）
补偿收缩混凝土	300
填充用膨胀混凝土	350
自应力混凝土	500

（2）水胶比不宜大于 0.5。

（3）用于有抗渗要求的补偿收缩混凝土的水泥用量应不小于 320kg/m³，当掺入掺合料时，其水泥用量不应小于 280kg/m³。

（4）补偿收缩混凝土的膨胀剂掺量不宜大于 12%，不宜小于 6%；填充用膨胀混凝土的膨胀剂掺量不宜大于 15%，不宜小于 10%。

（5）以水泥和膨胀剂为胶凝材料的混凝土，设基准混凝土配合比中水泥用量为 m_{c0}、膨胀剂取代水泥率为 K，膨胀剂用量 $m_E = m_{c0} \cdot K$、水泥用量 $m_c = m_{c0} - m_E$。

（6）以水泥、掺合料和膨胀剂为胶凝材料的混凝土，设膨胀剂取代胶凝材料率为 K、设基准混凝土配合比中水泥用量为 m'_c 和掺合料用量为 m'_f，膨胀剂用量 $m'_E = (m'_c + m'_f) \cdot K$、掺合料用量 $m_f = m'_f (1-K)$、水泥用量 $m_c = m'_c (1-K)$。

655. 掺防冻剂混凝土的养护，应符合哪些规定？

（1）在负温条件下养护时，不得浇水，混凝土浇筑后，应立即用塑料薄膜及保温材料覆盖，严寒地区应加强保温措施。

（2）初期养护温度不得低于规定温度。

（3）当混凝土温度降到规定温度时，混凝土强度必须达到受冻临界强度；当最低气温不低于 −10℃ 时，混凝土抗压强度不得小于 3.5MPa；当最低温度不低于 −15℃ 时，混凝土抗压强度不得小于 4.0MPa；当最低温度不低于 −20℃ 时，混凝土抗压强度不得小于 5.0MPa。

（4）拆模后混凝土的表面温度与环境温度之差大于 20℃ 时，应采用保温材料覆盖养护。

656. 掺防冻剂混凝土所用原材料应符合哪些要求？

（1）宜选用硅酸盐水泥、普通硅酸盐水泥。水泥存放期超过 3 个月时，使用前必须进行强度检验，合格后方可使用。

（2）粗、细骨料必须清洁，不得含有冰、雪等冻结物及易冻裂的物质。

（3）当骨料具有碱活性时，由防冻剂带入的碱含量，混凝土的总碱含量，应符合有关标准规范的规定。

（4）储存液体防冻剂的设备应有保温措施。

657. 掺防冻剂的混凝土施工注意事项有哪些？

（1）在日最低气温为 0℃～−5℃，混凝土采用塑料薄膜和保温材料覆盖养护时，可采用早强剂或早强减水剂。

（2）在日最低气温为−5℃～−10℃、−10℃～−15℃、−15℃～−20℃，采用上款保温措施时，宜分别采用规定温度为−5℃、−10℃、−15℃的防冻剂。

（3）防冻剂的规定温度为按《混凝土防冻剂》（JC 475—2004）规定的试验条件成型的试件，在恒负温条件下养护的温度。施工使用的最低气温可比规定温度低 5℃。

658. 预拌混凝土生产质量控制要满足哪两个确保？

预拌混凝土生产质量控制要满足两个确保：

一是确保预拌混凝土拌合物性能满足施工需求；

二是确保预拌混凝土交货验收质量合格。

659. 如何加强混凝土开盘鉴定工作？

（1）对首次使用、使用间隔时间超过三个月的配合比应进行开盘鉴定，开盘鉴定应符合下列规定：

① 生产使用的原材料应与配合比设计一致；

② 混凝土拌合物性能应满足施工要求；

③ 混凝土强度评定应符合设计要求；

④ 混凝土耐久性能应符合设计要求。

（2）开盘鉴定应由技术负责人或实验室负责人、质检负责人组织有关试验、质检、生产操作人员参加。开始生产时应至少留置一组标准养护试件，作为验证配合比的依据。

（3）经开盘鉴定或生产使用，发现混凝土配合比不符合施工技术要求后，应进行技术分析，确认是混凝土配合比问题导致不符合时，应立即通知实验室进行调整。

660. 混凝土拌合物泵损坏有哪些原因？

（1）砂、石骨料吸水率高、含泥量高，经泵压后，吸附大量游离水和外加剂。

（2）掺合料质量差，需水量高，尤其是粉煤灰烧失量高，含大量未完全燃烧的碳，也可能存在劣质粉煤灰。

（3）混凝土含气量大，且含有大量不稳定气泡，经泵压后破裂。

（4）泵管布置不合理、泵管长、弯头多、接口不严漏浆，导致出泵坍落度小。

661. 施工现场二次加水的危害是什么?

（1）造成混凝土水胶比过大，混凝土强度下降；

（2）易造成混凝土拌合物离析、泌水、堵管；

（3）导致混凝土凝结时间延长，延误施工；

（4）易造成表层混凝土强度过低，起灰、起砂；

（5）导致混凝土匀质性差，浇筑后的结构性能差。

662. 施工现场混凝土强度等级不同时，为避免浇筑错误，该如何浇筑?

施工时，柱、墙混凝土设计强度等级高于梁、板混凝土强度等级，浇筑时，应符合下列规定：

（1）柱、墙混凝土设计强度比梁、板混凝土设计强度高一个等级时，柱、墙位置梁、板高度范围内的混凝土经设计单位确认，可采用与梁、板混凝土设计强度等级相同的混凝土进行浇筑。

（2）柱、墙混凝土设计强度等级比梁、板混凝土设计强度高两个等级以上时，应在交界区域采取分隔措施；分隔位置应在低强度等级构件中，且距离高强度等级构件边缘不应小于 500mm。

（3）宜先浇筑强度等级高的混凝土，后浇筑强度等级低的混凝土。

663. 大体积混凝土测温频率应符合哪些规定?

大体积混凝土测温频率应符合以下规定：

（1）第一天至第四天，每 4h 不应少于一次；

（2）每五天至第七天，每 8h 不应少于一次；

（3）第七天至测温结束，每 12h 不应少于一次。

664. 超长结构混凝土浇筑应遵循的原则是什么?

超长结构混凝土浇筑，应符合以下规定：

（1）可留设施工缝分仓浇筑，分仓浇筑间隔时间不应少于 7d；

（2）当留设后浇带时，后浇带封闭时间不得少于 14d；

（3）超长整体基础中调节沉降的后浇带，混凝土封闭时间通过监测确定，应在差异沉降稳定后封闭后浇带；

（4）后浇带的封闭时间还应经设计单位确认。

665. 混凝土浇筑后的养护时间要求有哪些?

混凝土的养护时间应符合下列规定：

（1）采用硅酸盐水泥、普通硅酸盐水泥或矿渣硅酸盐水泥配制的混凝土，养护时间不应少于 7d；采用其他水泥品种时，养护时间应根据水泥性能确定；

（2）采用缓凝型外加剂、大掺量矿物掺合料配制的混凝土，养护时间不应少于 14d；

（3）抗渗混凝土、强度等级 C60 及以上的混凝土，养护时间不应少于 14d；

（4）后浇带混凝土的养护时间不应少于 14d；

（5）地下室底层墙、柱和上部结构首层墙、柱，宜适当增加养护时间；

（6）大体积混凝土的养护时间应根据施工方案确定。

666. 柱、墙混凝土养护有什么特殊要求？

（1）地下室底层和上部结构首层墙、柱混凝土带模养护时间不应少于3d；带模养护结束后，可采用洒水养护方式继续养护，也可采用覆盖养护或喷涂养护方式继续养护。

（2）其他部位柱、墙混凝土可采用洒水养护，也可采用覆盖养护或喷涂养护剂养护。

667. 抗冻混凝土与防冻混凝土的区别是什么？

抗冻混凝土与防冻混凝土是两个不同的概念。抗冻混凝土是指在使用中能承受反复冻融循环而不被破坏的混凝土；防冻混凝土是指在冬期施工过程中，环境温度为负温条件下，在达到防冻剂规定温度前达到受冻临界强度，环境温度升至正温时强度基本不受损失的混凝土。

668. 大体积混凝土配合比设计注意事项有哪些？

大体积混凝土配合比设计，除应满足强度等级、耐久性、抗渗性、体积稳定性等设计要求外，还应满足大体积混凝土施工工艺要求，并合理使用材料降低混凝土绝热温升值。

大体积混凝土配合比设计，除应符合现行行业标准《普通混凝土配合比设计规程》（JGJ 55）的有关规定外，还应符合下列规定：

（1）采用混凝土60d或90d强度验收指标时，应将其作为混凝土配合比的设计依据。

（2）混凝土拌合物的坍落度不宜大于180mm。

（3）拌和水用量不宜大于170kg/m³。

（4）粉煤灰掺量不宜大于胶凝材料用量的50%；矿渣粉掺量不宜大于胶凝材料用量的40%；粉煤灰和矿渣粉掺量总和不宜大于胶凝材料用量的50%。

（5）水胶比不宜大于0.45。

（6）砂率宜为38%～48%。

（7）混凝土制备前，宜进行绝热温升、泌水率、可泵性等对大体积混凝土裂缝控制有影响的技术参数的试验，必要时通过试泵送验证。

（8）确定配合比时，应根据混凝土绝热温升、温控施工方案的要求，提出混凝土制备时的粗细骨料和拌和水及入模温度控制的技术措施。

669. 大体积混凝土对水泥的选择及水泥质量有什么要求？

（1）水泥应符合现行国家标准《通用硅酸盐水泥》（GB 175）的有关规定，采用其他品种水泥时，其性能指标应符合国家现行有关标准的规定。

（2）应选用水化热低的通用硅酸盐水泥，3d水化热不宜大于250kJ/kg，7d水化热不宜大于280kJ/kg；当选用52.5强度等级水泥时，7d水化热宜小于300kJ/kg。

（3）水泥在搅拌站的入机温度不宜高于60℃。

（4）水泥进场时应检查水泥品种、代号、强度等级、包装或散装编号、出厂日期等，并应对水泥的强度、安定性、凝结时间、水化热进行检验，检验结果应符合现行国家标准《通用硅酸盐水泥》（GB 175）的相关规定。

670. 大体积混凝土测温点如何布置？

大体积混凝土浇筑体内测点布置，应反映混凝土浇筑体内最高温升、里表温差、降温速率及环境温度，可采用下列布置方式：

（1）测试区可选混凝土浇筑体平面对称轴线的半条轴线，测试区内监测点应按平面分层布置。

（2）测试区内，监测点的位置与数量可根据混凝土浇筑体内温度场的分布情况及温控的规定确定。

（3）在每条测试轴线上，监测点位不宜少于 4 处，应根据结构的平面尺寸布置。

（4）沿混凝土浇筑体厚度方向，应至少布置表层、底层和中心温度测点，测点间距不宜大于 500mm。

（5）保温养护效果及环境温度监测点数量应根据具体需要确定。

（6）混凝土浇筑体表层温度，宜为混凝土浇筑体表面以内 50mm 处的温度。

（7）混凝土浇筑体底层温度，宜为混凝土浇筑体底面以上 50mm 处的温度。

671. 大体积混凝土现场取样的频次是如何规定的？

（1）当一次连续浇筑不大于 1000m³ 同配合比的大体积混凝土时，混凝土强度试件现场取样不应少于 10 组。

（2）当一次连续浇筑 1000～5000m³ 同配合比的大体积混凝土时，超过 1000m³ 的混凝土，每增加 500m³ 取样不应少于一组，增加不足 500m³ 时取样一组。

（3）当一次连续浇筑大于 5000m³ 同配合比的大体积混凝土时，超出 5000m³ 的混凝土，每增加 1000m³ 取样不应少于一组，增加不足 1000m³ 时取样一组。

672. 大体积混凝土保温保湿养护有什么特殊要求？

大体积混凝土养护应采取保温保湿养护，混凝土浇筑完毕后，在初凝前宜立即进行覆盖或喷雾养护工作。保温养护应符合以下规定：

（1）应专人负责保温养护工作，并应进行测试记录。

（2）保湿养护持续时间不宜少于 14d，应经常检查塑料薄膜或养护剂涂层的完整情况，并保持混凝土表面湿润。

（3）保温覆盖层拆除应分层逐步进行，当混凝土表面温度与环境最大温差小于 20℃时，可全部拆除。

（4）在保温养护中，应现场监测混凝土浇筑体的里表温差和降温速率，当实测结果不满足温控指标要求时，应及时调整保温养护措施。

（5）高层建筑转换层的大体积混凝土施工，应加强养护，侧模和底板的保温构造应在支模设计时综合确定。

（6）大体积混凝土拆模后，地下结构应及时回填土；地上结构不宜长期暴露在自然环境中。

673. 混凝土产生过度缓凝的原因有哪些?

（1）混凝土外加剂里面缓凝剂组分超量，特别是采用蔗糖类缓凝剂含量较多时。

（2）人为或者是机械故障造成的混凝土外加剂超掺。

（3）混凝土配合比设计不当，掺合料过多，特别是混凝土浇筑环境气温较低时。

（4）粉煤灰或矿渣粉误当成水泥使用。

（5）气温影响，温度过低。

（6）养护不到位，尤其气温过低时。

（7）混凝土含气量过大。

（8）混凝土坍落度过大甚至离析泌水，造成混凝土表层粉煤灰含量高，水灰比大。

（9）混凝土施工时，施工现场二次掺加外加剂，搅拌不均匀，造成混凝土局部的外加剂掺量过多，导致局部缓凝。

674. 混凝土拆模时沾模、缺棱掉角是什么原因?

（1）混凝土凝结时间长，模板拆除过早。

（2）模板固定不牢，导致混凝土浇筑时跑模、移位。

（3）木模板在浇筑混凝土前未润湿或润湿不够，浇筑后混凝土早期养护不到位，棱角处混凝土的水分被模板大量吸收，混凝土局部水化不好，强度降低，拆模时掉角。

（4）拆模时受外力作用或重物敲击，或保护不好，棱角被碰掉，造成缺棱掉角。

2.4　一级/高级技师

2.4.1　原材料知识

675. 水泥体积安定性不合格会有什么影响?

水泥安定性不合格，是由于其中有过烧的游离氧化钙或氧化镁。游离氧化钙和氧化镁水化速度较慢，当水泥硬化后，游离氧化钙或氧化镁仍在缓慢地与水反应，导致水泥石体积膨胀，引起混凝土开裂。

水泥中石膏掺量过多，水泥石硬化后，石膏还会与水泥水化产物水化硫铝酸钙反应，生成高硫型水化铝酸钙，体积增大 1.5 倍，引起混凝土开裂。

676. 为什么要做水泥比对试验?

水泥胶砂强度检验受诸多因素的影响：操作人员、操作方法、试验环境温度、试验仪器设备精度、胶砂试模精度、预养温湿度、养护水温度等。水泥胶砂强度将决定混凝土配合比设计及调整。为此有必要进行水泥比对试验。

677. 什么是脱硫灰? 脱硫灰用于混凝土中会有什么样的后果?

电厂采用石灰水或石灰粉，通过高雾化喷头喷入除硫塔，与进入密封塔内的 150℃

高温烟气接触，中和废气中的二氧化硫，生成脱硫灰，脱硫灰是以亚硫酸钙、硫酸钙为主，含有少量粉煤灰飞灰和氢氧化钙、碳酸钙的混合物。

由于电厂的脱硫工艺和煤质不同，脱硫灰成分不固定，当脱硫灰中亚硫酸钙含量高时，会造成外加剂适应性变差、混凝土安定性不良、干缩增大、混凝土缓凝、影响混凝土强度等质量问题。

678. 什么是脱硝灰？脱硝灰用于混凝土中会有什么样的后果？

粉煤灰在脱硫的同时，还需脱硝。粉煤灰采用液体氨或尿素脱硝，由于脱硝剂过量而产生碳酸氢铵，在 36℃ 以上会分解出氨气，氨气被粉煤灰颗粒吸附在空腔内，混凝土搅拌时会产生刺激性氨味。

脱硝灰用于混凝土中，易导致混凝土凝结时间延长，降低混凝土早期强度。

679. 矿渣粉活性低的原因有哪些？

影响矿渣粉活性的因素较多，矿渣中晶体所占比例大而且晶体结构比较完整，SiO_2 等惰性组分含量较高，CaO、MgO、Al_2O_3 等活性组分含量较少，是造成矿渣粉活性低的主要原因，其次是粉磨工艺、粉磨设备和粉磨技术等原因。

680. 砂的表观密度是如何定义的？

砂的表观密度是指材料在自然状态下单位体积的质量；该体积包括材料内部封闭孔隙的体积。砂的表观密度不得小于 $2500kg/m^3$。

681. 砂的吸水率对混凝土拌合物有什么影响？

砂的吸水率试验用于测定砂的吸水率，指的是以烘干质量为基准的饱和面干吸水率。

砂吸水率较大，会提高混凝土的用水量，增加水泥、外加剂的用量，增加混凝土成本。

682. 什么是砂的吸水率？什么是砂饱和面干状态？这些指标对混凝土的性能和状态有哪些影响？

吸水率指的是测定以烘干质量为基准的饱和面干的吸水率。

砂在内部孔隙含水达到饱和，而表面干燥的状态就是砂的饱和面干状态。通俗地讲，砂长时间浸泡在水里，石子再也吸不进水了，然后从水里取出后用干布将表面的水分彻底擦干净，此时的状态就是砂的饱和面干状态了。

在混凝土的生产过程中，若只考虑含水率来调整生产用水，忽略吸水率对拌合物用水量的影响，会造成混凝土的工作状态达不到预期，或者坍落度损失严重；不同砂的吸水率对混凝土的强度、抗冻性和抗渗性等耐久性指标影响很大，试验结果表明，随着砂吸水率的减小，混凝土的抗压强度及抗劈裂强度逐渐增大，抗氯离子渗透性、抗渗性能和抗冻融性增强。

683. 砂的筛分析试验检测砂的哪些指标？对混凝土的配制提供哪些参考？

通过砂的筛分析，可以测定混凝土用砂的颗粒级配和细度模数。

砂的颗粒级配是指不同粒径骨料之间的组成状况，一般用砂在各个筛孔上的通过率表示。良好的级配应当具有较小的孔隙率和较稳定的堆聚结构。砂的颗粒级配可以分为两种：连续级配与间断级配（俗称断级配），一般配制混凝土宜采用连续级配，间断级配容易导致混凝土离析，在一般的混凝土中较少采用。

砂的细度模数是衡量砂的粗细程度的一个指标。在混凝土生产过程中，应特别注意以下几点：

（1）不同细度模数情况下混凝土的和易性及强度的变化。

（2）细度模数小，砂子的表观密度大，与水接触面多，在用水量一定时，导致混凝土的坍落度、扩展度减小，同时胶凝材料与水反应不充分，影响混凝土强度。

（3）细度模数偏大时，砂子的表观密度小，与水接触面少，水过剩，混凝土中自由水数量增加，导致混凝土离析。同时游离水会以蒸发的形式排出，使混凝土中留下微细孔，降低混凝土强度。

684. 混凝土中存在哪些菌及抗菌外加剂？

一些如细菌、真菌等微生物会对混凝土的性能产生显著影响，其机理可能是这些微生物通过新陈代谢分泌一些腐蚀性物质，主要包括一些有机酸和无机酸，这些腐蚀性物质会与水化水泥浆体发生反应，在腐蚀初期水化水泥浆的碱性孔隙液会中和一部分酸性物质，随着腐蚀深度的增加而加速钢筋的腐蚀。

目前已证明通过掺入硫酸铜和五氯酚可以抑制硬化混凝土上藻类和苔藓等含菌生物的生长，但随着时间的延续，这种抑制作用会减弱。需要注意的是，不应使用有毒物质作为添加剂。

值得一提的是，科学家研究发现一些细菌可以通过沉积方解石的形式来修复裂缝，这些细菌是产芽孢厌氧菌，且是耐碱的。

685. 聚羧酸减水剂母液的合成反应机理是什么？

聚羧酸减水剂主链带有电荷，侧链接枝在主链上，是一种梳形高分子聚合物。主链通常由不饱和小单体丙烯酸聚合而成，侧链则由带不饱和键的烯丙基醚等构成。

聚合反应大多是游离基型亲电加成反应，只有形成游离基，反应才能继续进行。过氧化物不稳定，很容易释放出带一个电子的氧游离基，诱导链式反应进行，并在这一过程中产生更多游离基，使聚合反应快速进行。

引发剂是能够引发单体进行聚合反应的物质，它的作用是提供最初的游离基。

链转移剂用于调节聚合物的相对分子质量，链转移剂的加入对反应速度无大的影响，只是缩短链的长度。链转移剂可以用于控制聚合物的链长度，亦即控制聚合物的聚合度，或聚合物的黏度。通常链转移剂添加量越多，聚合物的链越短，黏度也越小。

686. 泥土对聚羧酸减水剂的影响作用机理是什么？

（1）泥土对聚羧酸减水剂的表层吸附

表层吸附的根本原因在于泥土颗粒相对于水泥颗粒具有更大的比表面积，会与水泥颗粒竞争吸附大量的聚羧酸减水剂分子，使吸附在水泥颗粒表面的减水剂分子数量减少，减水剂分散性能显著降低，增大了水泥浆体的流动性损失。

（2）泥土对聚羧酸减水剂的插层吸附

插层吸附的根本原因在于聚羧酸减水剂的聚乙二醇长侧链极易伸展并插入蒙脱土的硅氧片层，并在层间水分子作用下与其片层形成氢键，降低了聚羧酸减水剂的分散性。

687. 石膏对减水剂的使用效果有何影响？

（1）使用无水石膏或工业氟石膏作为"调凝剂"，会与木质素磺酸钙或糖蜜减水剂作用，产生异常凝结现象，这是因为在上述减水剂中，硫酸钙的溶解量下降，铝酸三钙很快水化，使水泥发生速凝。

（2）石膏与过热熟料共同粉磨时可能会脱水形成半水石膏和无水石膏，当这种水泥与水混合时会生成针状石膏晶体，引起水泥假凝。

（3）水泥水化所需的石膏量随着水泥中铝酸三钙和碱含量的增加而增加，当水泥细度过细时，早期参与水化的铝酸三钙活性高，水泥水化所需的石膏量相应增加，此时应注意补充水泥水化所需的硫酸根离子。

（4）磷石膏与聚羧酸、萘系、糖钙类减水剂相容性较好，但与氨基磺酸盐和木钙减水剂的相容性很差。

（5）羟基羧酸盐、醚类和二甘醇等缓凝剂可以提高硬石膏的溶解度，适用于掺加硬石膏出现速凝的水泥。

688. 混凝土拌和用水中氯离子、碱含量、硫酸盐的试验依据是什么？

氯化物的检验应符合现行国家标准《水质 氯化物的测定 硝酸银滴定法》（GB 11896）的要求。

碱含量的检验应符合现行国家标准《水泥化学分析方法》（GB/T 176）中关于氧化钾、氧化钠测定的火焰光度计法的要求。

硫酸盐的检验应符合现行国家标准《水质 硫酸盐的测定 重量法》（GB 11899）的要求。

689. 再生水、洗刷水作为混凝土用水的检验频次有哪些要求？

再生水每3个月检验一次；在质量稳定一年后，可每6个月检验一次。

混凝土企业设备洗刷水每3个月检验一次；在质量稳定一年后，可一年检验一次。

当发现水受到污染和对混凝土性能有影响时，应立即检验。

670. 外加剂掺加方法分为哪几种？

外加剂掺量分为以下几种：

外掺法：外加剂质量占外加剂与胶凝材料总质量的百分比。

内掺法：外加剂质量占胶凝材料质量的百分比。

先掺法：混凝土拌和时，外加剂先于拌和水加入的掺加方法。

同掺法：混凝土拌和时，外加剂与水一起加入的掺加方法。

后掺法：混凝土拌和时，外加剂滞后于水再加入的掺加方法。

二次掺加法：根据混凝土拌合物性能需要或其不能满足施工要求时，现场再次添加外加剂的方法。

2.4.2 混凝土知识

691. 冬期施工如何加强混凝土养护？

（1）新浇筑的混凝土表面应铺一层塑料薄膜对裸露表面覆盖保湿。

（2）模板外和混凝土表面覆盖的保温层，不应采用潮湿状态的材料，也不应将保温材料直接铺盖在潮湿的混凝土表面。

（3）对边、棱角部位的保温层厚度应增大到面部位的 2～3 倍，即结构易受冻的部位，应加强保温措施。

（4）混凝土在养护期间应防风、防失水。

692. 冬期施工混凝土模板拆除时间有何要求？

（1）冬期施工混凝土应尽量延长养护时间，延后拆模时间。

（2）冬期施工混凝土强度应达到规定的受冻临界强度，且模板和保温层在混凝土达到要求强度并冷却到 5℃后方可拆除。

（3）拆模时混凝土表面温度和环境温度之差大于 20℃时，混凝土表面应及时覆盖（保温保湿），缓慢冷却。

693. 抗冻混凝土配合比设计有哪些具体要求？

（1）抗冻混凝土的原材料应符合下列规定：

① 水泥应采用硅酸盐水泥或普通硅酸盐水泥；

② 粗骨料宜采用连续级配，其含泥量不得大于 1.0%，泥块含量不得大于 0.5%；

③ 细骨料含泥量不得大于 3.0%，泥块含量不得大于 1.0%；

④ 粗、细骨料均应进行坚固性试验，并应符合现行行业标准《普通混凝土用砂、石质量及检验方法标准》（JGJ 52）的规定；

⑤ 抗冻等级不小于 F100 的抗冻混凝土宜掺用引气剂；

⑥ 在钢筋混凝土和预应力混凝土中不得掺用含有氯盐的防冻剂，在预应力混凝土中不得掺用含有亚硝酸盐或碳酸盐的防冻剂。

（2）抗冻混凝土配合比最大水胶比和最小胶凝材料用量、复合矿物掺合料掺量、掺用引气剂的混凝土最小含气量应满足相关标准的规定。

694. 抗冻混凝土配合比最大水胶比和最小胶凝材料用量应符合哪些要求？

抗冻混凝土配合比最大水胶比和最小胶凝材料用量应符合表 2-57 的规定。

表 2-57　抗冻混凝土配合比最大水胶比和最小胶凝材料用量

设计抗冻等级	最大水胶比		最小胶凝材料用量（kg/m³）
	无引气剂时	掺引气剂时	
F50	0.55	0.60	300
F100	0.50	0.55	320
不低于 F150	—	0.50	350

695. 抗冻混凝土配合比复合矿物掺合料掺量应符合哪些要求？

抗冻混凝土配合比复合矿物掺合料掺量应符合表 2-58 规定：

表 2-58 抗冻混凝土配合比复合矿物掺合料最大掺量

水胶比	最大掺量（%）	
	采用硅酸盐水泥时	采用普通硅酸盐水泥时
≤0.40	60	50
>0.40	50	40

注：1. 采用其他通用硅酸盐水泥时，可将水泥混合材掺量 20% 以上的混合材计入矿物掺合料。

2. 复合矿物掺合料中矿物掺合料组分的掺量不宜超过基本规定中单掺时的限量。其他矿物掺合料掺量应符合普通混凝土配合比设计规程中的基本规定。

696. 高强混凝土配合比设计原材料有哪些具体要求？

（1）水泥应选用硅酸盐水泥或普通硅酸盐水泥。

（2）粗骨料宜采用连续级配，其最大公称粒径不宜大于 25.0mm，针片状颗粒含量不宜大于 5.0%，含泥量不应大于 0.5%，泥块含量不应大于 0.2%。

（3）细骨料的细度模数宜为 2.6～3.0，含泥量不应大于 2.0%，泥块含量不应大于 0.5%。

（4）宜采用减水率不小于 25% 的高性能减水剂。

（5）宜复合掺用粒化高炉矿渣粉、粉煤灰和硅灰等矿物掺合料；粉煤灰等级不应低于Ⅱ级；对强度等级不低于 C80 的高强混凝土宜掺用硅灰。

697. 高强混凝土配合比应经试验确定，在缺乏试验依据时，应符合哪些规定？

（1）水胶比、胶凝材料用量和砂率要求。

水胶比、胶凝材料用量和砂率按表 2-59 选取，并应经试验确定。

表 2-59 高强混凝土配合比水胶比、胶凝材料用量和砂率

强度等级	水胶比	胶凝材料用量（kg/m³）	砂率（%）
≥C60，<C80	0.28～0.34	480～560	
≥C80，<C100	0.26～0.28	520～580	35～42
C100	0.24～0.26	550～600	

（2）外加剂和矿物掺合料的品种、掺量，应通过试验确定；矿物掺合料掺量宜为 25%～45%；硅灰掺量不宜大于 10%。

（3）水泥用量不宜大于 500kg/m³。

698. 高强混凝土配合比试配及配合比确定有何要求？

（1）试配过程中，应采用三个不同的配合比进行混凝土强度试验，其中一个可为计算后调整拌合物的试拌配合比，另外两个配合比的水胶比，宜较试拌配合比分别增加和减少 0.02。

（2）高强混凝土配合比确定后，还应采用该配合比进行不少于三盘混凝土的重复试验，每盘混凝土应至少成型一组试件，每组混凝土的抗压强度不应低于配制强度。

（3）高强混凝土抗压强度测定宜采用标准尺寸试件，使用非标准尺寸试件时，尺寸折算系数应经试验确定。

699. 配制自密实混凝土对骨料有什么要求？

（1）粗骨料宜采用连续级配或2个及以上单粒径级配搭配使用，最大公称粒径不宜大于20mm；对于结构紧密的竖向构件、复杂形状的结构以及有特殊要求的工程，粗骨料的最大公秤粒径不宜大于16mm。粗骨料的针、片状颗粒含量、含泥量及泥块含量，应符合表2-60规定。

表 2-60　粗骨料的针片状颗粒含量、含泥量及泥块含量

项目	针、片状颗粒含量	含泥量	泥块含量
指标（%）	≤8	≤1.0	≤0.5

（2）轻、粗骨料宜采用连续级配，性能指标应符合表2-61规定。

表 2-61　轻、粗骨料性能指标

项目	密度等级	最大粒径	粒型系数	24h吸水率
指标	≥700	≤16mm	≤2.0	≤10%

（3）细骨料宜采用级配Ⅱ区的中砂。天然砂的含泥量不大于3.0%、泥块含量不大于1.0%；人工砂的石粉含量应符合表2-62规定。

表 2-62　人工砂的石粉含量

项目		≥C60	C55～C30	≤C25
石粉含量（%）	MB<1.4	≤5.0	≤7.0	≤10.0
	MB≥1.4	≤2.0	≤3.0	≤5.0

700. 自密实混凝土拌合物的自密实性能的评价指标及其要求有哪些？

自密实混凝土的自密实性能包括填充性、间隙通过性、抗离析性，其要求见表2-63规定。

表 2-63　自密实混凝土填充性、间隙通过性、抗离析性性能指标

自密实性能	性能指标	性能等级	技术要求
填充性	坍落扩展度（mm）	SF1	550～655
		SF2	660～755
		SF3	760～850
	扩展时间 T_{500}（s）	VS1	≥2
		VS2	<2
间隙通过性	坍落扩展度与J环扩展度差值（mm）	PA1	25<PA1≤50
		PA2	0≤PA2≤25
抗离析性	离析率（%）	SR1	≤20
		SR2	≤15
	粗骨料振动离析率（%）	f_m	≤10

701. 大体积混凝土配合比应注意哪些事项?

(1) 水泥宜采用中、低热硅酸盐水泥或低热矿渣硅酸盐水泥,当采用硅酸盐水泥或普通硅酸盐水泥时,应掺加粉煤灰、矿渣粉等矿物掺合料,胶凝材料的 3d 和 7d 水化热分别不宜大于 250kJ/kg 和 280kJ/kg。

(2) 粗骨料粒径宜为 5.0~31.5mm,并应连续级配,含泥量不应大于 1.0%。

(3) 细骨料宜采用中砂,细度模数宜大于 2.3,含泥量不应大于 3.0%。

(4) 采用缓凝型泵送剂,延长混凝土终凝时间,降低温度峰值。

(5) 在配合比试配和调整时,控制混凝土绝热温升不宜大于 50℃。

(6) 混凝土拌合物的坍落度不宜大于 180mm,水胶比不宜大于 0.45,用水量不宜大于 170kg/m³。

(7) 当采用混凝土 60d 或 90d 龄期强度验收指标时,应将其作为混凝土配合比的设计依据。

(8) 在保证混凝土和易性要求的前提下,提高每立方米混凝土中的粗骨料用量;适当降低砂率。

702. 配制清水混凝土对原材料有什么要求?

(1) 材料储备充足,原材料的颜色和技术参数宜一致;

(2) 宜选用强度等级不低于 42.5 级的硅酸盐水泥、普通硅酸盐水泥。同一工程的水泥宜为同一厂家、同一品种、同一强度等级。

(3) 粗骨料应采用连续粒级,颜色应均匀,表面应洁净,并符合表 2-64 的规定。

表 2-64　粗骨料质量要求

混凝土强度等级	≥C50	<C50
含泥量(按质量计,%)	≤0.5	≤1.0
泥块含量(按质量计,%)	≤0.2	≤0.5
针、片状颗粒含量(按质量计,%)	≤8	≤15

(4) 细骨料宜采用中砂,并符合表 2-65 的规定。

表 2-65　细骨料质量要求

混凝土强度等级	≥C50	<C50
含泥量(按质量计,%)	≤2.0	≤3.0
泥块含量(按质量计,%)	≤0.5	≤1.0

(5) 同一工程所用的掺合料应来自同一厂家、同一规格型号。宜选用Ⅰ级粉煤灰。

703. 影响混凝土含气量的因素有哪些?

(1) 水泥

水泥品种,硅酸盐水泥的引气量依次大于普通水泥、矿渣水泥、火山灰水泥。对于同品种水泥,提高水泥的细度或碱含量,增大水泥用量,都可导致引气量的减少。

（2）骨料

含气量一般随骨料最大粒径的增大和砂率的减少而降低。此外，骨料的颗粒形状、级配、细颗粒含量、炭质含量等对混凝土拌合物含气量也有影响。天然砂的引气量大于机制砂，且粒径为 $0.15\sim0.6mm$ 的细颗粒越多，引气量越大。

（3）矿物掺合料

掺加矿物掺合料，一般降低含气量，原因是矿物掺合料中含有的多孔炭质颗粒或沸石结构对气体有显著的吸附作用。

（4）外加剂

引气剂的使用是增加混凝土拌合物含气量的最有效手段，掺量越高，含气量越大。某些减水剂与引气剂复合使用，会降低混凝土的含气量，因此外加剂复配应经过试验确定。

（5）水胶比

水胶比过小，则拌合物过于黏稠，不利于气泡的产生；水胶比过大，则气泡易于合并长大，并上浮逸出。

（6）搅拌和密实工艺

机械搅拌比人工搅拌引气量大，适当的搅拌速度和适当的搅拌时间，可提高含气量。机械振捣以及振捣时间会引起气泡的逸出，降低含气量。

（7）环境温度

温度越高，含气量越小。

704. 什么是混凝土中的碱-骨料反应?

当混凝土中水泥碱含量（$Na_2O+0.658K_2O$）大于 0.6% 时，在有水存在的条件下，水泥中的碱与骨料中的活性二氧化硅发生化学反应，在骨料表面形成一层复杂的碱-硅酸凝胶。这种凝胶遇水膨胀，使骨料与水泥石界面胀裂，黏结强度下降。这种化学反应称为碱-骨料反应。此反应一般进行得很慢，由此引起的破坏作用，往往要经过几年后才能出现，它的破坏作用更大更危险，对耐久性十分不利。

705. 什么是钢筋锈蚀?

水泥水化形成大量氢氧化钙，使混凝土孔隙中充满饱和氢氧化钙溶液，pH 为 $12\sim13$，高碱性介质对钢筋有良好的保护作用，使钢筋表面生成难溶的水化产物 $\gamma Fe_2O_3 \cdot nH_2O$ 或 $Fe_3O_4 \cdot nH_2O$ 薄膜，称为钝化膜，该钝化膜能保护钢筋不受锈蚀。当钢筋表面的混凝土孔溶液中存在游离 Cl^-、且游离 Cl^- 浓度超过一定值时，Cl^- 能破坏钝化膜，发生电化学反应，使钢筋发生锈蚀。

706. 钢筋锈蚀电化学反应的机理是什么?

（1）混凝土钢筋锈蚀属于电化学过程，可表示为：

$$阳极反应\quad Fe \longrightarrow Fe^{2+} + 2e$$

阳极区释放的电子通过钢筋向阴极区传送：

$$阴极反应\quad O_2 + 2H_2O + 4e \longrightarrow 4OH^-$$

将上述两个反应综合起来，则得：

$$2Fe+O_2+2H_2O \longrightarrow 2Fe(OH)_2$$

（2）$Fe(OH)_2$ 被进一步氧化成 $Fe(OH)_3$：$4Fe(OH)_2+O_2+2H_2O \longrightarrow 4Fe(OH)_3$

（3）$Fe(OH)_3$ 脱水后变成疏松、多孔、非共格的红锈 Fe_2O_3；在少氧条件下，$Fe(OH)_2$ 氧化不很完全，部分形成黑锈 Fe_3O_4。生成的 Fe_2O_3、Fe_3O_4 体积膨胀数倍，使混凝土保护层开裂与脱落。

707. 影响钢筋锈蚀的因素有哪些？

（1）水灰比。水灰比越大，混凝土的孔隙率越大，密实度降低，增大 O^2 和 Cl^- 扩散系数，最终使锈蚀速度加快。

（2）水泥成分。各水泥成分中以 C_3A 对 Cl^- 的吸附作用最大，故当 C_3A 含量高时，被吸附的 Cl^- 多，游离 Cl^- 的浓度小，对防护钢筋锈蚀有利。

（3）在水泥中掺入各种矿物掺合料对抗 Cl^- 引起的钢筋锈蚀有利。掺合料的作用主要体现在延缓钢筋锈蚀的开始时间和降低锈蚀速度。矿渣和粉煤灰均对 Cl^- 有较大的吸附作用，均使 Cl^- 的有效扩散系数降低，从而延缓钢筋锈蚀的开始时间。

（4）掺加硅粉，硅粉的掺入使混凝土孔隙率减少，Cl^- 和 O_2 的扩散速度减慢，混凝土的电阻抗提高，从而降低锈蚀速度。

（5）钢筋保护层，保护层厚度越大，O_2 的浓度梯度越小，锈蚀速度越慢。

（6）混凝土振捣密实，加强混凝土早期养护，有利于提高抗钢筋锈蚀能力。

708. 提高工程混凝土耐久性的措施是什么？

（1）混凝土配合比。
① 掺加高效减水剂，降低混凝土的水胶比。
② 合理掺加矿物掺合料。
③ 适当增加混凝土的含气量。
④ 控制混凝土中氯离子、碱等有害物质的含量。
（2）适当提高钢筋的混凝土保护层厚度。
（3）工程施工方面。
① 加强混凝土施工质量控制，保证混凝土保护层厚度，减少混凝土结构表面开裂。
② 加强混凝土结构的现场养护，提高混凝土的密实性、抗渗性。
③ 严格控制混凝土拆模时间，应根据不同环境要求、混凝土早期强度等确定拆模时间。
④ 加强施工缝控制，混凝土施工缝、变形缝等连接缝是结构相对薄弱的部位，容易成为腐蚀性物质侵入混凝土内部的通道。为了混凝土施工缝、变形缝处不渗漏，应在混凝土施工缝处、变形缝处设置多重防水。

709. 签发混凝土配合比通知单的依据是什么？

（1）实验室根据混凝土生产任务单的要求，向生产、材料等部门下达混凝土配合比通知单。
（2）签发混凝土配合比通知单的依据。
① 混凝土生产任务单中的有关要求，其中混凝土标记、浇筑方法、浇筑部位、运

输时间和特殊要求是实验室签发时应重点考虑的内容。

②试验室混凝土储备配合比。

③砂、石含水率以及砂中含石率的测定结果。

实验室储备的混凝土配合比，一般不包括砂、石含水率，但实际生产中砂、石是有一定含水率的，且含水率往往会受气候影响变化。而河砂中往往也含有一定比例的卵石。因此，在签发混凝土配合比通知单前应测定砂、石含水率以及砂中含石率（粒径大于5mm的岩石颗粒），并在混凝土配合比通知单中做出调整。

④砂、石级配的变化。

实际生产时，砂、石的质量（规格、粒径等）是在一定范围内变化的，经常出现砂、石质量与混凝土配合比设计时所采用的砂、石质量不一致的情况，这就需要在签发混凝土配合比通知单时作适当调整。

⑤水泥、外加剂质量的变化。

实际生产时，水泥、外加剂往往会出现质量波动的情况，需要在签发混凝土配合比通知单时作考虑。

710. 如何加强混凝土配合比通知单的签发？

（1）实验室根据储备配合比，经试验、计算和调整后向生产、材料部门签发混凝土配合比通知单。

（2）签发混凝土配合比通知单时应填写正确、清楚，项目齐全，确保各项内容均能被有关人员正确理解。

（3）混凝土配合比通知单应包括生产日期、工程名称、混凝土强度、坍落度、混凝土配合比编号、原材料的名称、品种、规格、所在筒仓的编号、配合比和每立方米混凝土所用原材料的实际用量等内容。

（4）有特殊技术要求（包括特殊材料、工艺或其他非常规要求）的混凝土、高技术难度（高强度等级、超大体积、超缓凝或其他超常规技术要求）的混凝土，由技术负责人编制施工方案。

711. 混凝土环境的作用等级如何分类表达？

混凝土环境的作用等级分类见表2-66。

表 2-66　混凝土环境的作用等级分类

环境类别	环境作用等级					
	A 轻微	B 轻度	C 中度	D 严重	E 非常严重	F 极端严重
一般环境	Ⅰ-A	Ⅰ-B	Ⅰ-C	—	—	—
冻融环境	—	—	Ⅱ-C	Ⅱ-D	Ⅱ-E	—
海洋氯化物环境	—	—	Ⅲ-C	Ⅲ-D	Ⅲ-E	Ⅲ-F
除冰盐等其他氯化物环境	—	—	Ⅳ-C	Ⅳ-D	Ⅳ-E	—
化学腐蚀环境	—	—	Ⅴ-C	Ⅴ-D	Ⅴ-E	—

712. 单位体积混凝土中的氯离子、三氧化硫、碱含量的要求是什么？

（1）配筋混凝土中氯离子的最大含量（用单位体积混凝土中氯离子与胶凝材料的重量比表示）不应超过表 2-67 规定。

表 2-67 配筋混凝土中氯离子的最大含量

环境作用等级	构件类型	
	钢筋混凝土	预应力混凝土
I-A	0.3%	0.06%
I-B	0.2%	
I-C	0.15%	
III-C、III-D、III-E、III-F	0.1%	
IV-C、IV-D、IV-E	0.1%	
V-C、V-D、V-E	0.15%	

注：对重要桥梁等基础设施，各种环境下的氯离子含量均不应超过 0.08%。

（2）不得使用含有氯化物的防冻剂和其他外加剂。

（3）单位体积混凝土中三氧化硫的最大含量不应超过胶凝材料总量的 4%。

（4）单位体积中的碱含量应满足表 2-68 要求。

表 2-68 单位体积中的碱含量

条件	碱含量要求（kg/m³）
骨料无活性且处于干燥环境条件	≤3.5
设计使用年限为 100 年时	≤3.0
骨料无活性但处于潮湿环境（相对湿度≥75%）	≤3.0
骨料有活性且处于潮湿环境（相对湿度≥75%）	严格控制并掺加矿物掺合料

713. 混凝土搅拌站如何采用统计方法对混凝土强度进行检验评定？

（1）合格评定的组批要求：

预拌混凝土企业统计周期可取一个月，即一个月内混凝土强度等级相同、试验龄期相同、生产工艺条件和配合比基本相同的混凝土可作为一个统计批。

（2）采用统计方法评定时应按下列规定进行：

当样品容量不少于 10 组时，其强度应同时满足下列要求：

$$m_{f_{cu}} \geqslant f_{cu,k} + \lambda_1 \cdot S_{f_{cu}}$$

$$f_{cu,min} \geqslant \lambda_2 \cdot f_{cu,k}$$

同一检验批混凝土立方体抗压强度的标准差应按下式计算：

$$S_{fCU} = \sqrt{\frac{\sum_{i=1}^{n} f_{cu,i}^2 - nm\,f_{cu}^2}{n-1}}$$

式中 $S_{f_{cu}}$——同一检验批混凝土立方体抗压强度的标准差（N/mm²），精确到 0.01

（N/mm^2）；当检验批混凝土立方体标准差 $S_{f_{cu}}$ 计算值小于 2.5N/mm^2 时，
应取 2.5N/mm^2；

λ_1，λ_2——合格评定系数，按表 2-69 取用；

n——本检验期内的样本容量。

表 2-69 混凝土强度的合格评定系数

试件组数	10~14	15~19	≥20
λ_1	1.15	1.05	0.95
λ_2	0.90	0.85	

714. 如何采用非统计方法对混凝土强度检验评定？

（1）当用于评定的样本容量小于 10 组时，应采用非统计方法评定混凝土强度。

（2）按非统计方法评定混凝土强度时，其强度应同时符合下列规定：

$$m_{f_{cu}} \geq \lambda_3 \cdot f_{cu,k}$$
$$f_{cu,min} \geq \lambda_4 \cdot f_{cu,k}$$

式中 λ_3，λ_4——合格评定系数，按表 2-70 取用。

表 2-70 混凝土强度的非统计方法合格评定系数

混凝土强度等级	<C60	≥C60
λ_3	1.15	1.10
λ_4	0.95	

715. 如何评价预拌混凝土企业混凝土生产控制水平？

（1）混凝土生产管理水平可按强度标准差（σ）和实测强度达到强度标准值组数的百分率（P）表征。

（2）混凝土强度标准差 σ 应按下式计算，并应符合表 2-71 的规定。检验批混凝土立方体抗压强度的标准差应按下式计算：

$$\sigma_0 = \sqrt{\frac{\sum_{i=1}^{n} f_{cu,i}^2 - nm_{f_{cu}}^2}{n-1}}$$

式中 σ——混凝土强度标准差，精确到 0.1MPa；

$f_{cu,i}$——统计周期内第 i 组混凝土立方体试件的抗压强度值，精确到 0.1MPa；

$m_{f_{cu}}$——统计周期内 n 组混凝土立方体试件的抗压强度的平均值，精确到 0.1MPa；

n——统计周期内相同强度等级混凝土的试件组数，n 值不应小于 30。

表 2-71 混凝土强度标准差（MPa）

强度标准差 σ		
<C20	C20~C40	≥C45
≤3.0	≤3.5	≤4.0

（3）实测强度达到强度标准值组数的百分率（P）应按下式计算，且不应小于 95%。

$$P = \frac{n_0}{n} \times 100\%$$

式中　P——统计周期内实测强度达到强度标准值组数的百分率，精确至 0.1%；

n_0——统计周期内相同强度等级混凝土达到强度标准值的试件组数。

2.4.3　试验检验部分

716. 如何检测粉煤灰密度？

方法原理：将一定质量的粉煤灰倒入装有足够量的液体介质的李氏瓶内，液体体积应可以充分浸润粉煤灰颗粒。根据阿基米德定律，粉煤灰颗粒的体积等于它排开液体的体积，从而计算出粉煤灰单位体积的质量，即为密度。

仪器设备：李氏瓶（分度值 0.1mL）、无水煤油、恒温水槽、天平、温度计。

试验步骤：

（1）粉煤灰试样应预先通过 0.90mm 方孔筛，在（110±5）℃温度下烘干 1h，并在干燥器内冷却至室温（室温控制在（20±1）℃）。

（2）称取粉煤灰 60g（m），精确至 0.01g。

（3）将无水煤油注入李氏瓶至 0~1mL 之间的刻度线后（选用磁力搅拌，此时应加入磁力棒）盖上瓶塞放入恒温水槽内，使刻度部分浸入水中（水温控制在（20±1）℃），恒温至少 30min，记下无水煤油的初始读数（V_1）。

（4）从恒温水槽中取出李氏瓶，用滤纸将李氏瓶细长颈内没有煤油的部分仔细擦干净。

（5）用小匙将试样一点点地装入李氏瓶内，反复摇动直至没有气泡排出，再次将李氏瓶静置于恒温水槽，使刻度部分浸入水中，恒温至少 30min，记下第二次读数（V_2）。

（6）第一次和第二次读数，恒温水槽的温差不大于 0.2℃。

结果计算：
$$\rho = \frac{m}{V_2 - V_1}$$

式中　ρ——粉煤灰密度，g/cm³；

m——粉煤灰质量，g；

V_1——李氏瓶第一次读数，mL；

V_2——李氏瓶第二次读数，mL。

717. 如何检测矿渣粉密度？

方法原理：将一定质量的矿渣粉倒入装有足够量的液体介质的李氏瓶内，液体体积应可以充分浸润矿渣粉颗粒。根据阿基米德定律，矿渣粉颗粒的体积等于它排开液体的体积，从而计算出矿渣粉单位体积的质量，即为密度。试验中，液体介质采用无水煤油或不与矿渣粉发生反应的其他液体。

仪器设备：李氏瓶（分度值 0.1mL）、无水煤油、恒温水槽、天平、温度计。

试验步骤：

（1）矿渣粉试样应预先通过 0.90mm 方孔筛，在（110±5）℃温度下烘干 1h，并在干燥器内冷却至室温 [室温控制在（20±1）℃]。

（2）称取矿渣粉 60g（m），精确至 0.01g。

（3）将无水煤油注入李氏瓶至 0～1mL 之间的刻度线后（选用磁力搅拌，此时应加入磁力棒）盖上瓶塞放入恒温水槽内，使刻度部分浸入水中（水温控制在（20±1）℃），恒温至少 30min，记下无水煤油的初始读数（V_1）。

（4）从恒温水槽中取出李氏瓶，用滤纸将李氏瓶细长颈内没有煤油的部分仔细擦干净。

（5）用小匙将试样一点点地装入李氏瓶内，反复摇动（亦可用超声波震动或磁力搅拌等）直至没有气泡排出，再次将李氏瓶静置于恒温水槽，使刻度部分浸入水中，恒温至少 30min，记下第二次读数（V_2），第一次和第二次读数，恒温水槽的温差不大于 0.2℃。

结果计算：
$$\rho = \frac{m}{(V_2 - V_1)}$$

式中　ρ——矿渣粉密度，g/cm³；

$\quad\quad m$——矿渣粉质量，g；

$\quad\quad V_1$——李氏瓶第一次读数，mL；

$\quad\quad V_2$——李氏瓶第二次读数，mL。

718. 普通混凝土用砂吸水率如何检验？

（1）饱和面干试样的制备：

将样品在潮湿状态下用四分法缩分至 1000g，拌匀后分成两份，分别装入浅盘或其他合适的容器中，注入清水，使水面高出样品表面 20mm 左右，水温控制在（20±5）℃。用玻璃棒连续搅拌 5min，以排除气泡，静置 24h 以后，细心地倒去试样上的水，并用吸管去余水。再将试样在盘中摊开，用手提吹风机缓缓吹入暖风，并不断翻拌试样，使砂表面的水分在各部位均匀蒸发。然后将试样松散地一次装满饱和面干试模中，捣 25 次（捣棒端面距试样表面不超过 10mm，任其自由落下），捣完后，留下的空隙不用再装满，从垂直方向徐徐提起试模。试样呈图（a）的形状时，则说明砂中尚有表面水，应继续按上述方法用暖风干燥，并按上述方法进行试验，直至试模提起后试样呈图（b）的形状为止。试模提起后，试样呈（c）则说明试样已干燥过分，此时应将试样洒水 5mL，充分拌匀，并静置于加盖容器中 30min 后，再按上述方法进行试验，直至试样达到图（b）的形状为止。

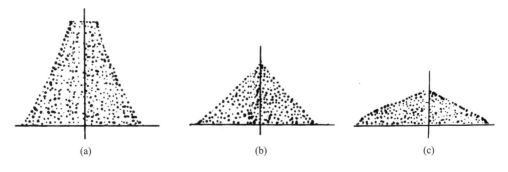

(a)　　　　　　　　(b)　　　　　　　　(c)

（2）吸水率试验应按下列步骤进行试验：

① 立即称取饱和面干试样 500g，放入已知质量（m_1）烧杯中，于温度为（105±5）℃的烘箱中烘干至恒重，并在干燥器内冷却至室温后，称取干样与烧杯的总质量（m_2）。

② 吸水率应按下式计算，精确至 0.1%。

$$\omega_{wa}=\frac{500-(m_2-m_1)}{m_2-m_1}\times100\%$$

式中　ω_{wa}——吸水率，%；

　　　m_1——烧杯质量，g；

　　　m_2——烘干的试样与烧杯的总质量，g。

以两次试验结果的算术平均值作为测定值，当两次结果之差大于 0.2% 时，应重新取样进行试验。

719. 简述普通混凝土用砂云母含量检验方法。

称取经缩分的试样 50g，在温度为（105±5）℃的烘箱中烘干至恒重，冷却至室温。

先筛去大于 5.00mm 和小于 315μm 的颗粒，然后根据砂的粗细不同称取试样 10~20g（m_0），放在放大镜下观察，用钢针将砂中所有云母全部挑出，称取所挑出的云母质量（m）。

砂中云母含量 ω_m 应按下式计算，精确至 0.1%。

$$\omega_m=\frac{m_1}{m_0}\times100\%$$

式中　ω_m——砂中云母含量，%；

　　　m_0——烘干试样质量，g；

　　　m_1——挑出的云母质量，g。

720. 地下水质量常规指标及限值有何要求？

地下水质量应满足表 2-72 中的规定。

表 2-72　地下水的技术指标

指标	Ⅰ类	Ⅱ类	Ⅲ类	Ⅳ类	Ⅴ类
pH	6.5≤pH≤8.5			5.5≤pH≤6.5 8.5≤pH≤9.0	pH<5.5 或 pH>9.0
硫酸盐（mg/L）	≤50	≤150	≤250	≤350	>350
氯化物（mg/L）	≤50	≤150	≤250	≤350	>350
硫化物（mg/L）	≤0.005	≤0.01	≤0.02	≤0.10	>0.10

721. 混凝土出厂检验试块的抗压强度偏低是由哪些原因造成的？

（1）混凝土配合比试配强度偏低。

（2）水泥质量波动，强度低。

（3）粉煤灰、矿渣粉等掺合料质量波动，活性低或掺量过大。

（4）骨料中含泥量或泥块含量过大、骨料自身强度过低、粗骨料的针、片状含量过大、颗粒级配差。

（5）外加剂减水率低、外加剂引气性过高导致混凝土含气量过大。

（6）生产过程中用水量过大，造成配合比水灰比过大，导致混凝土抗压强度低。

（7）混凝土生产过程中，一种或多种材料计量误差偏大，使得配合比得不到准确的执行。

（8）搅拌运输罐车内的积水未清理就进行装料，导致混凝土水灰比过大，抗压强度降低。

（9）混凝土试块拆模、养护不及时，养护不到位，养护条件达不到需要的温度和湿度要求。

722. 简述混凝土温度试验步骤。

（1）试验容器内壁应润湿无明水。

（2）混凝土拌合物取样，宜用振动台振实；采用振动台振实时，应一次性将混凝土拌合物装填至高出试验容器筒口，装料时可用捣棒稍加插捣，振动过程中混凝土拌合物低于筒口时，应随时添加，振动直至表面出浆为止；自密实混凝土应一次性填满，且不应振动和插捣。

（3）将筒口多余的混凝土拌合物刮去，表面凹陷应填平。

（4）自搅拌加水开始计时，宜静置20min后放置温度传感器。

（5）温度传感器整体插入混凝土拌合物中的深度不应小于骨料最大公称粒径，温度传感器各个方向的混凝土拌合物的厚度不应小于骨料最大公称粒径；按压温度传感器附近的表层混凝土以填补放置温度传感器时混凝土中留下的空隙。

（6）应使温度传感器在混凝土拌合物中埋置3~5min，然后读取并记录温度测试仪的读数，精确至0.1℃；读数时不应将温度传感器从混凝土拌合物中取出。

（7）工程要求调整静置时间时，应按实际静置时间测定混凝土拌合物的温度。

（8）施工现场测试混凝土拌合物温度时，可将混凝土拌合物装入试验容器中，用捣棒插捣密实后，测定混凝土拌合物的温度。

723. 简述混凝土绝热温升试验步骤。

（1）绝热温升试验装置应进行绝热性检验，即试样容器内装与绝热温升试验试样体积相同的水，水温分别为40℃和60℃左右，在绝热温度跟踪状态下运行72h，试样容器内水的温度变动值不应大于±0.05℃。试验时，绝热试验箱内空气的平均温度与试样中心温度的差值应保持不大于±0.1℃。超出±0.1℃时，应对仪器进行调整，重复试验装置绝热性能试验，直至满足要求。

（2）试验前24h应将混凝土搅拌用原材料放在（20±2）℃的室内，使其温度与室温一致。

（3）应将混凝土拌合物分两层装入试验容器中，每层捣实后高度约为1/2容器高度；每层装料后由边缘向中心均匀地插捣25次，捣棒应插透本层至下一层表面；每一层插捣完后用橡皮锤沿容器外壁敲击5~10次，进行振实，直至拌合物表面插捣孔消失；在容器中心埋入一根测温管，测温管中应盛放少许变压器油，然后盖上容器上盖，保持密封。

（4）将试样容器放入绝热试验箱体内，温度传感器应装入测温管中，测得混凝土拌合物的初始温度。

（5）开始试验，控制绝热室温度与试样中心温度相差不应大于±0.1℃；试验开始后应每0.5h记录一次试样中心温度，历时24h后应每隔1h记录一次，7d后可每3～6h记录一次；试验历时7d后可结束，也可根据需要确定试验周期。

（6）试样从搅拌、装料到开始测读温度，应在30min内完成。

（7）混凝土绝热温升按下式计算：

$$\theta_n = \alpha \times (\theta'_n - \theta_0)$$

式中　θ_0——n天龄期混凝土绝热温升值，℃；

　　　α——试验设备绝热温升修正系数，应大于1，由设备厂家提供；

　　　θ'_n——仪器记录的n天龄期混凝土的温度，℃；

　　　θ_n——仪器记录的混凝土拌合物的初始温度，℃。

（8）应以龄期为横坐标、以温升值为纵坐标绘制混凝土绝热温升曲线，根据曲线可查得不同龄期的混凝土绝热温升值。

724. 测定混凝土抗折强度试验的试件尺寸、数量及表面质量有何要求？

（1）标准试件应是边长为150mm×150mm×600mm或150mm×150mm×550mm的棱柱体试件；

（2）边长为100mm×100mm×400mm的棱柱体试件是非标准试件；

（3）在试件长向中部1/3区段内表面不得有直径超过5mm、深度超过2mm的孔洞；

（4）每组试件应为3块。

725. 混凝土抗折强度试验步骤是什么？

（1）试件到达试验龄期时，从养护地点取出后，应检查其尺寸及形状，尺寸公差应满足相关标准的规定，试件取出后应尽快进行试验。

（2）试件放置在试验装置前，应将试件表面擦拭干净，并在试件侧面画出加荷线位置。

（3）试件安装时，可调整支座和加荷头位置，安装尺寸偏差不得大于1mm。试件的承压面应为试件成型时的侧面。支座及承压面与圆柱的接触面应平稳、均匀，否则应垫平。

（4）在试验过程中应连续均匀地加荷，当对应的立方体抗压强度小于30MPa时，加载速度宜取0.02～0.05MPa/s；对应的立方体抗压强度为30～60MPa时，加载速度宜取0.05～0.08MPa/s；对应的立方体抗压强度不小于60MPa时，加载速度宜取0.08～0.10MPa/s。

（5）手动控制压力机加荷速度时，当试件接近破坏时，应停止调整试验机油门，直至破坏，并应记录破坏荷载及试件下边缘断裂位置。

726. 抗折强度试验结果计算及确定如何规定？

（1）若试件下边缘断裂位置处于两个集中荷载作用线之间，则试件的抗折强度f_f

（MPa）应按下式计算：

$$f_\text{f}=\frac{F \cdot L}{b \cdot h^2}$$

式中 f_f——混凝土抗折强度，MPa，计算结果应精确至 0.1MPa；

F——试件破坏荷载，N；

L——支座间跨度，mm；

b——试件截面宽度，mm；

h——试件截面高度，mm。

（2）抗折强度值的确定应符合下列规定：

① 应以 3 个试件测值的算术平均值作为该组试件的抗折强度值，应精确至 0.1MPa；

② 3 个测值中的最大值或最小值中当有一个与中间值的差值超过中间值的 15％时，应把最大值和最小值一并舍除，取中间值作为该组试件的抗折强度值；

③ 当最大值和最小值与中间值的差值均超过中间值的 15％时，该组试件的试验结果无效。

（3）3 个试件中当有一个折断面位于两个集中荷载之外时，混凝土抗折强度值应按另两个试件的试验结果计算。当这两个测值的差值不大于这两个测值的较小值的 15％时，该组试件的抗折强度值应按这两个测值的平均值计算，否则该组试件的试验结果无效。当有两个试件的下边缘断裂位置位于两个集中荷载作用线之外时，该组试件试验无效。

（4）当试件尺寸为 100mm×100mm×400mm 非标准试件时，应乘以尺寸换算系数 0.85；当混凝土强度等级不小于 C60 时，宜采用标准试件；当使用非标准试件时，尺寸换算系数应由试验确定。

727. 什么是快速氯离子迁移系数法（或称 RCM 法）？

快速氯离子迁移系数法（或称 RCM 法）：以测定氯离子在混凝土中非稳态迁移的迁移系数来确定混凝土抗氯离子渗透性能。

728. 什么是电通量法？

电通量法：用于测定以通过混凝土试件的电通量为指标来确定混凝土抗氯离子渗透性能。

729. 电通量法不适用于什么材料的混凝土抗氯离子渗透试验？

电通量法不适用于掺有亚硝酸盐和钢纤维等良导电材料的混凝土抗氯离子渗透试验。

730. 抗氯离子渗透试验 RCM 法的试剂应符合什么规定？

抗氯离子渗透试验 RCM 法的试剂应符合下列规定：

（1）溶剂应采用蒸馏水或去离子水。

（2）氢氧化钠应为化学纯。

（3）氯化钠应为化学纯。

（4）硝酸银应为化学纯。

（5）氢氧化钙应为化学纯。

731. 抗氯离子渗透试验 RCM 法的仪器设备应符合什么规定？

抗氯离子渗透试验 RCM 法的仪器设备应符合下列规定：

（1）切割试件的设备应采用水冷式金刚石锯或碳化硅锯。

（2）真空容器应至少能够容纳 3 个试件。

（3）真空泵应能保持容器内的气压处于 1～5kPa。

（4）RCM 试验装置采用的有机硅橡胶套的内径和外径应分别为 100mm 和 115mm、长度应为 150mm。夹具应采用不锈钢环箍，其直径范围应为 105～115mm、宽度应为 20mm。阴极试验槽可采用尺寸为 370mm×270mm×280mm 的塑料箱。阴极板应采用厚度为（0.5±0.1）mm、直径不小于 100mm 的不锈钢板。阳极板应采用厚度为 0.5mm、直径为（98±1）mm 的不锈钢网或带孔的不锈钢板。支架应由硬塑料板制成。处于试件和阴极板之间的支架头高度应为 15～20mm。RCM 试验装置还应符合现行行业标准《混凝土氯离子扩散系数测定仪》（JG/T 262）的有关规定。

（5）电源应能稳定提供 0～60V 的可调直流电，精度应为±0.1V，电流应为 0～10A。

（6）电表的精度应为±0.1mA。

（7）温度计或热电偶的精度应为±0.2℃。

（8）喷雾器应适合喷洒硝酸银溶液。

（9）游标卡尺的精度应为±0.1mm。

（10）尺子的最小刻度应为 1mm。

（11）水砂纸的规格应为 200～600 号。

（12）细锉刀可为备用工具。

（13）扭矩扳手的扭矩范围应为（20～100）N·m，测量允许误差为±5%。

（14）电吹风的功率应为 1000～2000W。

（15）黄铜刷可为备用工具。

（16）真空表或压力计的精度应为±665Pa(5 毫米汞柱)，量程应为 0～13300Pa(0～100 毫米汞柱)。

（17）抽真空设备可由体积在 1000mL 以上的烧杯、真空干燥器、真空泵、分液装置、真空表等组合而成。

732. 抗氯离子渗透试验 RCM 法的溶液和指示剂应符合什么规定？

溶液和指示剂应符合下列规定：

（1）阴极溶液应为 100% 质量浓度的 NaCl 溶液，阳极溶液应为 0.3mol/L 摩尔浓度的 NaOH 溶液。溶液应至少提前 24h 配制，并应密封保存在温度为 20℃～25℃ 的环境中。

（2）显色指示剂应为 0.1mol/L 浓度的 $AgNO_3$。

733. RCM 试验所处的实验室温度应控制在多少度？

RCM 试验所处的实验室温度应控制在 20℃～25℃。

734. RCM 试验的试件制作应符合什么规定?

试件制作应符合下列规定:

(1) RCM 试验用试件应采用直径为 (100±1) mm、高度为 (50±2) mm 的圆柱体试件。

(2) 在实验室制作试件时,宜使用 ϕ100mm×100mm 或 ϕ100mm×200mm 试模。骨料最大公称粒径不宜大于 25mm。试件成型后应立即用塑料薄膜覆盖并移至标准养护室。试件应在 (24±2) h 内拆模,然后应浸没于标准养护室的水池中。

(3) 试件的养护龄期宜为 28d。也可根据设计要求选用 56d 或 84d 养护龄期。

(4) 应在抗氯离子渗透试验前 7d 加工成标准尺寸的试件。当使用 ϕ100mm×100mm 试件时,应从试件中部切取高度为 (50±2) mm 的圆柱体作为试验用试件,并应将靠近浇筑面的试件端面作为暴露于氯离子溶液中的测试面。当使用 ϕ100mm×200mm 试件时,应先将试件从正中间切成相同尺寸的两部分 (ϕ100mm×100mm),然后应从两部分中各切取一个高度为 (50±2) mm 的试件,并应将第一次的切口面作为暴露于氯离子溶液中的测试面。

(5) 试件加工后应采用水砂纸和细锉刀打磨光滑。

(6) 加工好的试件应继续浸没于水中养护至试验龄期。

735. 简述 RCM 法的试验步骤。

RCM 法试验应按下列步骤进行:

(1) 首先应将试件从养护池中取出来,并将试件表面的碎屑刷洗干净,擦干试件表面多余的水分。然后应用游标卡尺测量试件的直径和高度,测量应精确到 0.1mm。应将试件在饱和面干状态下置于真空容器中进行真空处理。应在 5min 内将真空容器中的气压减少至 1~5kPa,并应保持该真空度 3h,然后在真空泵仍然运转的情况下,将用蒸馏水配制的饱和氢氧化钙溶液注入容器,溶液高度应保证将试件浸没。在试件浸没 1h 后恢复常压,并应继续浸泡 (18±2) h。

(2) 试件安装在 RCM 试验装置前应采用电吹风冷风挡吹干,表面应干净,无油污、灰砂和水珠。

(3) RCM 试验装置的试验槽在试验前应用凉开水冲洗干净。

(4) 试件和 RCM 试验装置准备好以后,应将试件装入橡胶套内的底部,应在与试件齐高的橡胶套外侧安装两个不锈钢环箍,每个箍高度应为 20mm,并应拧紧环箍上的螺栓至扭矩 (30±2) N·m,使试件的圆柱侧面处于密封状态。当试件的圆柱曲面可能有造成液体渗漏的缺陷时,应以密封剂保持其密封性。

(5) 应将装有试件的橡胶套安装到试验槽中,并安装好阳极板。然后应在橡胶套中注入约 300mL 浓度为 0.3mol/L 的 NaOH 溶液,并应使阳极板和试件表面均浸没于溶液中。应在阴极试验槽中注入 12L 质量浓度为 10% 的 NaCl 溶液,并应使其液面与橡胶套中的 NaOH 溶液的液面齐平。

(6) 试件安装完成后,应将电源的阳极 (又称正极) 用导线连至橡胶筒中阳极板,并将阴极 (又称负极) 用导线连至试验槽中的阴极板。

736. 简述电迁移试验步骤。

电迁移试验应按下列步骤进行：

（1）首先应打开电源，将电压调整到（30±0.2）V，并应记录通过每个试件的初始电流。

（2）后续试验应施加的电压应根据施加 30V 电压时测量得到的初始电流值所处的范围决定。应根据实际施加的电压，记录新的初始电流。应按照新的初始电流值所处的范围，确定试验应持续的时间。

（3）应按照温度计或者电热偶的显示读数记录每一个试件的阳极溶液的初始温度。

（4）试验结束时，应测定阳极溶液的最终温度和最终电流。

（5）试验结束后应及时排出试验溶液。应用黄铜刷清除试验槽的结垢或沉淀物，并应用饮用水和洗涤剂将试验槽和橡胶套冲洗干净，然后用电吹风的冷风挡将其吹干。

737. 简述氯离子渗透深度测定步骤。

氯离子渗透深度测定应按下列步骤进行：

（1）试验结束后，应及时断开电源。

（2）断开电源后，应将试件从橡胶套中取出，并应立即用自来水将试件表面冲洗干净，然后应擦去试件表面多余水分。

（3）试件表面冲洗干净后，应在压力试验机上沿轴向劈成两个半圆柱体，并应在劈开的试件断面立即喷涂浓度为 0.1mol/L 的 $AgNO_3$ 溶液显色指示剂。

（4）指示剂喷洒约 15min 后，应沿试件直径断面将其分成 10 等份，并应用防水笔描出渗透轮廓线。

（5）然后应根据观察到的明显的颜色变化，测量显色分界线离试件底面的距离，精确至 0.1mm。

（6）当某一测点被骨料阻挡，可将此测点位置移动到最近未被骨料阻挡的位置进行测量，当某测点数据不能得到，只要总测点数多于 5 个，可忽略此测点。

（7）当某测点位置有一个明显的缺陷，使该点测量值远大于各测点的平均值，可忽略此测点数据，但应将这种情况在试验记录和报告中注明。

738. 怎样计算及处理氯离子渗透试验结果？

试验结果计算及处理应符合下列规定：

（1）混凝土的非稳态氯离子迁移系数应按下式进行计算：

$$D_{RCM} = \frac{0.0239 \times (273+T)}{(U-2)} \frac{L}{t} \left(X_d - 0.0238 \sqrt{\frac{(273+T) \, LX_d}{U-2}} \right)$$

式中　D_{RCM}——混凝土的非稳态氯离子迁移系数，精确到 $0.1 \times 10^{-12} \, m^2/s$；

　　　U——所用电压的绝对值，V；

　　　T——阳极溶液的初始温度和结束温度的平均值，℃；

　　　L——试件厚度，mm，精确到 0.1mm；

　　　X_d——氯离子渗透深度的平均值，mm，精确到 0.1mm；

　　　t——试验持续时间，h。

（2）每组应以 3 个试样的氯离子迁移系数的算术平均值作为该组试件的氯离子迁移系数测定值。当最大值或最小值与中间值之差超过中间值的 15％时，应剔除此值，再取其余两值的平均值作为测定值；当最大值和最小值均超过中间值的 15％时，应取中间值作为测定值。

739. 电通量法不适用于掺有什么材料的混凝土抗氯离子渗透试验？

电通量法不适用于掺有亚硝酸盐和钢纤维等良导电材料的混凝土抗氯离子渗透试验。

740. 简述混凝土试件的电通量试验步骤。

电通量试验应按下列步骤进行：

（1）电通量试验应采用直径（1.00±1）mm、高度（50±2）mm 的圆柱体试件。试件的制作、养护应符合相关标准规定。当试件表面有涂料等附加材料时，应预先去除，且试样内不得含有钢筋等良导电材料。在试件移送实验室前，应避免冻伤或其他物理伤害。

（2）电通量试验宜在试件养护到 28d 龄期进行。对于掺有大掺量矿物掺合料的混凝土，可在 56d 龄期进行试验。应先将养护到规定龄期的试件暴露于空气中至表面干燥，并应以硅胶或树脂密封材料涂刷试件圆柱侧面，还应填补涂层中的孔洞。

（3）电通量试验前应将试件进行真空饱水。应先将试件放入真空容器中，然后启动真空泵，并应在 5min 内将真空容器中的绝对压强减少至 1～5kPa，应保持该真空度 3h，然后在真空泵仍然运转的情况下，注入足够的蒸馏水或者去离子水，直至淹没试件，应在试件浸没 1h 后恢复常压，并继续浸泡（18±2）h。

（4）在真空饱水结束后，应从水中取出试件，并抹掉多余水分，且应保持试件所处环境的相对湿度在 95％以上。应将试件安装于试验槽内，并应采用螺杆将两试验槽和端面装有硫化橡胶垫的试件夹紧。试件安装好以后，应采用蒸馏水或者其他有效方式检查试件和试验槽之间的密封性能。

（5）检查试件和试件槽之间的密封性后，应将质量浓度为 3.0％的 NaCl 溶液和摩尔浓度为 0.3mol/L 的 NaOH 溶液分别注入试件两侧的试验槽中，注入 NaCl 溶液的试验槽内的铜网应连接电源负极，注入 NaOH 溶液的试验槽中的铜网应连接电源正极。

（6）在正确连接电源线后，应在保持试验槽中充满溶液的情况下接通电源，并应对上述两铜网施加（60±0.1）V 直流恒电压，且应记录电流初始读数 I_0。开始时应每隔 5min 记录一次电流值，当电流值变化不大时，可每隔 10min 记录一次电流值；当电流变化很小时，应每隔 30min 记录一次电流值，直至通电 6h。

（7）当采用自动采集数据的测试装置时，记录电流的时间间隔可设定为（5～10）min，电流测量值应精确至±0.5mA。试验过程中宜同时监测试验槽中溶液的温度。

（8）试验结束后，应及时排出试验溶液，并应用凉开水和洗涤剂冲洗试验槽 60s 以上，然后用蒸馏水洗净并用电吹风冷风挡将其吹干。

（9）试验应在 20℃～25℃的室内进行。

741. 怎样计算及处理混凝土电通量试验结果？

试验结果计算及处理应符合下列规定：

（1）试验过程中或试验结束后，应绘制电流与时间的关系图。应通过将各点数据以光滑曲线连接起来，对曲线作面积积分，或按梯形法进行面积积分，得到试验 6h 通过的电通量（C）。

（2）每个试件的总电通量可采用下列简化公式计算：

$$Q = 900 \ (I_0 + 2I_{30} + 2I_{60} + \cdots + 2I_t \cdots + 2I_{300} + 2I_{330} + I_{360})$$

式中　Q——通过试件的总电通量，C；

　　　I_0——初始电流，A，精确到 0.001A；

　　　I_t——在时刻 t（min）的电流，A，精确到 0.001A。

（3）计算得到的通过试件的总电通量应换算成直径为 95mm 试件的电通量值。应通过将计算的总电通量乘以一个直径为 95mm 的试件和实际试件横截面积的比值来换算，换算可按下式进行：

$$Qs = Q_x \times \ (95/x)^2$$

式中　Qs——通过直径为 95mm 的试件的电通量，C；

　　　Q_x——通过直径为 x（mm）的试件的电通量，C；

　　　x——试件的实际直径，mm。

（4）每组应取 3 个试件电通量的算术平均值作为该组试件的电通量测定值。当某一个电通量值与中间值的差值超过中间值的 15% 时，应取其余两个试件的电通量的算术平均值作为该组试件的试验结果测定值。当有两个测值与中间值的差值都超过中间值的 15% 时，应取中间值作为该组试件的电通量试验结果测定值。

742. 收缩试验中非接触法适用于测定混凝土的什么变形？

收缩试验中非接触法主要适用于测定早龄期混凝土的自由收缩变形，也可用于无约束状态下混凝土自收缩变形的测定。

743. 收缩试验非接触法对试件的要求是什么？

收缩试验非接触法的试件采用尺寸为 100mm×100mm×515mm 的棱柱体试件，每组应为 3 个试件。

744. 简述混凝土非接触法收缩试验的试验步骤。

混凝土非接触法收缩试验步骤应符合以下规定：

（1）试验应在温度为（20±2）℃、相对湿度为（60±5）% 的恒温恒湿条件下进行。非接触法收缩试验应带模进行测试。

（2）试模准备后，应在试模内涂刷润滑油，然后应在试模内铺设两层塑料薄膜或者放置一片聚四氟乙烯（PTFE）片，且应在薄膜或者聚四氟乙烯片与试模接触的面上均匀涂抹一层润滑油，应将反射靶固定在试模两端。

（3）将混凝土拌合物浇筑入试模后，应振动成型并抹平，然后应立即带模移入恒温恒湿室。成型试件的同时，应测定混凝土的初凝时间，混凝土初凝试验和早龄期收缩试验的环境应相同。当混凝土初凝时，应开始测读试件左右两侧的初始读数，此后应至少每隔 1h 或按设定的时间间隔测定试件两侧的变形读数。

（4）在整个测试过程中，试件在变形测定仪上放置的位置、方向均应始终保持固定不变。

（5）需要测定混凝土自收缩值的试件，应在浇筑振捣后立即采用塑料薄膜作密封处理。

745. 怎样计算和处理非接触法收缩试验结果？

（1）混凝土收缩率应按照下式计算：

$$\varepsilon_{gt} = \frac{(L_{10}-L_{1t}) + (L_{20}-L_{2t})}{L_0} \times 100\%$$

式中　ε_{st}——测试期为 t（h）的混凝土收缩率，t 从初始读数时算起，%；

L_{10}——左侧非接触法位移传感器初始读数，mm；

L_{1t}——左侧非接触法位移传感器测试期为 t（h）的读数，mm；

L_{20}——右侧非接触法位移传感器初始读数，mm；

L_{2t}——右侧非接触法位移传感器测试期为 t（h）的读数，mm；

L_0——试件测量标距，mm，等于试件长度减去试件中两个反射靶沿试件长度方向埋入试件中的长度之和。

（2）每组应取 3 个试件测试结果的算术平均值作为该组混凝土试件的早龄期收缩测定值，计算应精确到 1.0×10^{-6}。作为相对比较的混凝土早龄期收缩值应以 3d 龄期测试得到的混凝土收缩值为准。

746. 收缩试验中接触法适用于测定什么条件下硬化混凝土试件的收缩变形性能？

收缩试验中接触法适用于测定在无约束和规定的温湿度条件下硬化混凝土试件的收缩变形性能。

747. 简述接触法混凝土收缩试验步骤。

混凝土收缩试验步骤应按下列要求进行：

（1）收缩试验应在恒温恒湿环境中进行，室温应保持在（20±2）℃，相对湿度应保持在（60±5）%。试件应放置在不吸水的搁架上，底面应架空，每个试件之间的间隙应大于 30mm。

（2）测定代表某一混凝土收缩性能的特征值时，试件应在 3d 龄期时（从混凝土搅拌加水时算起）从标准养护室取出，并应立即移入恒温恒湿室测定其初始长度，此后应至少按下列规定的时间间隔测量其变形读数：1d、3d、7d、14d、28d、45d、60d、90d、120d、150d、180d、360d（从移入恒温恒湿室内开始计时）。

（3）测定混凝土在某一具体条件下的相对收缩值时（包括在徐变试验时的混凝土收缩变形测定）应按要求的条件进行试验。对非标准养护试件，当需要移入恒温恒湿室进行试验时，应先在该室内预置 4h，再测其初始值。测量时应记下试件的初始干湿状态。

（4）收缩测量前应先用标准杆校正仪表的零点，并应在测定过程中至少再复核1~2次，其中一次应在全部试件测读完后进行。当复核时发现零点与原值的偏差超过±0.001mm时，应调零后重新测量。

（5）试件每次在卧式收缩仪上放置的位置和方向均应保持一致。试件上应标明相应的方向记号。试件在放置及取出时应轻稳仔细，不得碰撞表架及表杆。当发生碰撞时，应取下试件，并应重新以标准杆复核零点。

（6）采用立式混凝土收缩仪时，整套测试装置应放在不易受外部振动影响的地方。读数时宜轻敲仪表或者上下轻轻滑动测头。安装立式混凝土收缩仪的测试台应有减振装置。

（7）用接触法引伸仪测量时，应使每次测量时试件与仪表保持相对固定的位置和方向，每次读数应重复 3 次。

748. 怎样计算和处理接触法混凝土收缩试验结果？

混凝土收缩试验结果计算和处理应符合以下规定：

（1）混凝土收缩率应按下式计算。

$$\varepsilon_{gt} = \frac{L_0 - L_t}{L_b} \times 100\%$$

式中　ε_{gt}——试验期为 t（d）的混凝土收缩率，t 从测定初始长度时算起，%；

　　　L_b——试件的测量标距，用混凝土收缩仪测量时应等于两测头内侧的距离，即等于混凝土试件长度（不计测头凸出部分）减去两个测头埋入深度之和，mm。采用接触法引伸仪时，即为仪器的测量标距；

　　　L_0——试件长度的初始读数，mm；

　　　L_t——试件在试验期为 t（d）时测得的长度读数，mm。

（2）每组应取 3 个试件收缩率的算术平均值作为该组混凝土试件的收缩率测定值，计算精确至 1.0×10^{-6}。

（3）作为相互比较的混凝土收缩率值应为不密封试件于 180d 所测得的收缩率值。可将不密封试件于 360d 所测得的收缩率值作为该混凝土的终极收缩率值。

749. 混凝土耐久性中早期抗裂试验适用于测定在什么条件下的抗裂性能？

早期抗裂试验适用于测试混凝土试件在约束条件下的早期抗裂性能。

750. 简述早期抗裂试验步骤。

早期抗裂试验应按下列步骤进行：

（1）试验宜在温度为（20±2）℃、相对湿度为（60±5）%的恒温恒湿室中进行。

（2）将混凝土浇筑至模具内以后，应立即将混凝土摊平，且表面应比模具边框略高。可使用平板表面式振捣器或者采用振捣棒插捣，应控制好振捣时间，并应防止过振和欠振。

（3）在振捣后，应用抹子整平表面，并应使骨料不外露，且应使表面平实。

（4）应在试件成型 30min 后，立即调节风扇位置和风速，使试件表面中心正上方100mm 处，风速为（5±0.5）m/s，并应使风向平行于试件表面和裂缝诱导器。

（5）试验时间应从混凝土搅拌加水开始计算，应在（24±0.5）h 测读裂缝。裂缝长度应用钢直尺测量，并应取裂缝两端直线距离为裂缝长度。当一个刀口上有两条裂缝时，可将两条裂缝的长度相加，折算成一条裂缝。

（6）裂缝宽度应采用放大倍数至少 40 倍的读数显微镜进行测量，并应测量每条裂缝的最大宽度。

（7）平均开裂面积、单位面积的裂缝数目和单位面积上的总开裂面积应根据混凝土浇筑 24h 测量得到的裂缝数据来计算。

751. 怎样计算及其确定早期抗裂试验结果？

早期抗裂试验结果计算及其确定应符合下列规定：

（1）每条裂缝的平均开裂面积应按下式计算：

$$\alpha = \frac{1}{2N}\sum_{i=1}^{N}(W_i \times L_i)$$

（2）单位面积的裂缝数目应按下式计算：

$$b = \frac{N}{A}$$

（3）单位面积上的总开裂面积应按下式计算：

$$c = a \cdot b$$

式中　W_i——第 i 条裂缝的最大宽度，mm，精确到 0.01mm；

　　　L_i——第 i 条裂缝的长度，mm，精确到 1mm；

　　　N——总裂缝数目，条；

　　　A——平板的面积，m^2，精确到小数点后两位；

　　　a——每条裂缝的平均开裂面积，$mm^2/$条，精确到 $1mm^2/$条；

　　　b——单位面积的裂缝数目，条$/m^2$，精确到 0.1 条$/m^2$；

　　　c——单位面积上的总开裂面积，mm^2/m^2，精确到 $1mm^2/m^2$。

（4）每组应分别以两个或多个试件的平均开裂面积（单位面积上的裂缝数目或单位面积上的总开裂面积）的算术平均值作为该组试件平均开裂面积（单位面积上的裂缝数目或单位面积上的总开裂面积）的测定值。

752. 受压徐变试验方法适用于测定混凝土试件的什么变形性能？

受压徐变试验方法适用于测定混凝土试件在长期恒定轴向压力作用下的变形性能。

753. 简述徐变试验应符合规定。

徐变试验应符合下列规定：

（1）对比或检验混凝土的徐变性能时，试件应在 28d 龄期时加荷。当研究某一混凝土的徐变特性时，应至少制备 5 组徐变试件并应分别在龄期为 3d、7d、14d、28d 和 90d 时加荷。

（2）徐变试验应按下列步骤进行：

① 测头或测点应在试验前 1d 粘好，仪表安装好后应仔细检查，不得有任何松动或异常现象。加荷装置、测力计等也应予以检查。

② 在即将加荷徐变试件前，应测试同条件养护试件的棱柱体抗压强度。

③ 测头和仪表准备好以后，应将徐变试件放在徐变仪的下压板后，应使试件、加荷装置、测力计及徐变仪的轴线重合，并应再次检查变形测量仪表的调零情况，且应记下初始读数。当采用未密封的徐变试件时，应在将其放在徐变仪上的同时，覆盖参比用收缩试件的端部。

④ 试件放好后，应及时开始加荷。当无特殊要求时，应取徐变应力为所测得的棱柱体抗压强度的 40%。当采用外装仪表或者接触法引伸仪时，应用千斤顶先加压至徐

变应力的 20% 进行对中。两侧的变形相差应小于其平均值的 10%，当超出此值，应松开千斤顶卸荷，进行重新调整后，应再加荷到徐变应力的 20%，并再次检查对中的情况。对中完毕后，应立即继续加荷直到徐变应力，应及时读出两边的变形值，并将此时两边变形的平均值作为在徐变荷载下的初始变形值。从对中完毕到测初始变形值之间的加荷及测量时间不得超过 1min。随后应拧紧承力丝杆上端的螺母，并应松开千斤顶卸荷，且应观察两边变形值的变化情况。此时，试件两侧的读数相差不应超过平均值的 10%，否则应予以调整，调整应在试件持荷的情况下进行，调整过程中所产生的变形增值应计入徐变变形之中。然后应再加荷到徐变应力，并应检查两侧变形读数，其总和与加荷前读数相比，误差不应超过 2%，否则应予以补足。

⑤ 应在加荷后的 1d、3d、7d、14d、28d、45d、60d、90d、120d、150d、180d、270d 和 360d 测读试件的变形值。

⑥ 在测读徐变试件的变形读数的同时，应测量同条件放置参比用收缩试件的收缩值。

⑦ 试件加荷后应定期检查荷载的保持情况，应在加荷后 7d、28d、60d、90d 各校核一次，如荷载变化大于 2%，应予以补足。在使用弹簧式加载架时，可通过施加正确的荷载并拧紧丝杆上的螺母，来进行调整。

754. 简述混凝土碳化试验步骤。

混凝土碳化试验应按下列步骤进行：

（1）首先应将经过处理的试件放入碳化箱内的支架上。各试件之间的间距不应小于 50mm。

（2）试件放入碳化箱后，应将碳化箱密封。密封可采用机械办法或油封，但不得采用水封。应开动箱内气体对流装置，徐徐充入二氧化碳，并测定箱内的二氧化碳浓度。应逐步调节二氧化碳的流量，使箱内的二氧化碳浓度保持在（20±3）%。在整个试验期间应采取去湿措施，使箱内的相对湿度控制在（70±5）%，温度应控制在（20±2）℃的范围内。

（3）碳化试验开始后应每隔一定时期对箱内的二氧化碳浓度、温度及湿度作一次测定。宜在前 2d 每隔 2h 测定一次，以后每隔 4h 测定一次。试验中应根据所测得的二氧化碳浓度、温度及湿度随时调节这些参数，去湿用的硅胶应经常更换。也可采用其他更有效的去湿方法。

（4）应在碳化到了 3d、7d、14d 和 28d 时，分别取出试件，破型测定碳化深度。棱柱体试件应通过在压力试验机上的劈裂法或者用干锯法从一端开始破型。每次切除的厚度应为试件宽度的一半，切后应用石蜡将破型后试件的切断面封好，再放入箱内继续碳化，直到下一个试验期。当采用立方体试件时，应在试件中部劈开，立方体试件应只作一次检验，劈开测试碳化深度后不得再重复使用。

（5）随后应将切除所得的试件部分刷去断面上残存的粉末，然后应喷上（或滴上）浓度为 1% 的酚酞酒精溶液（酒精溶液含 20% 的蒸馏水）。约经 30s 后，应按原先标划的每 10mm 一个测量点用钢板尺测出各点碳化深度。当测点处的碳化分界线上刚好嵌有粗骨料颗粒，可取该颗粒内侧处碳化深度的算术平均值作为该点的深度值，碳化深度测量应精确至 0.5mm。

755. 简述混凝土中钢筋锈蚀试验步骤。

混凝土中钢筋锈蚀试验应按下列步骤进行：

（1）钢筋锈蚀试验的试件应先进行碳化，碳化应在 28d 龄期时开始。碳化应在二氧化碳浓度为（20±3）%、相对湿度为（70±5）%和温度为（20±2）℃的条件下进行，碳化时间应为 28d。对于有特殊要求的混凝土中钢筋锈蚀试验，碳化时间可再延长 14d 或者 28d。

（2）试件碳化处理后应立即移入标准养护室放置。在养护室中，相邻试件间的距离不应小于 50mm，并应避免试件直接淋水。应在潮湿条件下存放 56d 后将试件取出，然后破型，破型时不得损伤钢筋。应先测出碳化深度，然后进行钢筋锈蚀程度的测定。

（3）试件破型后，应取出试件中的钢筋，并应刮去钢筋上粘附的混凝土。应用 12% 盐酸溶液对钢筋进行酸洗，经清水漂净后，再用石灰水中和，最后应以清水冲洗干净。应将钢筋擦干后在干燥器中至少存放 4h，然后应对每根钢筋称重（精确至 0.001g），并应计算钢筋锈蚀失重率。酸洗钢筋时，应在洗液中放入两根尺寸相同的同类无锈钢筋作为基准校正。

756. 简述混凝土抗压疲劳变形试验步骤。

混凝土抗压疲劳变形试验应按下列步骤进行：

（1）全部试件应在标准养护室养护至 28d 龄期后取出，并应在室温（20±5）℃存放至 3 个月龄期。

（2）试件应在龄期达 3 个月时从存放地点取出，应先将其中 3 块试件按照现行国家标准《混凝土物理力学性能试验方法标准》（GB/T 50081）测定其轴心抗压强度 f_c。

（3）然后应对剩下的 3 块试件进行抗压疲劳变形试验。每一试件进行抗压疲劳变形试验前，应先在疲劳试验机上进行静压变形对中，对中时应采用两次对中的方式。首次对中的应力宜取轴心抗压强度 f_c 的 20%（荷载可近似取整数，kN），第二次对中应力宜取轴心抗压强度 f_c 的 40%。对中时，试件两侧变形值之差应小于平均值的 5%，否则应调整试件位置，直至符合对中要求。

（4）抗压疲劳变形试验采用的脉冲频率宜为 4Hz。试验荷载的上限应力 σ_{max} 宜取 0.66f_c，下限应力 σ_{min}，宜取 0.1f_c。有特殊要求时，上限应力和下限应力可根据要求选定。

（5）抗压疲劳变形试验中，应于每 1×10^5 次重复加载后，停机测量混凝土棱柱体试件的累积变形。测量宜在疲劳试验机停机后 15s 内完成。应在对测试结果进行记录之后，继续加载进行抗压疲劳变形试验，直到试件破坏为止。若加载至 2×10^6 次，试件仍未破坏，可停止试验。

（6）每组应取 3 个试件在相同加载次数时累积变形的算术平均值作为该组混凝土试件在等幅重复荷载下的抗压疲劳变形测定值，精确至 0.001mm/m。

757. 简述抗硫酸盐侵蚀干湿循环试验步骤。

抗硫酸盐侵蚀干湿循环试验应按下列步骤进行：

（1）应在养护至 28d 龄期的前 2d，将需进行干湿循环的试件从标准养护室取出。擦干试件表面水分，然后将试件放入烘箱中，并应在（80±5）℃下烘 48h。烘干结束后应将试件在干燥环境中冷却到室温。对于掺入掺合料比较多的混凝土，也可采用 56d 龄期或者设计规定的龄期进行试验，这种情况应在试验报告中说明。

（2）试件烘干并冷却后，应立即将试件放入试件盒（架）中，相邻试件之间应保持 20mm 间距，试件与试件盒侧壁的间距不应小于 20mm。

（3）试件放入试件盒以后，应将配制好的 5％Na_2SO_4 溶液放入试件盒，溶液应至少超过最上层试件表面 20mm，然后开始浸泡。从开始放入溶液，到浸泡过程结束的时间应为（15±0.5）h。注入溶液的时间不应超过 30min。浸泡龄期应从将混凝土试件移入 5％Na_2SO_4 溶液中起计时。试验过程中宜定期检查和调整溶液的 pH，可每隔 15 个循环测试一次溶液的 pH，应始终维持溶液的 pH 在 6~8 之间。溶液的温度应控制在 25℃~30℃。也可不检测其 pH，但应每月更换一次试验用溶液。

（4）浸泡过程结束后，应立即排液，并应在 30min 内将溶液排空。溶液排空后应将试件风干 30min，从溶液开始排出到试件风干的时间应为 1h。

（5）风干过程结束后应立即升温，应将试件盒内的温度升到 80℃，开始烘干过程。升温过程应在 30min 内完成。温度升到 80℃后，应将温度维持在（80±5）℃。从升温开始到开始冷却的时间应为 6h。

（6）烘干过程结束后，应立即对试件进行冷却，从开始冷却到将试件盒内的试件表面温度冷却到 25℃~30℃的时间应为 2h。

（7）每个干湿循环的总时间应为（24±2）h。然后应再次放入溶液，按照上述 3~6 的步骤进行下一个干湿循环。

（8）在达到标准规定的干湿循环次数后，应及时进行抗压强度试验。同时应观察经过干湿循环后混凝土表面的破损情况并进行外观描述。当试件有严重剥落、掉角等缺陷时，应先用高强石膏补平后再进行抗压强度试验。

（9）当干湿循环试验出现下列三种情况之一时，可停止试验：

① 当抗压强度耐蚀系数达到 75％；

② 干湿循环达到 150 次；

③ 达到与设计抗硫酸盐等级相应的干湿循环次数。

（10）对比试件应继续保持原有的养护条件，直到完成干湿循环后，与进行干湿循环试验的试件同时进行抗压强度试验。

758. 碱-骨料反应试验应符合哪些规定？

碱-骨料反应试验应符合下列规定。

（1）原材料和设计配合比应按照下列规定准备：

① 应使用硅酸盐水泥，水泥含碱量宜为（0.9±0.1）％（以 Na_2O 当量计，即 Na_2O+ 0.658K_2O）。可通过外加浓度为 10％的 NaOH 溶液，使试验用水泥含碱量达到 1.25％。

② 当试验用来评价细骨料的活性，应采用非活性的粗骨料，粗骨料的非活性也应通过试验确定，试验用细骨料细度模数宜为（2.7±0.2）。当试验用来评价粗骨料的活性，应用非活性的细骨料，细骨料的非活性也应通过试验确定。当工程用的骨料为同

品种的材料，应用该粗、细骨料来评价活性。试验用粗骨料应由三种级配：16～20mm、10～16mm 和 5～10mm，各取 1/3 等量混合。

③ 每立方米混凝土水泥用量应为（420±10）kg，水灰比应为 0.42～0.45。粗骨料与细骨料的质量比应为 6：4。试验中除可外加 NaOH 外，不得再使用其他外加剂。

（2）试件应按下列规定制作：

① 成型前 24h，应将试验所用所有原材料放入（20±5）℃的成型室。

② 混凝土搅拌宜采用机械拌和。

③ 混凝土应一次装入试模，应用捣棒和抹刀捣实，然后应在振动台上振动 30s 或直至表面泛浆为止。

④ 试件成型后应带模一起送入（20±2）℃，相对湿度在 95％以上的标准养护室中，应在混凝土初凝前 1～2h，对试件沿模口抹平并应编号。

（3）试件养护及测量应符合下列要求：

① 试件应在标准养护室中养护（24±4）h 后脱模，脱模时应特别小心不要损伤测头，并应尽快测量试件的基准长度，待测试件应用湿布盖好。

② 试件的基准长度测量应在（20±2）℃的恒温室中进行，每个试件应至少重复测试两次，应取两次测值的算术平均值作为该试件的基准长度值。

③ 测量基准长度后应将试件放入养护盒中，并盖严盒盖。然后应将养护盒放入（38±2）℃的养护室或养护箱里养护。

④ 试件的测量龄期应从测定基准长度后算起，测量龄期应为 1 周、2 周、4 周、8 周、13 周、18 周、26 周、39 周和 2 周，以后可每半年测一次。每次测量的前一天，应将养护盒从（38±2）℃的养护室中取出，并放入（20±2）℃的恒温室中，恒温时间应为（24±4）h。试件各龄期的测量应与测量基准长度的方法相同，测量完毕后，应将试件调头放入养护盒中，并盖严盒盖。然后应将养护盒重新放回（38±2）℃的养护室或者养护箱中继续养护至下一测试龄期。

⑤ 每次测量时，应观察试件有无裂缝、变形、渗出物及反应产物等，并应作详细记录。必要时可在长度测试周期全部结束后，辅以岩相分析等手段，综合判断试件内部结构和可能的反应产物。

（4）当碱-骨料反应试验出现以下两种情况之一时，可结束试验：

① 在 52 周的测试龄期内的膨胀率超过 0.04％；

② 膨胀率虽小于 0.04％，但试验周期已经达 52 周（或一年）。

2.4.4 生产应用部分

759. 对粉煤灰混凝土应如何进行养护？

粉煤灰混凝土的养护非常重要，混凝土浇筑后应及时用塑料薄膜、草袋等遮盖物覆盖，防止风干和太阳暴晒脱水，始终保持混凝土表面湿润，拆模后的粉煤灰混凝土更应该加强养护，特别是混凝土薄壁结构。大掺量粉煤灰混凝土只有长期保持湿度，才能获得较高的后期强度。

当现场施工条件不能满足保温、保湿的养护条件要求时，将对粉煤灰混凝土的强度发展产生不利影响，也容易导致薄壁混凝土结构的干缩开裂。因此，实验室进行混凝土配合比设计时应考虑养护条件对混凝土性能的影响，适当降低粉煤灰掺量。

760. 低温环境下要如何养护粉煤灰混凝土？

粉煤灰混凝土的凝结时间要相对长一些，特别是在环境温度较低时，缓凝更为明显，强度发展缓慢。因此，在低温条件下施工时，应加强对粉煤灰混凝土的表面保温，以保证混凝土正常的凝结和硬化。

761. 海砂混凝土对粉煤灰的要求是什么？

海砂混凝土宜采用粉煤灰，且粉煤灰等级不宜低于Ⅱ级。粉煤灰应符合现行国家标准《用于水泥和混凝土中的粉煤灰》（GB/T 1596）的规定。

762. 高强混凝土对粉煤灰的要求是什么？

配制高强混凝土宜采用Ⅰ级或Ⅱ级的F类粉煤灰。矿物掺合料的放射性应符合现行国家标准《建筑材料放射性核素限量》（GB 6566）的有关规定。

762. 粉煤灰掺量过大对混凝土的碳化深度有何影响？

粉煤灰在混凝土中的掺量，除了与早期强度、施工环境温度、混凝土技术要求（如大体积）等有关系外，与混凝土的抗冻性、抗碳化性能也关系密切。钢筋混凝土构件中，粉煤灰掺量过大会导致混凝土碱度降低，加快钢筋保护层的碳化，从而引起钢筋锈蚀的加剧。大量工程实践证明，粉煤灰掺量越大，钢筋锈蚀的敏感性越大，因此在钢筋保护层厚度较小时，应适当降低粉煤灰的掺量，以提高混凝土的碱度，减少碳化和钢筋锈蚀的程度。

764. 海砂混凝土对矿渣粉的要求是什么？

海砂混凝土宜采用粒化高炉矿渣粉，且粒化高炉矿渣粉等级不宜低于S95级。粒化高炉矿渣粉应符合现行国家标准《用于水泥、砂浆和混凝土中的粒化高炉矿渣粉》（GB/T 18046）的规定。

765. 高强混凝土对矿渣粉的要求是什么？

配制C80及以上强度等级的高强混凝土掺用粒化高炉矿渣粉时，粒化高炉矿渣粉不宜低于S95级。矿物掺合料的放射性应符合现行国家标准《建筑材料放射性核素限量》（GB 6566）的有关规定。

766. 简单分析水泥矿物组成对外加剂的影响。

从结构上来看，水泥矿物主要是由铝酸三钙（C_3A）、硅酸二钙（C_2S）、硅酸三钙（C_3S）、铁铝酸四钙（C_4AF）等构成，其中，C_3A的水化速度最快，其次是C_3S，最后是C_2S和C_4AF。以回转窑生产的水泥熟料为例，其矿物构成通常是C_3S：$45\%\sim65\%$；C_4AF：$10\%\sim18\%$；C_2S：$15\%\sim32\%$；C_3A：$4\%\sim11\%$。不过，从实际情况来看，在与外加剂匹配程度上，C_3A水化最快，而且，其对外加剂的吸附也最快，其次是C_3S。可见，C_3A和C_3S对水泥与外加剂适应性产生主要影响。根据多年来的经验与教训，只要C_3A、C_3S能达到如下两个条件，一般都能满足施工要求。C_3A不大于8%或C_3A+C_3S不大于65%，即只要能确保C_3A不大于8%，C_3S在$50\%\sim55\%$范围内。同时，采用二水石膏进行配制，这样的水泥强度通常能有良好的外加剂适应性。但如果 C_3A 大于 8% 或 C_3A+C_3S 大于 65%，即会发生水泥与外加剂不适应的问题，混凝土的坍落度损失也会比较大。在水泥的各种矿物组分中，C_3A 是影响外加剂的主要因素。

767. 水泥碱含量对外加剂应用效果的影响有哪些？

（1）水泥中碱含量高，减水剂的作用降低。

（2）水泥中碱含量高，凝结时间缩短，早期强度提高。

（3）水泥可溶性碱、细度、C_3A 含量和石膏类型、掺合料种类，是控制掺萘系减水剂水泥浆与混凝土流变性的关键因素。最佳可溶性碱含量在 $0.4\%\sim0.6\%$ 当量 Na_2O。萘系减水剂在水泥颗粒上的吸附率和水泥水化速率受这些参数影响，它们控制混凝土流动度损失率。

（4）使用可溶性碱含量低的水泥时，当减水剂掺量不足时会较快损失坍落度，而当掺量稍高于饱和点时，又会出现严重的离析与泌水。

（5）使用含木质素类外加剂时，为保险起见，使用任何外加剂前，都应该进行试验，验证外加剂的性能是否满足要求，是否与水泥等原材料之间存在适应性问题。并通过试验确定合适的外加剂品种以及相应的掺量。

768. 简要分析水泥矿物掺合料对外加剂适应性的影响。

矿渣水泥与外加剂适应性通常较好。将纯矿渣作为掺合料，能改善混凝土的泵送性、和易性，有利于提高后期强度，降低水化热，还能提高外加剂适应性，非常适合用于大体积混凝土。

使用粉煤灰作为掺合料时，因碳素对外加剂的吸附作用大，需要加强对粉煤灰尤其是其中的含碳量的质量控制，否则会影响外加剂的应用效果。一级粉煤灰含碳量最低，一般不会对外加剂适应性产生影响，二级粉煤灰也影响不大，但若其接近三级粉煤灰时，就会影响外加剂的使用。二级粉煤灰颜色较深，从颜色上也能进行一定的判断。用工业废渣、煤矸石等作为掺合料的水泥，成分比较复杂，存在不稳定的情况，难以较好地适应外加剂。

769. 实践中，当遇到水泥与外加剂不相适应的问题时，通常可采用哪些对策？

（1）进行试验比较，使用同一种外加剂，将其与几种不同品牌、种类的水泥进行配制，根据砂浆流动度试验结果，来对外加剂与水泥的适应情况进行评价和判断。

（2）采用常用的且与外加剂适应性良好的一种水泥作为标本，将外加剂与之配制，通过砂浆流动度试验结果，判断外加剂的质量是否发生波动。

（3）通过对比试验，判断水泥与外加剂不相适应的原因。若是水泥变化导致的，需要对水泥矿物组成进行进一步分析，同时，还要分析水泥石膏种类、掺合料种类、含碱量高低等。若是外加剂导致的，需要立即联系生产厂家进行调查，及时调整外加剂。

770. 混凝土拌和用水中有害物质对混凝土性能的影响有哪些？

（1）影响混凝土的和易性及凝结时间；

（2）有损于混凝土强度发展；

（3）降低混凝土的耐久性，加快钢筋腐蚀及导致预应力钢筋脆断；

（4）污染混凝土表面。

771. 高温季节混凝土生产质量控制措施有哪些?

在夏季高温季节，混凝土经常出现单位用水量增加、含气量下降、坍落度损失大、泵送不顺利、抹面困难等现象。应采取以下措施，加强混凝土质量控制：

（1）高温施工时，原材料温度对混凝土配合比、混凝土出机温度和入模温度以及混凝土拌合物性能等影响很大。入模温度过高，坍落度损失增加，初凝时间短，凝结速率增加，影响混凝土浇筑成型，同时混凝土干缩、塑性、温度裂缝产生的危险增加。混凝土拌合物入模温度应符合规范要求，工程有要求时还应满足工程要求。应采取必要的措施确保原材料温度降低以满足高温施工的要求。

（2）高温施工的混凝土配合比设计，除了满足强度、耐久性、工作性要求外，还应满足以下要求：

① 应分析原材料温度、环境温度、混凝土运输方式与时间对混凝土初凝时间、坍落度损失等性能指标的影响，根据环境温度、湿度、风力和采取温控措施的实际情况，对混凝土配合比进行调整；

② 模拟施工现场条件，通过混凝土试拌、试运输的工况试验，对混凝土出机状态及运输至施工现场状态的模拟，确定适合高温天气下施工的混凝土配合比；

③ 宜降低水泥用量，并可采用掺加矿物掺合料替代部分水泥，宜选用水化热较低的水泥；

④ 混凝土坍落度不宜过小，以保证混凝土浇筑工作效率。

（3）混凝土搅拌应符合以下规定：

① 应对搅拌站料斗、储水器、皮带运输机、搅拌设备采取防晒措施。

② 对原材料降温时，宜采用对水、骨料进行降温。对水降温时，可采用冷却装置和冷却拌和水，并应对水管及水箱加设遮阳和隔热设施，也可在水中加碎冰作为拌和水的一部分。混凝土拌和时掺加的固体应确保在搅拌结束前融化，且在拌和水中扣除其重量。

③ 原材料最高入机温度见表2-73。

表 2-73　原材料最高入机温度

原材料	最高入机温度（℃）
水泥	60
骨料	30
水	25
粉煤灰等矿物掺合料	60

④ 混凝土拌合物出机温度不宜大于30℃。

⑤ 当需要时，可采取掺加干冰等附加控温措施。

（4）混凝土搅拌车宜采用白色涂装，混凝土输送管应进行遮阳覆盖，并应洒水降温。

772. 高温季节混凝土施工质量控制措施有哪些？

（1）混凝土浇筑宜在早间或晚间进行，且应连续浇筑。当混凝土水分蒸发较快时，施工作业面应采取挡风、遮阳、喷雾等措施。

（2）混凝土浇筑前，施工作业面宜采取遮阳措施，并应对模板、钢筋和施工机具采用洒水等降温措施，浇筑模板内不得有积水。

（3）混凝土浇筑完毕后，应及时进行保湿养护。侧模拆除前宜采用带模湿润养护。

773. 雨期混凝土生产应采取哪些质量控制措施？

（1）水泥与掺合料采取防水、防潮措施；对于各个粉料仓应每天进行巡检，查看防水措施是否到位，防止粉料仓漏水而影响粉料的性能和使用。

（2）采用封闭式料场内的砂、石骨料，减少砂石含水率的波动；监测后台料场内砂、石骨料的含水率变化，加大含水率检测频率，根据试验数据及时调整配合比的用水量。

（3）雨水进入搅拌车内会造成混凝土水灰比变化，混凝土搅拌运输车应采取适当的防雨、防水措施。

（4）雨期混凝土浇筑期间，应积极做好与施工单位的配合工作，确保混凝土质量。

774. 雨期混凝土施工应采取哪些质量控制措施？

（1）雨期施工，应选用具有防雨水冲刷性能的模板脱模剂；采取防止模板内积水的措施，若模板内和混凝土浇筑分层面出现积水时，应在排水后再浇筑。

（2）混凝土浇筑时，因雨水冲刷致使水泥浆流失严重的部位，应采取补救措施后再继续施工，补救措施可采用补充水泥砂浆、铲除表层混凝土、插短钢筋等方法。

（3）混凝土浇筑作业面应采取适当的防雨措施，加强施工机械的检查维修工作，必须严格进行三级保护，进行接地、接零检查；雨天进行钢筋焊接时，应采取挡雨等安全措施。

（4）混凝土浇筑前，应及时了解天气情况，小雨、中雨天气不宜进行混凝土露天浇筑，且不应进行大面积作业的混凝土露天浇筑，当必须施工时，应当采取基槽或模板内排水、混凝土搅拌车防雨、浇筑作业面防雨覆盖等措施；大雨、暴雨天气不应进行混凝土露天浇筑。

（5）混凝土浇筑完毕后，应及时采取覆盖塑料薄膜等防雨措施。

（6）台风来临前，应对尚未浇筑混凝土的模板及支架采取临时加固措施；临时加固措施包括将支架或模板与已浇筑并有一定强度的竖向构件进行拉结，增加缆风绳、抛撑、剪刀撑等；台风结束后，应检查模板及支架，已验收合格的模板及支架应重新办理验收手续。

（7）雨后地基土沉降现象相当普遍，特别是回填土、粉尘土、湿陷性黄土等，雨后应检查地基面的沉降，并应对模板及支架进行检查；若沉降超过标准，应采取补救措施。

775. 大风天气浇筑混凝土要注意什么？

大风天气浇筑混凝土，在作业面应采取挡风措施，并应增加混凝土表面抹压次数，及时覆膜保湿养护，防止水分散失过快；或在混凝土初凝开始洒水养护，混凝土终凝后，由专人负责浇水养护，保持混凝土构筑物表面湿润。

776. 混凝土竖向墙构件（墙、柱）拆模后烂根的原因有哪些？

（1）混凝土和易性差，坍落度小，流动性差或离析泌浆。

（2）混凝土石子粒径偏大，构件的钢筋密。

（3）混凝土浇筑前未进行坐浆。

（4）模板底部封堵不严，漏浆严重导致烂根。

（5）混凝土浇筑时，振捣棒间距过大、振捣时间不足、振捣不密实、漏振甚至不振捣造成的混凝土不密实。

（6）混凝土浇筑时落差大。

777. 混凝土拌合物表面浮有黑油或有刺激性氨气味是什么原因？

（1）混凝土生产中使用了"含油"的劣质粉煤灰。

电厂出于提高燃煤效率或辅助劣质煤燃烧等原因，在燃煤过程中添加重油等油性物质以助燃。如果添加量过大或燃烧不充分，粉煤灰内便会吸附一部分油分，用此类粉煤灰配制混凝土时混凝土表面会出现灰黑色，如同油污一般。

（2）生产的混凝土出现刺鼻的氨味的主要原因是混凝土中掺入了脱硫、脱硝粉煤灰。

脱硫、脱硝是节能减排的一项重要指标，许多燃煤电厂都增加了脱硫、脱硝装置，所以近年来脱硫、脱硝粉煤灰量有所增加。正常情况下的脱硫、脱硝粉煤灰与传统粉煤灰没有明显的区别，应用于混凝土中也不会对混凝土性能产生较大的不利影响。但当脱硫、脱硝过程出现问题，粉煤灰中含有的脱硫、脱硝副产物 NH_4HSO_4 和（NH_4）$_2SO_4$ 等含量较高时，用于混凝土中时，在碱性作用下，铵盐发生分解，释放氨气，就会导致生产的混凝土出现凝结时间延长、产生刺激性气体、强度下降等问题。

778. 混凝土拌合物出现滞后泌水的原因是什么？

（1）外加剂掺量超量。减水剂虽然能够明显地加大混凝土的坍落度，但超量后会降低混凝土的黏聚性，聚羧酸减水剂能明显地削弱水泥颗粒与水之间的作用，使混凝土中的自由水释放出来，因此在一定程度上增大了混凝土泌水的可能性。

（2）聚羧酸高效减水剂对环境温度敏感性极强，且有缓释性。当气温低，混凝土搅拌时间又短时，部分减水剂未完全分散释放出来，后期由于减水剂发挥作用，导致水分析出。

（3）缓凝剂使用不当。其用量稍加过量，就会出现过度缓凝现象。在缓凝过程中，骨料和水泥颗粒的比重大于水，在重力的作用下，骨料和水泥颗粒缓慢下沉，水分缓慢上浮，使混凝土出现滞后泌水。一般情况下，大流动性和大掺量减水剂的混凝土，更容易发生滞后泌水现象。

（4）聚羧酸高性能减水剂在配制过程中，为降低混凝土的坍落度损失现象，会掺入保坍剂组分，在水泥碱性环境中缓慢释放，如果该组分在外加剂中所占比例过大，极易造成混凝土坍落度的倒增长现象，俗称"倒大""返大"，严重时会出现滞后泌水现象。

（5）矿物掺合料的影响。矿物掺合料对混凝土的水化过程，尤其是对早期的水化过程有很大影响，可以延长混凝土的凝结时间。当掺合料掺量较大，如在 40％ 以上时，混凝土容易发生滞后泌水现象。这是因为矿物掺合料早期反应速率低，造成大量自由水剩余。

（6）水泥的影响。水泥生产过程中，已掺入了 20％ 以上的混合材料，混凝土生产企业在使用时又掺入大量的混合材，会造成混凝土黏聚性降低和初凝时间延长，从而出现混凝土滞后泌水的现象。

（7）混凝土组分复杂，各组分之间可能产生不协调的化学变化导致不相容。

尤其是水泥与聚羧酸减水剂的相容性问题，表现得更为突出。若不相容，则会使减水剂的饱和点增大，多余的减水剂又会延长混凝土的初凝时间。同时使更多的自由水析出，从而产生滞后泌水现象。混凝土拌合物滞后泌水现象在环境温度低时更容易发生。

779. 混凝土地面起砂、起皮、起灰的原因有哪些？

（1）混凝土中粉煤灰、矿渣粉等掺合料过多，水胶比过大，坍落度过大。

（2）地面混凝土浇筑后，表面未及时覆盖、养护，或过早承重，面层被破坏，导致面层无强度、起砂。

（3）混凝土浇筑后，过振，掺合料上浮至混凝土地面表层，导致起灰。

（4）混凝土浇筑后，受雨、雪等影响，表层水灰比增大，降低了混凝土表面强度，导致起砂。

（5）室外混凝土地面受雨雪侵蚀，反复冻融循环而破坏，导致混凝土起砂。

780. 防辐射混凝土施工注意事项有哪些？

（1）防辐射混凝土密度大、泵送阻力大，应选用大功率的泵车，尽量减少弯管和布管长度。泵送过程中，控制运输车的卸料速度，卸料过快易造成的泵送压力过大，应防止因堵管而影响浇筑的连续性。

（2）防辐射混凝土密度大，振捣产生的侧压力较大，故模板应有足够的厚度和刚度，应防止模板变形、倒塌。

（3）防辐射混凝土一般为大体积混凝土，应做好浇筑后的温度监控工作，防止产生温度裂缝；浇筑时可分层浇筑，必要时可在内部加设冷水循环管降温，控制混凝土入模温度。

（4）防辐射混凝土骨料密度大，应严格控制振捣时间，防止混凝土过振导致骨料下沉而分层。

（5）浇筑后应立即覆膜养护，防止水分散失。

781. 清水混凝土的制备、运输有什么特殊要求？

（1）采用强制式搅拌设备，搅拌时间比普通混凝土延长 20～30s。

（2）同一视觉范围内所用清水混凝土拌合物的制备环境、技术参数应一致。

（3）清水混凝土拌合物工作性能应稳定，且无泌水离析现象，90min 坍落度经时损失值宜小于 30mm。

（4）清水混凝土拌合物入泵坍落度值：柱混凝土宜为（150±20）mm，墙、梁、板的混凝土宜为（170±20）mm。

（5）清水混凝土拌合物的运输宜采用专用运输车，装料前应清洁、无积水。

（6）清水混凝土拌合物从搅拌结束到入模前不宜超过90min，严禁添加配合比以外用水或外加剂。

（7）进入施工现场的清水混凝土应逐车检查坍落度，不得有分层、离析现象。

782. 施工对混凝土裂缝的影响因素有哪些？

（1）部分施工队伍的素质较差，图省力、浇筑速度快。往往在施工现场向混凝土中加水或无控制地掺加混凝土泵送剂，造成混凝土坍落度过大甚至离析，导致混凝土裂纹。

（2）混凝土过振，造成板面砂浆层过厚而开裂。

（3）混凝土浇筑后未及时对混凝土进行两次搓压，未及时采取随搓压随覆盖塑料薄膜的养护方式。

（4）大风或高温天气施工，无养护措施。

（5）大体积混凝土施工时无温控措施，导致混凝土内外温差大于25℃而开裂。

（6）模板支撑不牢，导致模板变形、模板过早拆除、梁板结构过早上荷载等都会导致混凝土开裂。

（7）预埋穿线管位置不当，违规施工，如钢筋绑扎时，不注意控制钢筋位置、间距和钢筋保护层厚度。

（8）混凝土浇筑时，模板垫层干燥、吸水大，混凝土搅拌后使用时间长（超过4h）。

（9）混凝土抹面后未达到1.2MPa前踩踏、堆放物料、安装模板及支架。

783. 怎样对待顾客质量投诉？

针对顾客质量投诉，应做到：

（1）及时性。接到顾客质量投诉后，应该立即进行认真调查，争取在最短的时间内给顾客比较满意的答复。

（2）准确性。最大程度地保证对顾客质量投诉事实进行准确认定，对顾客质量投诉原因准确调查。

（3）真实性。对顾客质量投诉的确认、调查应注重收集客观事实，应尽量排除对方、我方可能存在的主观原因。尽量减少推断，应考虑推断的可靠程度和所带来的风险。

（4）全面性。以在顾客质量投诉的现场调查所收集全面的客观事实为依据，做出质量投诉的结论，进行质量投诉的处理。

要在满足顾客的合理要求、不伤害与顾客良好合作关系的前提下，将公司的损失减少到最低程度，尤其要提防可能存在的恶意投诉，避免由此给公司造成损失。

3 安全与职业健康

3.1 安全使用法律法规

784. 2022 年 3 月 1 日实施的《中华人民共和国安全生产法》原则要求是什么?

(1) 安全生产工作坚持中国共产党的领导。

(2) 贯彻新思想新理念:安全生产工作应当以人为本,坚持人民至上、生命至上,把保护人民生命安全摆在首位,树牢安全发展理念,坚持安全第一、预防为主、综合治理的方针,从源头上防范化解重大安全风险。

(3) 明确"三个必须"原则:安全生产工作实行管行业必须管安全、管业务必须管安全、管生产经营必须管安全。

785. 2022 年 3 月 1 日实施的《中华人民共和国安全生产法》强化哪些企业主体责任?

(1) 压实单位安全生产责任;

(2) 完善相关负责人职责;

(3) 加强安全生产预防措施;

(4) 加大对从业人员关怀;

(5) 健全安全生产责任保险制度;

(6) 明确新兴行业、领域生产经营单位的安全生产责任;

(7) 对餐饮等行业生产经营单位使用燃气,以及矿山、金属冶炼、危险物品等建设项目施工单位非法转让施工资质、违法分包转包等突出问题,作出专门规定。

786. 安全事故的分类有哪些?

根据生产安全事故(以下简称事故)造成的人员伤亡或者直接经济损失,事故一般分为以下等级:

(1) 特别重大事故:是指造成 30 人以上死亡,或者 100 人以上重伤(包括急性工业中毒),或者 1 亿元以上直接经济损失的事故。

(2) 重大事故:是指造成 10 人以上 30 人以下死亡,或者 50 人以上 100 人以下重伤,或者 5000 万元以上 1 亿元以下直接经济损失的事故。

(3) 较大事故:是指造成 3 人以上 10 人以下死亡,或者 10 人以上 50 人以下重伤,或者 1000 万元以上 5000 万元以下直接经济损失的事故。

(4) 一般事故:是指造成 3 人以下死亡,或者 10 人以下重伤,或者 1000 万元以下直接经济损失的事故。

787. 安全事故的上报程序有哪些?

(1) 事故发生后,事故现场有关人员应当立即向本单位负责人报告;单位负责人接到报告后,应当于 1 小时内向事故发生地县级以上人民政府安全生产监督管理部门和负有安全生产监督管理职责的有关部门报告。

(2) 情况紧急时,事故现场有关人员可以直接向事故发生地县级以上人民政府安全生产监督管理部门和负有安全生产监督管理职责的有关部门报告。

(3) 安全生产监督管理部门和负有安全生产监督管理职责的有关部门接到事故报告后,应当依照下列规定上报事故情况,并通知公安机关、劳动保障行政部门、工会和人民检察院:

① 特别重大事故、重大事故逐级上报至国务院安全生产监督管理部门和负有安全生产监督管理职责的有关部门。

② 较大事故逐级上报至省、自治区、直辖市人民政府安全生产监督管理部门和负有安全生产监督管理职责的有关部门。

③ 一般事故上报至设区的市级人民政府安全生产监督管理部门和负有安全生产监督管理职责的有关部门。

④ 安全生产监督管理部门和负有安全生产监督管理职责的有关部门逐级上报事故情况,每级上报的时间不得超过 2 小时。

3.2 安全与职业健康管理

788. 什么是安全意识?

安全意识是指:安全的态度、安全的行为、安全的习惯、安全的性格。

789. 什么是安全生产主体责任?

生产经营单位是安全生产的责任主体,对本单位的安全生产承担主体责任。主体责任主要包括组织机构保障责任、规章制度保障责任、物质资金保障责任、教育培训保障责任、安全管理保障责任、事故报告和应急救援责任。

790. 员工操作"八严格"内容是什么?

(1) 严格交接班制度;

(2) 严格进行巡回检查;

(3) 严格控制工艺指标;

(4) 严格执行安全技术操作规程;

(5) 严格执行有关安全规定;

(6) 严格执行工作票制度;

(7) 严格履行本岗位职责;

(8) 严格遵守劳动纪律。

791. 人身安全"十大禁令"内容是什么?

(1) 安全教育和岗位技术考核不合格,严禁独立操作;

（2）不按规定着装或班前四小时饮酒者，严禁进入生产岗位和施工现场；

（3）不戴好安全帽者，严禁进入生产施工现场或交叉作业现场；

（4）未办理安全作业票及不系安全带者，严禁高处作业；

（5）未办理安全作业票，严禁进入罐、容器、电缆沟等缺氧现场作业；

（6）未办理维修工作票，严禁拆卸停用与系统连通的管道等设备；

（7）未办理电气作业"三票"，严禁电气施工作业；

（8）未办理施工破土工作票，严禁破土施工；

（9）机动设备或受压容器的安全附件、防护装置不齐全不好用严禁启动使用；

（10）机动设备的转动部件，在运转中严禁擦洗、拆卸和工作。

792. 车辆安全"十大禁令"内容是什么？

（1）严禁超速行驶、酒后驾驶；

（2）严禁无证开车或实习司机单独驾驶；

（3）严禁空挡放坡或采用直流供油；

（4）严禁人货混装、超限装载或驾驶室超员；

（5）严禁违反规定装运危险物品；

（6）严禁驾驶员违章开车；

（7）严禁车辆带病行驶；

（8）严禁非机动车辆或行人在机动车临近时，突然横穿马路；

（9）严禁吊车、叉车、铲车等工程车辆违章载人行驶或作业；

（10）严禁撑伞、撒把、带人及超速骑车。

793. 普通员工的安全职责有哪些？

（1）认真学习上级有关安全生产的指示、规定和安全规程，熟练掌握本岗位操作规程；

（2）上岗操作时必须按规定穿戴好劳动保护用品，正确使用和妥善保管各种防护用品和消防器材；

（3）上班要集中精力搞好安全生产，平稳操作，严格遵守劳动纪律和工艺纪律，认真做好各种记录，不得串岗、脱岗，严禁在岗位上睡觉、打闹和做其他违反纪律的事情，对他人违章操作加以劝阻和制止；

（4）认真执行岗位责任制，有权拒绝一切违章作业指令，并立即越级向上级汇报；

（5）严格执行交接班制度，发生事故时要及时抢救，处理保护好现场，及时如实向领导汇报；

（6）加强巡回检查，及时发现和消除事故隐患，自己不能处理的应立即报告；

（7）积极参加安全活动，提出有关安全生产的合理化建议。

794. 常见 ABC 干粉灭火器的使用方法是什么？

（1）一手托着压把，一手托着灭火器底部，将灭火器上下用力摆动几次。除掉铅封，拔掉保险销。

（2）一手握着喷管，一手握着压把，在距火焰上风向适当的地方（3～5 米距离），用力压下压把，左手拿着喷管左右摆动，喷射干粉覆盖整个燃烧区。

795. 高处作业不可使用的品类和必须使用的护品是什么？

（1）不可使用的品类：底面钉铁件的鞋。

（2）必须使用的护品：安全帽、安全带。

796. 如何预防烧伤？

预防烧伤应遵守下列规则：

（1）取用硫酸、硝酸、浓盐酸、氢氟酸、氢氧化钠（钾）、氨水和液体溴时应戴上胶皮手套，不要让药品沾在手上。氢氟酸烧伤较其他酸碱烧伤更危险，如不及时处理，将使骨脉组织坏死。故使用氢氟酸时要特别小心，操作后必须立即洗手，以免意外烧伤。

（2）稀释浓硫酸时，必须将浓硫酸缓缓加入水中，同时不断搅拌。因浓硫酸与水作用生成水化物产生大量热，如将浓硫酸急速倒入水中，骤然放热会使硫酸溅出，伤害皮肤和眼睛。更重要的是决不允许将水倒入浓硫酸中，否则必然导致酸溶液喷出，造成安全事故。

（3）打开氨水、盐酸、硝酸等药品瓶封口时，应先盖上湿布，用冷水冷却后，再开瓶塞，以防溅出，尤其在夏季更应注意。

（4）使用酒精灯和喷灯时，酒精不应装得太满，并应先将洒在喷灯外面的酒精擦干净，然后点燃，以免酒精燃烧，将手烧伤。点燃酒精灯时，要用火柴，不要将灯斜到别的灯上去引火，以免酒精洒出引起火灾。

（5）在使用加热设备如电炉、烘箱、沙浴、水浴等时，应严格遵守安全操作规则，以防烫伤。

附录 A 混凝土质检员岗位职责

1. 负责本班次生产配合比的调整、坍落度检测及试块留置工作。

2. 监督、检查原材料的正确使用及生产配合比的输录和正确执行。

3. 做好混凝土开盘鉴定、混凝土出厂质量控制及交货检验工作。

4. 按照安排，协同材料员对进厂原料（骨料、外加剂、粉煤灰、矿渣粉等）的复检。

5. 同一批次混凝土，如中途更换水泥、外加剂品种或改变其用量后，除另行签发配合比调整通知单外，还应按照开盘鉴定的程序重新检测。

6. 负责混凝土生产过程的监控，根据砂石含水率及时调整配合比，并做好生产检查评定记录。

7. 负责混凝土生产过程的不合格品识别、标识和记录，并对混凝土质量进行调整。

8. 认真填写"预拌混凝土生产过程质量检查记录""预拌混凝土生产开盘鉴定记录"，并及时报送质量安全科存查。

9. 根据需要做好工地现场的产品质量跟踪、技术指导和文明服务，认真填写"质检员交接班记录"，做好当面交接。

10. 领导安排的其他工作。

附录 B 预拌混凝土生产企业常用标准、规范

序号	标准名称	标准号
1	预拌混凝土	GB/T 14902—2012
2	预拌混凝土绿色生产及管理技术规程	JGJ/T 328—2014
3	预拌混凝土绿色生产及管理技术规程	DB37/T 5049—2015
4	预拌混凝土质量管理规范	DB37/T 5092—2017
5	预拌混凝土及砂浆企业试验室管理规范	DB37/T 5123—2018
6	普通混凝土用砂、石质量及检验方法标准	JGJ 52—2006
7	建设用砂	GB/T 14684—2022
8	建设用卵石、碎石	GB/T 14685—2022
9	混凝土和砂浆用再生细骨料	GB/T 25176—2010
10	混凝土用再生粗骨料	GB/T25177—2010
11	轻骨料及其试验方法	GB/T 17431.1—2010 GB/T 17431.2—2010
12	混凝土和砂浆用再生细骨料	GB/T 25176
13	混凝土用再生粗骨料	GB/T 25177
14	铁尾矿砂	GB/T 31288—2014
15	通用硅酸盐水泥	GB 175—2007
16	水泥胶砂流动度测定方法	GB/T 2419—2005
17	水泥标准稠度用水量、凝结时间、安定性检验方法	GB/T 1346—2011
18	水泥胶砂强度检验方法（ISO法）	GB/T 17671—2021
19	水泥比表面积测定方法 勃氏法	GB/T 8074—2008
20	水泥细度检验方法 筛析法	GB/T 1345—2005
21	水泥取样方法	GB/T 12573—2008
22	水泥胶砂干缩试验方法	JC/T 603—2004
23	水泥化学分析方法	GB/T 176—2017
24	用于水泥和混凝土中的粉煤灰	GB/T 1596—2017
25	用于水泥、砂浆和混凝土中的粒化高炉矿渣粉	GB/T 18046—2017
26	砂浆和混凝土用硅灰	GB/T 27690—2011
27	石灰石粉在混凝土中应用技术规程	JGJ/T 318—2014
28	用于水泥、砂浆和混凝土中的石灰石粉	GB/T 35164—2017
29	混凝土用复合掺合料	JG/T 486—2015

续表

序号	标准名称	标准号
30	矿物掺合料应用技术规范	GB/T 51003—2014
31	混凝土外加剂	GB 8076—2008
32	混凝土外加剂应用技术规范	GB 50119—2013
33	聚羧酸系高性能减水剂	JG/T 223—2017
34	混凝土膨胀剂	GB /T 23439—2017
35	砂浆、混凝土防水剂	JC/T 474—2008
36	混凝土防冻剂	JC/T 475—2004
37	混凝土防冻泵送剂	JG/T 377—2012
38	混凝土外加剂匀质性试验方法	GB/T 8077—2012
39	水泥与减水剂相容性试验方法	JC/T 1083—2008
40	水泥混凝土和砂浆用合成纤维	GB/T 21120—2018
41	高强高性能混凝土用矿物外加剂	GB/T 18736—2017
42	混凝土外加剂中释放氨的限量	GB 18588—2001
43	混凝土用水标准	JGJ 63—2006
44	普通混凝土配合比设计规程	JGJ 55—2011
45	普通混凝土拌合物性能试验方法标准	GB/T 50080—2016
46	混凝土物理力学性能试验方法标准	GB/T 50081—2019
47	普通混凝土长期性能和耐久性能试验方法标准	GB/T 50082—2009
48	混凝土泵送施工技术规程	JGJ/T 10—2011
49	混凝土耐久性检验评定标准	JGJ/T 193—2009
50	混凝土强度检验评定标准	GB/T 50107—2010
51	混凝土结构工程施工质量验收规范	GB 50204—2015
52	混凝土质量控制标准	GB 50164—2011
53	混凝土结构工程施工规范	GB 50666—2011
54	建筑工程冬期施工规程	JGJ/T 104—2011
55	水运工程混凝土试验检测技术规范	JTS/T 236—2019
56	自密实混凝土应用技术规程	JGJ/T 283—2012
57	大体积混凝土施工标准	GB 50496—2018
58	人工砂混凝土应用技术规程	JGJ/T 241—2011
59	回弹法检测混凝土抗压强度技术规程	JGJ/T 23—2011
60	回弹法检测混凝土抗压强度技术规程	DB37/T 2366—2022
61	高强混凝土强度检测技术规程	JGJ/T 294—2013
62	高性能混凝土评价标准	JGJ/T 385—2015
63	清水混凝土应用技术规程	JGJ 169—2009
64	纤维混凝土应用技术规程	JGJ/T 221—2010
65	补偿收缩混凝土应用技术规程	JGJ/T 178—2009

序号	标准名称	标准号
66	高强混凝土应用技术规程	JGJ/T 281—2012
67	粉煤灰混凝土应用技术规范	GB/T 50146—2014
68	轻骨料混凝土应用技术标准	JGJ/T 12—2019
69	钢纤维混凝土	JG/T 472—2015
70	铁尾矿砂混凝土应用技术规范	GB 51032—2014
71	钢管混凝土工程施工质量验收规范	GB 50628—2010
72	大体积混凝土温度测控技术规范	GB/T 51028—2015
73	透水水泥混凝土路面技术规程	CJJ/T 135—2009
74	混凝土试模	JG/T 237—2008
75	建筑施工机械与设备混凝土搅拌站（楼）	GB/T 10171—2016
76	建筑施工机械与设备 混凝土搅拌机	GB/T 9142—2021
77	混凝土搅拌运输车	GB/T 26408—2020

附录 C 混凝土质量检验与质量 控制相关记录表格

表 C.01 水泥物理性能检测报告

材料名称		委托编号	
厂家产地		检测编号	
规格型号		代表数量	
样品状态		检测日期	
环境条件		检测依据	

<table>
<tr><td colspan="7" align="center">检测内容</td></tr>
<tr><td colspan="2">检测项目</td><td colspan="3">标准要求</td><td colspan="2">检验结果</td><td>结论</td></tr>
<tr><td colspan="2">表观密度（g/cm³）</td><td colspan="3"></td><td colspan="2"></td><td></td></tr>
<tr><td rowspan="2">细度</td><td>筛余（%）</td><td colspan="3">___ μm方孔筛，≤___%</td><td colspan="2"></td><td></td></tr>
<tr><td>比表面积（m²/kg）</td><td colspan="3"></td><td colspan="2"></td><td></td></tr>
<tr><td colspan="2">标准稠度用水量（%）</td><td colspan="3">—</td><td colspan="2"></td><td></td></tr>
<tr><td colspan="2" rowspan="2">凝结时间</td><td>初凝</td><td colspan="2">不小于：45min</td><td colspan="2"></td><td></td></tr>
<tr><td>终凝</td><td colspan="2">不大于：min</td><td colspan="2"></td><td></td></tr>
<tr><td colspan="2" rowspan="2">安定性
（沸煮法）</td><td rowspan="2">合格</td><td colspan="2">饼法</td><td colspan="2"></td><td></td></tr>
<tr><td colspan="2">雷氏法</td><td colspan="2"></td><td></td></tr>
<tr><td colspan="2">强度</td><td>龄期</td><td colspan="3">单块值</td><td>平均值</td><td>结论</td></tr>
<tr><td colspan="2" rowspan="2">抗折强度（MPa）</td><td>3d≥___ MPa</td><td></td><td></td><td></td><td></td><td></td></tr>
<tr><td>28d≥___ MPa</td><td></td><td></td><td></td><td></td><td></td></tr>
<tr><td colspan="2" rowspan="2">抗压强度（MPa）</td><td>3d≥___ MPa</td><td></td><td></td><td></td><td></td><td></td></tr>
<tr><td>28d≥___ MPa</td><td></td><td></td><td></td><td></td><td></td></tr>
<tr><td colspan="2">综合结论</td><td colspan="5"></td></tr>
<tr><td colspan="2">检测说明</td><td colspan="5"></td></tr>
</table>

批准：　　　　　　　校核：　　　　　　　主检：　　　　　　　检测单位：（盖章）

签发日期：

表 C.02　水泥物理性能检测原始记录

材料名称			委托编号		
厂家产地			检测编号		
规格型号			批号、批量		
样品状态			检测日期		
环境条件			检测依据		

主要设备	设备名称					
	设备编号					
	设备状态					

表观密度 (g/cm³)	次数	试样量 (g)	第一次读数 V_1 (mL)	第二次读数 V_2 (mL)	排开体积 (mL)	密度	平均值
	1						
	2						

标准稠度用水量（%） □标准法 □代用法	加水量 (mL)	试杆距底板距离 (mm)	试锥下沉深度 S (mm)	标准稠度用水量（%）	$P=A\div500\times100\%$
				P	$P=33.4-0.185S$

凝结时间	开始加水时间		凝结时间/min	
	达到初凝时间		初凝时间	
	达到终凝时间		终凝时间	

安定性完成时间： 月　日 时　分	雷氏法	编号	沸煮前指针尖端距离 A (mm)	沸煮后指针尖端距离 C (mm)	C-A (mm)	平均值 (mm)	结论
		1♯					
		2♯					
	饼法	编号	试饼状态描述				结论
		1♯					
		2♯					

水泥细度	比表面积 (m²/kg)	编号	试料层体积 V (cm³)	试样密度 ρ (g/cm³)	空隙率 ε (%)	样品质量 m (g)	仪器常数 K	比表面积 (m²/kg)	平均值
		1							
		2							
	___μm 方孔筛	编号	样品质量 W (g)	筛余质量 Rt (g)	修正系数 C	筛余百分数 F (%)	筛余平均值（%）		
		1							
		2							

强度 (MPa)	抗折	龄期	1	2	3	平均值	成型时间		月　日　时　分	
		3d					龄期与破型日期	3d	月　日　时　分	
		28d						28d	月　日　时　分	
	抗压	龄期	1	2	3	4	5	6	平均值	
		3d	荷载 (kN)								
			强度 (MPa)								
		28d	荷载 (kN)								
			强度 (MPa)								

检测说明：	$m=\rho V(1-\varepsilon)$　$F=Rt\div W\times C\times100\%$

校核：　　　　　　　　　　　　　　　　　　　　主检：

表 C.03 粉煤灰检测报告

材料名称				委托编号	
厂家产地				检测编号	
规格型号				批号批量	
样品状态				检测日期	
环境条件				检测依据	

检测内容

检测项目	技术要求			检验结果	结论
	Ⅰ 级	Ⅱ 级	Ⅲ 级		
细度（%），≤	12.0	30.0	45.0		
需水量比（%），≤	95	105	115		
烧失量（%），≤	5.0	8.0	10.0		
含水量（%），≤	1.0				
SO_3 含量（%），≤	3.0				
安定性（雷氏法）≤ C 类粉煤灰 （mm）	5.0				
游离氧化钙（%），≤	F 类	1.0			
	C 类	4.0			
综合结论					
检测说明					

批准：　　　　　校核：　　　　　主检：　　　　　检测单位：（盖章）

签发日期：

表 C.04-1 粉煤灰检测原始记录（1）

材料名称			委托编号	
厂家产地			检测编号	
规格型号			批号批量	
样品状态			检测日期	
环境条件			检测依据	
主要设备	设备名称				
	设备编号				
	设备状态				

检测内容

细度	样品质量 W（g）	筛余质量 Rt（g）	细度 F（%）	修正值 Ft（%）	修正系数 K

需水量比	胶砂种类	粉煤灰（g）	水泥（g）	标准砂（g）	需水量（g）	流动度（mm）	需水量比 X（%）
	对比胶砂		250	750	125		
	试验胶砂	75	175	750			

$$X=(L_1/125)\times100$$

烧失量	灼烧前试样质量 m_0（g）	灼烧前坩埚质量 m_1（g）	灼烧后试样+坩埚质量 m_2（g）	损失（$m_0+m_1-m_2$）（g）	烧失量 w（%）	平均值 X（%）	灼烧温度：（950±25）℃ $$w=\dfrac{(m_0+m_1-m_2)\times0.343}{m_0}\times100$$

含水量	试样质量 m（g）	烘干前样品和蒸发皿质量 m_1（g）	烘干后样品和蒸发皿质量 m_2（g）	含水率 ω（%）	$$\omega=\dfrac{m_1-m_2}{m}\times100$$

SO₃含量（%）硫酸钡重量法（基准法）	空白试验	试样质量（g）	灼烧坩埚质量 G_{01}（g）	灼烧后坩埚+沉淀的重量 G_{02}（g）	灼烧后沉淀质量 m_0（g）	灼烧温度：（950±25）℃ $m_0=G_{02}-G_{01}$, $m_1=G_2-G_1$ $$X=\dfrac{(m_1-m_0)\times0.343}{G}\times100$$
		0				
		0				
	样品试验	试样质量 G（g）	灼烧坩埚质量 G_1（g）	灼烧后坩埚+沉淀的重量 G_2（g）	灼烧后沉淀质量 m_1（g）	粉煤灰中的 SO₃ 含量 X（%） / SO₃含量平均值（%）

检测说明	

校核：　　　　　　　　　　　　　　　　　　主检：

表 C.04-2 粉煤灰检测原始记录（2）

材料名称		委托编号		
厂家产地		检测编号		
规格型号		批号批量		
样品状态		检测日期		
环境条件		检测依据		
主要设备	设备名称			
	设备编号			
	设备状态			

检测内容

	标准溶液对氧化钙的滴定度 T_{cao}（mg/mL）	滴定时消耗标准溶液的体积（mL）		试样的质量 m（g）	游离氧化钙含量 $W_{f_{cao}}$（%）	平均值	$W_{f_{cao}} = \dfrac{T_{CaO} \times (V_1 - V_0) \times 0.1}{m}$
		空白（V_0）	试样（V_1）				
游离氧化钙（乙二醇法）							

用于乙二醇法的标准溶液对氧化钙的滴定度的标定 T_{cao}（mg/mL）

灼烧后 CaO 称取量 m（g）	滴定时消耗苯甲酸-无水乙醇标准滴定液 V（mL）	苯甲酸-无水乙醇标准滴定液对氧化钙的滴定度 T_{cao}（mg/mL）	$T_{cao} = (m/V) \times 1000$

安定性（C类粉煤灰）	雷氏法	编号	沸煮前指针尖端距离 A（mm）	沸煮后指针尖端距 C（mm）	$C-A$（mm）	平均值（mm）	结论
		1					
		2					
	饼法	编号	试饼状态描述				结论
		1					
		2					

检测说明

校核：　　　　　　　　　　　　　　　主检：

表 C.05 矿渣粉检测报告

材料名称		委托编号	
厂家产地		检测编号	
规格型号		批号批量	
样品状态		检测日期	
环境条件		检测依据	

检测内容

检测项目	标准要求			检验结果	结论
	S105	S95	S75		
表观密度 (g/cm³) ≥	2.8				
比表面积 (m²/kg) ≥	500	400	300		
流动度比（%）≥	95				
含水量（%）≤	1.0				
SO₃ 含量（%）≤	4.0				
烧失量（%）≤	1.0				
活性指数 (%)≥ 7d	95	70	55		
28d	105	95	75		
检测说明					
综合结论					

批准：　　　　　　校核：　　　　　　　主检：　　　　　　检测单位：（盖章）

签发日期：

表 C.06-1 矿渣粉检测原始记录（1）

材料名称				委托编号			
厂家产地				检测编号			
规格型号				批号批量			
样品状态				检测日期			
环境条件				检测依据			

设备名称	恒温水槽	比表面积测定仪	胶砂搅拌机	跳桌	烘箱	抗折试验机	水泥压力机
设备编号							
设备状态							

表观密度 (g/cm³)	次数	试样量 (g)	第一次读数 V_1（mL）	第二次读数 V_2（mL）	排开体积 (mL)	密度 (g/cm³)	平均值	
	1							
	2							

比表面积 (m²/kg)	编号	试料层体积 V（cm³）	试样密度 ρ (g/cm³)	空隙率 ε（%）	样品质量 m（g）	仪器常数 K	比表面积 (m²/kg)	平均值	$m=\rho V(1-\varepsilon)$
	1								
	2								

含水量	蒸发皿质量 m_0（g）	烘干前样品＋蒸发皿质量 m_1（g）	烘干后样品＋蒸发皿质量 m_2（g）	含水量 W（%）	$W=[(m_1-m_0)/(m_1-m_0)]\times100$

烧失量	灼烧前样品质量 $m_{1(g)}$	灼烧后样品质量 m_0（g）	烧失量 $X_测$（%）	$W_{未灼SO_3}$	$W_{灼SO_3}$	W_{O_2}	烧失量 $X_{校正}$(%)	$X_测=[(m_1-m_0)/m_1]\times100$；$\omega_{O2}=0.8\times(\omega_{灼SO_3}-\omega_{未灼SO_3})$ $X_{校正}=X_测+\omega_{O_2}$

流动度比	胶砂种类	矿渣粉 (g)	水泥 (g)	标准砂 (g)	用水量 (g)	流动度 (mm)	流动度比 F（%）
	对比胶砂	—	450	1350	225	$L_m=$	
	试验胶砂	225	225	1350	225	$L=$	$F=L\times100/Lm$

检测说明	

校核：　　　　　　　　　　　　　　　主检：

表 C.06-2 矿渣粉检测原始记录（2）

材料名称			委托编号	
厂家产地			检测编号	
规格型号			批号批量	
样品状态			检测日期	
环境条件			检测依据	
设备名称	胶砂搅拌机	抗折试验机	水泥压力机	
设备编号				
设备状态				

<table>
<tr><th colspan="11">检测内容</th></tr>
<tr><td rowspan="3">胶砂配合比</td><td colspan="2">胶砂种类</td><td>水泥（g）</td><td>矿渣粉（g）</td><td colspan="2">标准砂（g）</td><td colspan="2">用水量（g）</td></tr>
<tr><td colspan="2">对比胶砂</td><td>450</td><td>—</td><td colspan="2">1350</td><td colspan="2">225</td></tr>
<tr><td colspan="2">试验胶砂</td><td>225</td><td>225</td><td colspan="2">1350</td><td colspan="2">225</td></tr>
</table>

活性指数

项目		对比胶砂						平均值	试验胶砂						平均值	活性指数 A
		抗压强度单块值							抗压强度单块值							
		1	2	3	4	5	6		1	2	3	4	5	6		
7d	荷载（kN）															
	强度（MPa）															
28d	荷载（kN）															
	强度（MPa）															

SO₃含量（%）硫酸钡重量法（基准法）

		试样质量（g）	灼烧坩埚质量 G_{01}（g）	灼烧后坩埚+沉淀的重量 G_{02}（g）	灼烧后沉淀质量 m_0（g）	灼烧温度：（950±25）℃ $m_0 = G_{02} - G_{01}$，$m_1 = G_2 - G_1 X = \dfrac{(m_1 - m_0)}{G} \times 0.343 \times 100$
未灼烧	空白试验	0				
		0				
	样品试验	试样质量 G（g）	灼烧坩埚质量 G_1（g）	灼烧后坩埚+沉淀的重量 G_2（g）	灼烧后沉淀质量 m_1（g）	试样中的 SO₃ 含量 X（%）〔SO₃ 含量平均值（%）〕
灼烧	空白试验	试样质量（g）	灼烧坩埚质量 G'_{01}（g）	灼烧后坩埚+沉淀的重量 G'_{02}（g）	灼烧后沉淀质量 m'_0（g）	灼烧温度：（950±25）℃ $m'_0 = G'_{02} - G'_{01}$，$m'_1 = G'_2 - G'_1$ $X = (m'_1 - m'_0) \times 0.343 \times 100 / G$
		0				
		0				
	样品试验	试样质量 G'（g）	灼烧坩埚质量 G'_1（g）	灼烧后坩埚+沉淀的重量 G'_2（g）	灼烧后沉淀质量 m'_1（g）	试样中的 SO₃ 含量 X（%）〔SO₃ 含量平均值（%）〕

检测说明	注：$A = R_{试验胶砂} / R_{对比胶砂} \times 100$

校核：   主检：

表 C.07 筛网校正原始记录

标准物质名称及编号					委托编号		
厂家产地					校准日期		
标准粉状态					检测依据		
设备名称		烘箱		负压筛析仪		电子天平	
设备编号							
设备状态							

			检测内容				
标准粉筛余实测值（%）	次数	标准粉质量 m_0（g）	___mm 筛筛余质量 m（g）		筛余实测值 F_t（%）	平均值（%）	
	1						
	2						
校正系数		筛余标准值 F_s（%）		筛余实测值 F_t（%）		试验筛修正系数 C	
综合结论							
检测说明		$F_t=（m/m_0）\times 100C=F_s/F_t$					

批准：　　　　　校核：　　　　　主检：　　　　　检测单位：（盖章）
　　　　　　　　　　　　　　　　　　　　　　　　签发日期：

表 C.08 普通混凝土用天然砂检测报告

材料名称			委托编号	
厂家产地			检测编号	
规格型号			代表数量	
样品状态			检测日期	
环境条件			检验依据	

			检测内容				
检测项目	性能指标	检测结果	单项结论		颗粒级配		
堆积密度（kg/m³）				方孔筛公称直径（mm）	颗粒级配区		累计筛余平均值（%）
含泥量（%）					Ⅰ区	Ⅱ区	Ⅲ区
泥块含量（%）				5.00	10～0	10～0	10～0
云母含量（%）	≤2.0			2.50	35～5	25～0	15～0
轻物质含量（%）	≤1.0			1.25	65～35	50～10	25～0
硫化物及硫酸盐含量（%）	≤1.0			0.630	85～71	70～41	40～16
有机物含量（比色法）				0.315	95～80	92～70	85～55
氯离子含量（%）	≤			0.160	100～90	100～90	100～90
坚固性（5次循环后的质量损失）（%）	≤			底			
				细度模数 μ_f			
				级配区属			
综合结论							
检测说明							

批准：　　　　　校核：　　　　　主检：　　　　　检测单位：（盖章）
　　　　　　　　　　　　　　　　　　　　　　　　签发日期：

表C.09-1 普通混凝土用天然砂检测原始记录（1）

材料名称		委托编号	
厂家产地		检验编号	
规格型号		代表数量	
样品状态		检测日期	
环境条件		检验依据	

主要设备	设备名称	电子秤	电子天平	烘箱	摇筛机	试验筛	容量筒
	设备编号						
	设备状态						

堆积密度	次数	容量筒质量（kg）	容量筒与砂总质量（kg）	容量筒体积（L）	堆积密度（kg/m³）	平均值（kg/m³）
	1					
	2					

颗粒级配	方孔筛公称直径（mm）	第一次试验			第二次试验			累计筛余平均值（%）
		筛余量（g）	分计筛余（%）	累计筛余（%）	筛余量（g）	分计筛余（%）	累计筛余（%）	
	5.00							
	2.50							
	1.25							
	0.63							
	0.32							
	0.16							
	底							
	细度模数	$\mu_{f1}=$			$\mu_{f2}=$			
		$\mu_f=(\mu_{f1}+\mu_{f2})/2=$						

含泥量（%）	次数	试验前烘干试样质量（g）	试验后烘干试样质量（g）	含泥量（%）	平均值（%）	泥块含量（%）	次数	试验前烘干试样质量（g）	试验后烘干试样质量（g）	含泥量（%）	平均值（%）
	1						1				
	2						2				

坚固性	α值测定	试样重	筛除5.00mm和315μm试样总重（g）	315～630μm试样重（g）	630μm～1.25mm试样重（g）	1.25～2.50mm试样重（g）	2.50～5.00mm试样重（g）
		α值					

坚固性	公称粒级（mm）	α值	试验前试样质量m_i（g）	试验后试样质量m_i（g）	该粒级质量损失百分率δ_{ji}（%）	总质量损失百分率δ_j（%）	评定
	315～630μm						
	630μm～1.25mm						
	1.25～2.50mm						
	2.50～5.00mm						

检测说明	

校核： 　　　　　　　　　　　　　　　主检：

表 C.09-2 普通混凝土用天然砂检测原始记录 (2)

材料名称				委托编号		
厂家产地				检验编号		
规格型号				代表数量		
样品状态				检测日期		
环境条件				检验依据		
主要设备	设备名称					
	设备编号					
	设备状态					

云母含量（%）	烘干试样质量 m_0（g）		云母质量 m（g）		云母含量 W_m（%）	

轻物质含量（%）	次数	烧杯质量 m_2（g）	试验前烘干试样质量 m_0（g）	烘干的轻物质与烧杯总质量 m_1（g）	轻物质含量 ω_1（%）	平均值
	1					
	2					

硫化物及硫酸盐含量（%）	次数	试样质量 m（g）	瓷坩埚质量 m_1（g）	瓷坩埚和试样总质量 m_2（g）	硫酸盐含量 ω_1（%）	平均值
	1					
	2					

有机物含量（%）	试样上部的溶液颜色与标准溶液颜色对比					评定结果
	浅于标准溶液颜色					
	与标准溶液颜色接近					
	深于标准溶液颜色（需制备水泥砂浆）	类别	破坏荷载（kN）	抗压强度（MPa）	检测结果（MPa）	抗压强度比（%）	评定结果
		未洗除有机质					
		洗除有机质					

氯离子含量（%）	试样质量（g）	硝酸银溶液 C_{AgNO_3}（mol/L）	样品滴定消耗标准溶液体积 V_1（mL）	空白试验消耗标准溶液体积 V_2（mL）	氯离子含量 ω_d（%）

检测说明	

校核：   主检：

表 C.10 普通混凝土用人工砂或混合砂检测报告

材料名称		委托编号	
厂家产地		检验编号	
规格型号		代表数量	
样品状态		检测日期	
环境条件		检验依据	

检测内容

检测项目	性能指标	检测结果	单项结论	颗粒级配				
堆积密度（kg/m³）				方孔筛公称直径（mm）	颗粒级配区			累计筛余平均值（%）
石粉含量（%）					Ⅰ区	Ⅱ区	Ⅲ区	
泥块含量（%）				5.00	10～0	10～0	10～0	
亚甲蓝 MB 值（g/kg）				2.50	35～5	25～0	15～0	
压碎指标（%）	<			1.25	65～35	50～10	25～0	
坚固性（5次循环后的质量损失）（%）	≤			0.630	85～71	70～41	40～16	
				0.315	95～80	92～70	85～55	
				0.160	100～90	100～90	100～90	
				底				
				细度模数 μ_f				
				级配区属				
综合结论								
检测说明								

批准：　　　　　　校核：　　　　　　　　土检：　　　　　　　检测单位：（盖章）

签发日期：

表 C.11-1 普通混凝土用人工砂或混合砂检测原始记录（1）

材料名称		委托编号	
厂家产地		检验编号	
规格型号		代表数量	
样品状态		检测日期	
环境条件		检验依据	

主要设备	设备名称	电子秤	电子天平	烘箱	亚甲蓝试验装置	摇筛机	试验筛
	设备编号						
	设备状态						

堆积密度	次数	容量筒质量（kg）	容量筒与砂总质量（kg）	容量筒体积（L）	堆积密度（kg/m³）	平均值（kg/m³）	
	1						
	2						

颗粒级配	方孔筛公称直径（mm）	第一次试验			第二次试验			累计筛余平均值（%）
		筛余量（g）	分计筛余（%）	累计筛余（%）	筛余量（g）	分计筛余（%）	累计筛余（%）	
	5.00							
	2.50							
	1.25							
	0.63							
	0.32							
	0.16							
	底							
	细度模数	$\mu_{f1}=$			$\mu_{f2}=$			
		$\mu_f=(\mu_{f1}+\mu_{f1})/2=$						

石粉含量（%）	次数	试验前烘干试样质量（g）	试验后烘干试样质量（g）	含泥量（%）	平均值（%）	泥块含量（%）	次数	试验前烘干试样质量（g）	试验后烘干试样质量（g）	含泥量（%）	平均值（%）
	1						1				
	2						2				

亚甲蓝快速试验	滴定后现象描述	结果评定	亚甲蓝（MB）值	试样质量G（g）	加入的亚甲蓝溶液总量V（mL）	MB（g/kg）	MB=（V/G）×10

检测说明	

校核： 　　　　　　　　　　　　　　　　　　　主检：

表 C.11-2 普通混凝土用人工砂或混合砂检测原始记录（2）

材料名称				委托编号		
厂家产地				检验编号		
规格型号				代表数量		
样品状态				检测日期		
环境条件				检验依据		

主要设备	设备名称					
	设备编号					
	设备状态					

压碎指标	粒级（筛孔公称直径 mm）	5.00～2.50			2.50～1.25			1.25～0.630			0.630～0.315		
	试验次数	1	2	3	1	2	3	1	2	3	1	2	3
	第 i 级试样质量（g）												
	压碎后筛余试样质量（g）												
	压碎指标（%）												
	平均值（%）												
	分计筛余（%）												
	总压碎指标值（%）												

坚固性	α 值测定	试样重	筛除 5.00mm 和 315μm 试样总重（g）	315～630μm 试样重（g）	630μm～1.25mm 试样重（g）	1.25～2.50mm 试样重（g）	2.50～5.00mm 试样重（g）
		α 值					
	公称粒级（mm）	α 值	试验前试样质量 m_i（g）	试验前试样质量 m_i'（g）	该粒级质量损失百分率 δ_{ji}（%）	总质量损失百分率 δ_j（%）	评定
	315～630μm						
	630μm～1.25mm						
	1.25～2.50mm						
	2.50～5.00mm						

检测说明	

校核：   主检：

表 C.12 普通混凝土用碎石或卵石检测报告

材料名称		委托编号	
厂家产地		检测编号	
规格型号		代表数量	
样品状态		检测日期	
环境条件		检测依据	

检测内容

检测项目	性能指标	检测结果	单项结论	颗粒级配				
堆积密度（kg/m³）				方孔筛公称直径（mm）	公称粒级			累计筛余平均值（%）
含泥量（%）					5～10	5～25	5～20	
泥块含量（%）				40.0	—	—	—	
针、片状颗粒含量（%）				31.5	—	0	—	
压碎指标（%）				25.0	—	0～5	0	
坚固性（5次循环后质量损失）（%）				20.0	—	—	0～10	
				16.0	0	30～70	—	
				10.0	0～15	—	40～80	
				5.00	80～100	90～100	90～100	
				2.50	95～100	95～100	95～100	
				检测结果				
综合结论								
检测说明								

批准：	校核：	主检：	检测单位：（盖章）签发日期：

表 C.13-1 普通混凝土用碎石或卵石检测原始记录（1）

材料名称		委托编号	
厂家产地		检测编号	
规格型号		代表数量	
样品状态		检测日期	
环境条件		检测依据	

主要设备	设备名称	电子秤	电子天平	烘箱	摇筛机	试验筛	针、片状规准仪
	设备编号						
	设备状态						

检测内容

堆积密度	次数	容量筒质量（kg）	容量筒体积（L）	容量筒和试样总质量（kg）	堆积密度（kg/m³）	平均值（kg/m³）
	1					
	2					

颗粒级配	方孔筛公称直径（mm）	底	2.50	5.00	10.0	16.0	20.0	25.0	31.5	40.0
	筛余量（%）									
	分计筛余（%）									
	累计筛余（%）									
	最大粒径（mm）									

含泥量（%）	次数	试验前烘干试样质量（g）	试验后烘干试样质量（g）	含泥量（%）	平均值（%）
	1				
	2				

泥块含量（%）	次数	5.00mm筛筛余量（g）	试验后烘干试样质量（g）	泥块含量（%）	平均值（%）
	1				
	2				

针、片状颗粒含量（%）	试样质量（g）	试样中所含针状和片状颗粒总质量（g）	针状和片状颗粒含量（%）

压碎值指标（%）	次数	试样质量（g）	2.50mm筛筛余质量（g）	单次压碎值指标（%）	平均值（%）
	1				
	2				
	3				

检测说明	

校核：　　　　　　　　　　　　　　　　　　　　　　主检：

表 C.13-2　普通混凝土用碎石或卵石检测原始记录（2）

材料名称			委托编号	
厂家产地			检测编号	
规格型号			代表数量	
样品状态			检测日期	
环境条件			检测依据	
主要设备	设备名称				
	设备编号				
	设备状态				

检测内容

	公称粒级（mm）	分计百分数 α（%）	该粒级试样试验前质量 m_i（g）	该粒级试样试验后质量 m_i'（g）	各粒级质量损失百分率 δ_{ji}（%）	总质量损失百分率 δ_{ji}（%）	评定
坚固性							

		试件编号	1	2	3	4	5	6
岩石抗压强度（MPa）	顶面	长（mm）						
		宽（mm）						
		长平均值（mm）						
		宽平均值（mm）						
		截面积（mm²）						
	底面	长（mm）						
		宽（mm）						
		长平均值（mm）						
		宽平均值（mm）						
		截面积（mm²）						
	试件截面积平均值 A（mm²）							
	破坏荷载 F（kN）							
	抗压强度 f（MPa）							
	抗压强度平均值 f（MPa）		该项评定					

检测说明	

校核：　　　　　　　　　　　　　　　　　　　主检：

表 C.14　(　　　　)骨料含水率检测记录

检测日期 及时间	试验 编号	烘干前质量 m_0 (g)	烘干后质量 m (g)	损失量 Δm (g)	含水率 (%)	平均值 (%)	试验人

表 C.15 混凝土泵送剂检测报告

材料名称		委托编号	
厂家产地		检测编号	
规格型号		代表数量	
样品状态		检测日期	
环境条件		检测依据	

检测内容

检测项目	性能指标		检测结果	单项评定
	标准要求	厂家控制值		
密度（g/cm³）	$D>1.1$ 时，应控制在 $D\pm0.03$ $D\leq1.1$ 时，应控制在 $D\pm0.02$			
pH	应在生产厂控制范围内			
固含量（％）	$S>25\%$ 时，应控制在 $0.95S\sim1.05S$； $S\leq25\%$ 时，应控制在 $0.90S\sim1.10S$			
氯离子含量（％）	不超过生产厂控制值			
总碱量（％）	不超过生产厂控制值			
减水率（％）	≥12			
坍落度1h经时变化量（mm）	≤80			
抗压强度比（％）	7d$\geq$	115		
	28d$\geq$	110		
综合结论				
检测说明				

批准：　　　　校核：　　　　主检：　　　　检测单位：（盖章）
签发日期：

表 C. 16 聚羧酸高性能减水剂检测报告

材料名称		委托编号	
厂家产地		检测编号	
规格型号		代表数量	
样品状态		检测日期	
环境条件		检测依据	
标记			

检测内容

检测项目	性能指标		检测结果	单项评定
	标准要求	厂家控制值		
密度（g/cm³）	$D>1.1$ 时，应控制在 $D\pm0.03$； $D\leqslant1.1$ 时，应控制在 $D\pm0.02$			
pH	应在生产厂控制范围内			
含固量（%）	$S>25\%$ 时，应控制在 $0.95S\sim1.05S$； $S\leqslant25\%$ 时，应控制在 $0.90S\sim1.10S$			
减水率（%）	$\geqslant25$			
氯离子含量（%）	不超过生产厂控制值			
总碱量（%）	不超过生产厂控制值			
凝结时间差	初凝			
	终凝			
抗压强度比（%）	1d			
	3d			
	7d			
	28d			
综合结论				
检测说明				

批准：　　　　　　校核：　　　　　　主检：　　　　　　检测单位：（盖章）

签发日期：

表 C.17 混凝土防冻泵送剂检测报告

材料名称		委托编号	
厂家产地		检测编号	
规格型号		代表数量	
样品状态		检测日期	
环境条件		检测依据	

检测内容

检测项目	性能指标				检测结果	单项评定
	标准要求			厂家控制值		
密度（g/cm³）	$D>1.1$ 时，应控制在 $D\pm0.03$； $D\leqslant1.1$ 时，应控制在 $D\pm0.02$					
pH	应在生产厂控制范围内					
含固量（%）	$S>25\%$ 时，应控制在 $0.95S\sim1.05S$； $S\leqslant25\%$ 时，应控制在 $0.90S\sim1.10S$					
氯离子含量（%）	不超过生产厂控制值					
总碱量（%）	不超过生产厂控制值					
减水率（%）	Ⅰ型	$\geqslant14$				
	Ⅱ型	$\geqslant20$				
含气量（%）	2.5～5.5					
坍落度1h经时变化量（mm）	$\leqslant80$					
凝结时间差（min）	初凝	$-150\sim+210$				
	终凝					
抗压强度比（%）	规定温度（℃）	-5	-10	-15		
	Ⅰ型 R_{28}	$\geqslant110$	$\geqslant110$	$\geqslant110$		
	Ⅰ型 R_{-7}	$\geqslant20$	$\geqslant14$	$\geqslant12$		
	Ⅰ型 R_{-7+28}	$\geqslant100$	$\geqslant95$	$\geqslant90$		
	Ⅱ型 R_{28}	$\geqslant120$	$\geqslant120$	$\geqslant120$		
	Ⅱ型 R_{-7}	$\geqslant20$	$\geqslant14$	$\geqslant12$		
	Ⅱ型 R_{-7+28}	$\geqslant100$	$\geqslant100$	$\geqslant100$		
50次冻融强度损失率比（%）	$\leqslant100$					
综合结论						
检测说明	规定温度_____℃，检测掺量_____					

批准：　　　　　　校核：　　　　　　主检：　　　　　　检测单位：（盖章）

签发日期：

表 C.18 混凝土防冻剂检测报告

材料名称		委托编号	
厂家产地		检测编号	
规格型号		代表数量	
样品状态		检测日期	
环境条件		检测依据	

检测内容

检测项目	性能指标			检测结果	单项评定
	标准要求		厂家控制值		
密度（g/cm³）	$D>1.1$ 时，应控制在 $D\pm0.03$； $D\leqslant1.1$ 时，应控制在 $D\pm0.02$				
含固量（%）	$S>20\%$ 时，应控制在 $0.95S\sim1.05S$； $S\leqslant20\%$ 时，应控制在 $0.90S\sim1.10S$				
氯离子含量（%）	不超过生产厂控制值				
总碱量（%）	不超过生产厂控制值				
减水率（%）	一等品	$\geqslant10$			
	合格品	—			
含气量（%）	一等品	$\geqslant2.5$			
	合格品	$\geqslant2.0$			
凝结时间差（min）		初凝	终凝		
	一等品	$-150\sim+150$			
	合格品	$-210\sim+210$			

检测项目			规定温度（℃）	-5	-10	-15	检测结果	单项评定
抗压强度比（%）	一等品	R_{28}		$\geqslant100$	$\geqslant100$	$\geqslant95$		
		R_{-7}		$\geqslant20$	$\geqslant12$	$\geqslant10$		
		R_{-7+28}		$\geqslant95$	$\geqslant90$	$\geqslant85$		
	合格品	R_{28}		$\geqslant95$	$\geqslant95$	$\geqslant90$		
		R_{-7}		$\geqslant20$	$\geqslant10$	$\geqslant8$		
		R_{-7+28}		$\geqslant90$	$\geqslant85$	$\geqslant80$		
50 次冻融强度损失率比（%）			$\leqslant100$					
检测说明			规定温度 _____℃，检测掺量 _____					
综合结论								

批准： 校核： 主检： 检测单位：（盖章）

签发日期：

表 C.19 混凝土防水剂检测报告

材料名称		委托编号	
厂家产地		检测编号	
规格型号		代表数量	
样品状态		检测日期	
环境条件		检测依据	

检测内容

检测项目	性能指标					检测结果	单项评定
	标准要求				厂家控制值		
密度（g/cm³）	$D>1.1$ 时，应控制在 $D\pm0.03$； $D\leqslant1.1$ 时，应控制在 $D\pm0.02$						
含固量（%）	$S\geqslant20\%$ 时，应控制在 $0.95S\sim1.05S$； $S<20\%$ 时，应控制在 $0.90S\sim1.10S$						
氯离子含量（%）	不超过生产厂控制值						
总碱量（%）	不超过生产厂控制值						
抗压强度比（%）	龄期	3d	7d	28d			
	一等品	≥100	≥110	≥100			
	合格品	≥90	≥100	≥90			
综合结论							
检测说明							

批准：　　　　　　校核：　　　　　　主检：　　　　　　检测单位：（盖章）

签发日期：

表 C. 20　混凝土外加剂检测原始记录（1）

材料名称				委托编号		
厂家产地				检测编号		
规格型号				代表数量		
样品状态				检测日期		
环境条件				检测依据		
主要设备	设备名称					
	设备编号					
	设备状态					

匀质性指标

密度（g/cm³）	比重瓶法	编号	干燥比重瓶质量 m_0（g）	比重瓶加20℃水质量 m_1（g）	比重瓶在20℃时容积 V（mL）	比重瓶加20℃外加剂质量 m_2（g）	20℃外加剂溶液密度 ρ（g/mL）	平均值
		1						
		2						
			$V=(m_1-m_0)/0.9982$　　$\rho=(m_2-m_0)\times0.9982/(m_1-m_0)$					
	液体比重天平法	编号	20℃外加剂所加骑码数值 d		20℃外加剂溶液密度 ρ（g/mL）		平均值	$\rho=0.9982\times d$
		1						
		2						
	精密密度计法	编号	波美比重计读数		精密密度计读数		平均值	
		1						
		2						

pH	编号				平均值	
	1					
	2					

含固量（%）	编号	称量瓶质量（g）	称量瓶加试样总质量（g）	称量瓶加试样烘干后总质量（g）	含固量 $X_{固}$（%）	平均值（%）
	1					
	2					

检测说明

校核：　　　　　　　　　　　　　　　　　　主检：

表 C.21 混凝土外加剂检测原始记录（2）

材料名称			委托编号	
厂家产地			检测编号	
规格型号			代表数量	
样品状态			检测日期	
环境条件			检测依据	
主要设备	设备名称				
	设备编号				
	设备状态				

掺外加剂混凝土性能指标

配比材料用量 (kg/m³)	材料名称	水泥	砂	石		外加剂	用水量	备注	
	规格型号			5～10mm	10～20mm			外加剂含水	坍落度（mm）
	基准混凝土								
	受检混凝土								

减水率（%）	编号	基准混凝土		受检混凝土		减水率 W_R（%）	平均值（%）
		坍落度（mm）	用水量 W_0（kg/m³）	坍落度（mm）	用水量 W_1（kg/m³）		
	1						
	2						
	3						

坍落度 1h 经时变化量（mm）	编号	出机坍落度 Sl_0（mm）	1小时坍落度 Sl_{1h}（mm）	坍落度1小时经时变化量 ΔSl_{1h}（mm）	平均值（mm）	混凝土和易性	
	1					流动性	
	2			$\Delta Sl=$		保水性	
	3					黏聚性	

检测说明	1. 减水率：$W_R=(W_0-W_1)\times100/W_0$，以三批试验的算术平均值计，精确到 1%；三批试验的最大值或最小值中有一个与中间值之差超过中间值的 15% 时，则取中间值；若两个测量值与中间值之差均超过 15%，试验结果无效。 2. 坍落度 1 小时经时变化量 $\Delta Sl_{1h}=Sl_0-Sl_{1h}$

校核：　　　　　　　　　　　　　　　　　　主检：

表 C.22 混凝土外加剂氯离子含量检测原始记录 (3)

样品名称				检测编号		
规格型号				检测日期		
物理状态				环境条件		
生产厂家				检测依据		
主要设备	设备名称	电子天平	精密 pH 计	氯电极	银电极	甘汞电极	电磁搅拌机
	设备编号						
	设备状态						

空白试验及硝酸银溶液浓度的标定

试样溶液加 10mL 0.1000mol/L 氯化钠溶液				试样溶液加 20mL 0.1000mol/L 氯化钠溶液			
滴加硝酸银溶液体积 V_{01}（mL）	电势 E（mV）	$\Delta E/\Delta V$（mV/mL）	$\Delta^2 E/\Delta^2 V$（mV²/mL²）	滴加硝酸银溶液体积 V_{02}（mL）	电势 E（mV）	$\Delta E/\Delta V$（mV/mL）	$\Delta^2 E/\Delta^2 V$（mV²/mL²）
$V_{01}=$				$V_{02}=$			

$$C_{AgNO_3}=\frac{10.00\times0.1000}{V_{02}-V_{01}}$$

外加剂样品滴定试验

外加剂样品质量：$m=$ ____ g

试样溶液加 10mL 0.1000mol/L 氯化钠溶液				试样溶液加 20mL 0.1000mol/L 氯化钠溶液			
滴加硝酸银溶液体积 V_1（mL）	电势 E（mV）	$\Delta E/\Delta V$（mV/mL）	$\Delta^2 E/\Delta^2 V$（mV²/mL²）	滴加硝酸银溶液体积 V_2（mL）	电势 E（mV）	$\Delta E/\Delta V$（mV/mL）	$\Delta^2 E/\Delta^2 V$（mV²/mL²）
$V_1=$				$V_2=$			

$$V=\frac{(V_1-V_{01})+(V_2-V_{02})}{2}= \qquad Cl^-=\frac{35.45\times C_{AgNO_3}\times V}{m\times1000}\times100=$$

检测说明	1. V_{01} 及 V_{02} 为引用空白试验的结果； 2. 外加剂试样量为 0.5000～5.0000g，外加剂中氯离子含量生产厂控制值：____（%）

校核：　　　　　　　　　　　　　　　主检：

表 C. 23　混凝土外加剂碱含量原始记录 （4）

样品名称				检测编号			
规格型号				检测日期			
物理状态				环境条件			
生产厂家				检测依据			
主要设备	设备名称	电子天平	火焰光度计				
	设备编号						
	设备状态						

氧化钾及氧化钠工作曲线的绘制							
氧化钠标准溶液 C (mg/100mL)		0.00	0.50	1.00	2.00	4.00	6.00
仪器读数 D							
氧化钾标准溶液 C' (mg/100mL)		0.00	0.50	1.00	2.00	4.00	6.00
仪器读数 D'							

分别以标准溶液为横坐标，以仪器读数为纵坐标，分别绘制 Na_2O 和 K_2O 的工作曲线（可用不同蓝色表示）

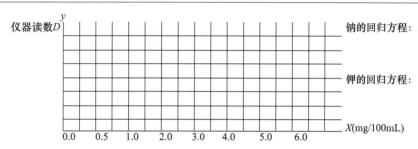

钠的回归方程：

钾的回归方程：

外加剂试样碱含量测定（按以下称样量及稀释倍数执行）			
总碱量（%）	称样量（g）	稀释体积（mL）	稀释倍数 n
1.00	0.20	100	1
1.00～5.00	0.10	250	2.5
5.00～10.00	0.05	250 或 500	2.5 或 5
大于 10.00	0.05	500 或 1000	5 或 10

类别	编号	试样质量 m (g)	每 100mL 被测溶液 Na_2O 含量 C_1 (mg)	每 100mL 空白溶液 Na_2O 含量 C_1' (mg)	被测溶液稀释倍数 n	Na_2O 含量 X_{Na_2O} （%）	Na_2O 含量平均值 （%）
氧化钠	1						
	2						
类别	编号	试样质量 m' (g)	每 100mL 被测溶液 K_2O 含量 C_2 (mg)	每 100mL 空白溶液 K_2O 含量 C_2' (mg)	被测溶液稀释倍数 n	K_2O 含量 X_{K_2O} （%）	K_2O 含量平均值 （%）
氧化钾	1	0					
	2	0					
总碱量（%）							

检测说明	$X_{Na_2O} = \dfrac{(C_1 - C_1') \times n}{m \times 1000} \times 100\%$　　$X_{K_2O} = \dfrac{(C_2 - C_2') \times n}{m' \times 1000} \times 100\%$　　$X_{总碱量} = 0.658 \times X_{K_2O} + X_{Na_2O}$

校核：　　　　　　　　　　　　　　　　　　　主检：

表 C. 24　混凝土外加剂含气量原始记录（5）

样品名称			检测编号	
规格型号			检测日期	
物理状态			环境条件	
生产厂家			检测依据	
主要设备	设备名称			
	设备编号			
	设备状态			

含气量测定仪的标定和率定

含气量测定仪标定	含气量测定仪的总质量 m_{A1}（g）		含气量测定仪加水的总质量 m_{A2}（g）		水密度 ρ_{w}（kg/m³）		含气量测定仪的体积 V（L）	

含气量测定仪的率定	含气量（%）	0	1	2	3	4	5	6	7	8	9	10
	压力值 P（MPa） 1											
	2											
	平均											

以含气量为横坐标，压力值为纵坐标绘制曲线

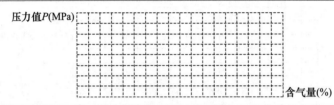

压力值 P(MPa)　　　　　　　　　　　　　　含气量(%)

掺外加剂混凝土含气量的测定

骨料含气量测定	粗细骨料质量（kg）				骨料含气量	编号	压力值（MPa）	含气量（%）	两次结果之差（%）	平均值 A_g（%）
	$m_g{}'$	m_g	$m_s{}'$	m_s		1				
						2				

混凝土拌合物含气量及含气量 1h 经时变化量测定

试样	振实时间（s）	出机							经时 1h							含气量 1h 经时变化量（%）
		P_{01}（MPa）	A_{01}（%）	P_{02}（MPa）	A_{02}（%）	两次结果之差（%）	每批次 A_0（%）	含气量 A_{0h}（%）	P'_{01}（MPa）	A'_{01}（%）	P'_{02}（MPa）	A'_{02}（%）	两次结果之差（%）	每批次 A'_0（%）	含气量 A'_{0h}（%）	
受检混凝土1																
受检混凝土2																
受检混凝土3																

检测说明	1. 计算公式： $m_s=\dfrac{V}{1000}\times m'_s$ 　　　 $m_g=\dfrac{V}{1000}\times m'_g$ 式中　m_g、m_s——分别为每个试样中的粗、细骨料质量（kg）； 　　　　$m_g{}'$、$m_s{}'$——分别为每立方米混凝土拌合物中粗、细骨料质量（kg）。 2. $A=A_0-A_g$ 式中　A——混凝土拌合物含气量（%）； 　　　　A_0——出机测得的含气量，取两次含气量测定的平均值（%）； 　　　　A_g——骨料含气量（%）

校核：　　　　　　　　　　　　　　　　　　　　　　　主检：

表 C.25-1 混凝土外加剂凝结时间差原始记录（6-1）

样品名称				检测编号				
规格型号				检测日期				
物理状态				环境条件				
生产厂家				检测依据				
主要设备	设备名称							
	设备编号							
	设备状态							

混凝土拌合物凝结时间的测定

批次	类别	加水时间（h：min）									
1	基准	测量时间									
		净压力（N）									
		测针面积 A（mm²）									
		R（MPa）									
	受检	测量时间									
		净压力（N）									
		测针面积 A（mm²）									
		R（MPa）									
2	基准	测量时间									
		净压力（N）									
		测针面积 A（mm²）									
		R（MPa）									
	受检	测量时间									
		净压力（N）									
		测针面积 A（mm²）									
		R（MPa）									
3	基准	测量时间									
		净压力（N）									
		测针面积 A（mm²）									
		R（MPa）									
	受检	测量时间									
		净压力（N）									
		测针面积 A（mm²）									
		R（MPa）									
检测说明										

校核：　　　　　　　　　　　　　　　　　主检：

表 C. 25-2　混凝土外加剂凝结时间差原始记录（6-2）

样品名称			检测编号	
规格型号			检测日期	
物理状态			环境条件	
生产厂家			检测依据	
主要设备	设备名称			
	设备编号			
	设备状态			

以时间为横坐标，贯入阻力为纵坐标绘制曲线（以不同颜色表示不同批次的曲线）

批次	类别	加水时间（h：min）	R 达到3.5MPa时间（h：min）	初凝时间（min）	平均值（min）基准 T_c	平均值（min）受检 T_t	初凝时间差（min）	R 达到28MPa时间（h：min）	终凝时间（min）	平均值（min）基准 T_c	平均值（min）受检 T_t	终凝时间差（min）
1	基准											
	受检											
2	基准											
	受检											
3	基准											
	受检											
检测说明												

校核：　　　　　　　　　　　　　　　　　　主检：

表 C.26　掺外加剂混凝土抗压强度比原始记录（7）

材料名称			委托编号	
厂家产地			检测编号	
规格型号			代表数量	
样品状态			检测日期	
环境条件			检测依据	

主要设备	设备名称		
	设备编号		
	设备状态		

配合比材料用量（kg/m³）	材料	水泥	砂	石子		外加剂	水	备注		
	规格			5～10mm	10～20mm		饮用	外加剂含水	坍落度（mm）	
	基准混凝土							0		
	受检混凝土									

抗压强度比（%）	龄期	批次	试件尺寸（mm）	成型及试压日期	荷载值（kN）			抗压强度值（MPa）				代表值（MPa）	抗压强度比（%）
					1	2	3	1	2	3	平均值		
	基准混凝土 1d	1											
		2											
		3											
	受检混凝土 1d	1											
		2											
		3											
	基准混凝土 3d	1											
		2											
		3											
	受检混凝土 3d	1											
		2											
		3											
	基准混凝土 7d	1											
		2											
		3											
	受检混凝土 7d	1											
		2											
		3											
	基准混凝土 28d	1											
		2											
		3											
	受检混凝土 28d	1											
		2											
		3											

检测说明	

校核：　　　　　　　　　　　　　　　　主检：

表 C.27 掺防冻或防冻泵送剂混凝土抗压强度比原始记录（8）

材料名称			委托编号	
厂家产地			检测编号	
规格型号			代表数量	
样品状态			检测日期	
环境条件			检测依据	
主要设备	设备名称			
	设备编号			
	设备状态			

掺防冻剂（或防冻泵送剂）混凝土性能

配合比材料用量（kg/m³）	材料名称	水泥	砂	石子		外加剂	水	备注	
	规格型号		中砂	5～10mm	10～20mm			外加剂含水	坍落度（mm）
	基准混凝土								
	受检混凝土								

抗压强度比（%）	龄期	批次	试件尺寸（mm）	成型及试压日期	荷载值（kN）			抗压强度值（MPa）				代表值（MPa）	抗压强度比（%）
					1	2	3	1	2	3	平均值		
	基准混凝土 28d	1											—
		2											
		3											
	受检混凝土 28d	1											
		2											
		3											
	受检混凝土 −7d	1											
		2											
		3											
	受检混凝土 −7+28d	1											
		2											
		3											

校核： 　　　　　　　　　　　　　　　　　　　　　　土检：

表 C. 28　混凝土膨胀剂检测报告

材料名称		委托编号	
厂家产地		检测编号	
规格型号		代表数量	
样品状态		检测日期	
环境条件		检测依据	

检测内容

检测项目		性能指标		检测结果	单项评定
		Ⅰ型	Ⅱ型		
细度	1.18mm 筛筛余（%）	≤0.5			
	比表面积（m²/kg）	≥200			
限制膨胀率（%）	水中 7d≥	0.035	0.05		
	空气中 21d≥	—0.015	—0.01		
凝结时间（min）	初凝≥	45			
	终凝≤	600			
抗压强度（MPa）	7d≥	22.5			
	28d≥	42.5			

综合结论	
检测说明	膨胀剂掺量为胶凝材料用量的_____%

批准：　　　　　校核：　　　　　主检：　　　　　检测单位：（盖章）

签发日期：

表 C.29　混凝土膨胀剂检测原始记录

材料名称				委托编号	
厂家产地				检测编号	
规格型号				代表数量	
样品状态				检测日期	
环境条件				检测依据	
主要设备	设备名称				
	设备编号				
	设备状态				

检测内容

细度	筛分析	次数	样品质量 W（g）	筛余质量 Rt（g）	筛余百分数 F（%）	平均值（%）	修正系数 K
		1					
		2					
	比表面积	次数	体积 V（cm³）	密度 ρ（g/cm³）	空隙率 ε	样品质量 W（g）	仪器常数 K	比表面积（m²/kg）	平均值（m²/kg）	备注
		1								
		2								$W=\rho V(1-\varepsilon)$

限制膨胀率（%）	胶砂配合比材料用量（g）	P·O42.5水泥		膨胀剂		标准砂		水	
		607.5		67.5		1350		270	
	编号	试体基准长度 L_0（mm）	试体初始长度 L（mm）	水中7d试体长度 L_1（mm）	空气中21d试体长度 $L_1{}'$（mm）	限制膨胀率 ε（%）	平均值（%）水中7d	空气中21d
	1							
	2	140						
	3							

凝结时间（min）	开始加水时间		凝结时间（min）		备注
	达到初凝时间		初凝		按 GB/T 1346—2011 进行，膨胀剂内掺10%
	达到终凝时间		终凝		

抗压强度（MPa）	胶砂配合比材料用量（g）	P·O42.5水泥	膨胀剂	标准砂			水		
		427.5	22.5	1350			225		
	成型时间	年　月　日　时　分							
	破型时间	7d：年　月　日　时　分　28d：年　月　日　时　分							
	龄期	1	2	3	4	5	6	平均值	备注
	7d　荷载值（kN）								$E/(C+E)=0.05$
	强度（MPa）								
	28d　荷载值（kN）								
	强度（MPa）								

检测说明	

校核：　　　　　　　　　　　　　　　　　主检：

表 C.30 混凝土水溶性氯离子含量检测原始记录

混凝土强度等级					环境条件			
检测依据					评定依据			
混凝土配合比编号								

材料名称	水泥	粉煤灰	矿渣粉	砂	石	水	外加剂	
材料产地								
规格型号								
材料用量								

混凝土水溶性氯离子含量

设备名称	电子天平	氯离子选择电极	参比（甘汞）电极	酸度计	电磁搅拌机	盐桥
设备状态						

建产电位-氯离子浓度曲线

NaCl 溶液浓度 C（mol/L）	溶液 1	溶液 2
	C_1	C_2
	0.0055	0.00055
标准溶液电位 E	E_1	E_2
$\log C$	$\log C_1$	$\log C_2$
	−2.26	−3.26

$a = E_1 - E_2 =$

$b = E_2 - \log C_2 \times a =$

$E = a \times \log C + b$

$E\text{-}\log C$曲线

$\log C = (E - b)/a =$

混凝土拌合物中氯离子测定

混凝土拌合物砂浆取样量（g）	电位 E	$\log C$	溶液中的 C_{CL}^{-}（mol/L）	水胶比 β	Pc（%）	结论
600						

注：每立方混凝土拌合物中水溶性氯离子含量 $= C_{CL}^{-} \times (\beta/1000) \times 35.5 \times 100\%$

氯离子允许限值标准溶液电位测定

氯离子浓度允许限值 K（%）	水胶比 β	氯化钠标准溶液浓度 C_{NaCL}（mol/l）	电位 E_0	混凝土拌合物砂浆取样量（g）	电位 E	结论
				600		

注：1. 计算氯离子允许限值标准溶液浓度 $C_{NaCL} = K/(3.55 \times \beta)$

2. 配制氯离子允许限值标准溶液，并测定其电位 E_0，比较 E 与 E_0 的大小并判定，$E > E_0$ 时，符合要求。

检测说明	

校核：   主检：

表 C.31 混凝土氯离子、碱含量计算书

生产配合比编号		强度等级	
其他要求		容重（kg/m³）	
评定依据		环境类别	

混凝土氯离子含量计算

相关材料			混凝土		
材料名称	用量（kg/m³）	氯离子含量（%）	计算值	要求	评定

混凝土碱含量计算

相关材料			混凝土		
名称	用量（kg/m³）	含碱量（%）	计算值（kg/m³）	要求（kg/m³）	评定

检测说明	

校核：　　　　　　　　　　　　　　　　主检：

表 C. 32 混凝土试件立方体抗压强度检测记录及报告

委托部门			报告编号	
养护条件			环境条件	
检测依据			检测日期	
主要设备	设备名称			
	设备编号			
	设备状态			

检测内容

试件编号	配合比调整通知单编号	强度等级	制作日期试压日期龄期（d）	试件尺寸（mm）	破坏荷载（kN）	单个试件强度值（MPa）	试件强度代表值（MPa）	折算标准试件值（MPa）
检测说明								

批准：	校核：	主检：	检测单位：（盖章）
			签发日期：

表 C.33 混凝土试件抗渗检测记录及报告

委托部门		委托编号	
试件编号		配合比调整通知单编号	
制作日期		试验日期	
养护条件		抗渗等级	
检测依据		环境条件	
设备名称			
设备编号			
设备状态			

检测内容

试件编号	加压起始时间	加压终止时间	最水压力 H（MPa）	试件端面渗水情况
1	日 时 分	日 时 分		
2	日 时 分	日 时 分		
3	日 时 分	日 时 分		
4	日 时 分	日 时 分		
5	日 时 分	日 时 分		
6	日 时 分	日 时 分		

检测结论	
检测说明	1. 抗水渗透试验方法：逐级加压法 2. 混凝土抗渗等级计算公式：$P = 10H - 1$ P——混凝土抗渗等级； H——6 个试件中有 3 个渗水时的水压力

批准：　　　　　校核：　　　　　主检：　　　　　检测单位：（盖章）

签发日期：

表 C.34 预拌混凝土配合比设计报告

委托单位		报告编号	
工程名称、部位		委托编号	
强度等级		抗渗、抗冻等级	
设计坍落度（mm）		其他技术要求	
送样日期		检测日期	
设计方法		检测依据	

配合比原材料情况

材料名称	水泥	粉煤灰	矿渣粉	砂	石	外加剂	水	其他
材料厂家								
品种、规格								
主要技术指标检验结果								

配合比材料用量

材料名称	水泥	粉煤灰	矿渣粉	砂	石	外加剂	水	其他
每立方米混凝土材料用量（kg）								
质量配合比								

水胶比		砂率（%）			坍落度（mm）	
混凝土和易性		1h坍落度值（mm）				
7d强度（MPa）		28d强度（MPa）			抗渗、抗冻等级	

综合结论	
检测说明	

批准：　　　　　校核：　　　　　主检：　　　　　检测单位：（盖章）

签发日期：

预拌混凝土质检员

表 C. 35-1 预拌混凝土配合比设计及试配原始记录（1）

混凝土强度等级				委托编号		
设计坍落度				试配日期		
环境条件				检测依据		
其他技术要求						

检测设备	设备名称	搅拌机	振动台		
	设备编号				
	设备状态				

配合比原材料

原材料名称	水泥	粉煤灰	矿渣粉	砂	石	外加剂	水	其他
厂家品种规格								
检测报告编号								

配合比 （质量法）	1. 计算配制强度（MPa）：$f_{cu,o}=f_{cu,k}+1.645\sigma=$ 2. 确定胶凝材料 28d 胶砂抗压强度值（MPa）：$f_b=$　　（矿物掺合料掺量 $\beta_f=$__，粉煤灰掺量__，影响系数 $g_f=$__，矿渣粉掺量__，影响系数 $g_s=$__，$f_{ce}=$）__ 3. 计算水胶比：$W/B=a\cdot f_b/(f_{cu,o}+a.b\cdot f_b)$ 4. 确定未掺外加剂时计算配合比用水量（kg/m³）：$m/w_0=$ 5. 确定掺外加剂时计算配合比用水量（kg/m³）：$m_{w0}=$ 6. 确定计算配合比胶凝材料用量（kg/m³）：$m_{b0}=$ 7. 确定计算配合比粉煤灰用量（kg/m³）：$m_{f01}=$ 8. 计算配合比矿渣粉用量（kg/m³）：$m_{f02}=$ 9. 确定计算配合比水泥用量（kg/m³）：$m_{c0}=$ 10. 确定计算配合比外加剂用量（kg/m³）：$m_{a0}=$ 11. 确定砂率，以及每立方米混凝土拌合物的假定质量（kg/m³）：$\beta_s=$__ $m_{cp}=$__ 12. 确定计算配合比每立方米混凝土的粗、细骨料用量（kg/m³）：m_{g0}__，m_{s0}__

试配体积（L）		搅拌方式		试件尺寸（mm）	

计算配合比	原材料名称	水泥	粉煤灰	矿渣粉	砂	石	外加剂	水	其他
	每 m³ 混凝土材料用量（kg）								
	重量配合比								
	试配重量（kg）								

计算配合比试拌检测记录	坍落度（mm）		和易性	
	其他			

检测说明	

校核：　　　　　　　　　　　　　　　　　　主检：

表 C.35-2 预拌混凝土配合比设计及试配原始记录（2）

强度试验配合比一	原材料名称	水泥	粉煤灰	矿渣粉	砂	石	外加剂	水	其他
	每 m³ 混凝土材料用量（kg）								
	重量配合比								
	试配重量（kg）								
	试配记录	坍落度（mm）			和易性			表观密度（kg/m³）		
		1h坍落度值（mm）			试件编号			其他		

强度试验配合比二	原材料名称	水泥	粉煤灰	矿渣粉	砂	石	外加剂	水	其他
	每 m³ 混凝土材料用量（kg）								
	质量配合比								
	试配质量（kg）								
	试配记录	坍落度（mm）			和易性			表观密度（kg/m³）		
		1h坍落度值（mm）			试件编号			其他		

强度试验配合比三	原材料名称	水泥	粉煤灰	矿渣粉	砂	石	外加剂	水	其他
	每 m³ 混凝土材料用量（kg）								
	质量配合比								
	试配质量（kg）								
	试配记录	坍落度（mm）			和易性			表观密度（kg/m³）		
		1h坍落度值（mm）			试件编号			其他		

抗压强度检测

序号	龄期	试压日期	破坏荷载（kN）	单个试件强度值（MPa）	试件强度代表值（MPa）	折算标准试件强度值（MPa）	龄期	试压日期	破坏荷载（kN）	单个试件强度值（MPa）	试件强度代表值（MPa）	折算标准试件强度值（MPa）
一	7d						28d					
二	7d						28d					
三	7d						28d					

校核：　　　　　　　　　　　　　　　　主检：

表 C. 35-3　预拌混凝土配合比设计及试配原始记录（3）

1. 绘制混凝土 28d 强度 $f_{cu,1} \sim f_{cu,3}$ 与其相对应的胶水比 B/W 线性关系图

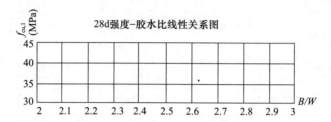

2. 通过 Excel 绘制的直线公式，确定混凝土配制强度 $f_{cu,0}$ 所对应的胶水比：

　　　　$B/W=$ 　，则 $W/B=$

3. 根据确定的水胶比，调整并确定混凝土配合比材料用量，并进行配合比试配。

	原材料名称	水泥	粉煤灰	矿渣粉	砂	石	外加剂	水	其他
调整配合比	每 m³ 混凝土材料用量（kg）								
	质量配合比								
	试配质量（kg）								
试验结果记录	坍落度（mm）			和易性			表观密度（kg/m³）		
	1h 坍落度值（mm）			水溶性氯离子含量（％）			R_7（MPa）		
	R_{28}（MPa）			其他					

4. 确定设计配合比
1. 计算混凝土拌合物的表观密度（kg/m³）：$\rho_{c,c}=m_c+m_{f1}+m_{f2}+m_g+m_s+m_a+m_w$
2. 混凝土拌合物的表观密度实测值（kg/m³）：ρ_c，t=
3. 混凝土配合比校正系数：$\delta=\rho_c，t/\rho_c，c=$
4. 配合比校正：
5. 确定设计配合比（kg/m³）：$m_c : m_{f1} : m_{f2} : m_g : m_s : m_a : m_w=$

结论	

校核：　　　　　　　　　　　　　　　　　主检：

表 C.36 试验/检测委托书

材料名称		委托编号	
委托部门		样品编号	
厂家产地		送样时间	
代表数量		样品批号	

材料名称、规格、种类及等级：

检验项目及内容：

依据标准			
委托人		接收人	

表 C.37　温湿度记录表

日期	上午		记录人	下午		记录人
	温度（℃）	湿度（%）		温度（℃）	湿度（%）	

表 C.38　仪器设备一览表

设备编号	设备名称	规格型号	生产厂家	出厂编号	主要技术指标	购入日期	主要用途	安装地点	检定（校准）单位	检定周期	实际检定（校准）日期	备注

表 C.39 _____ 委托及检验台账

序号	委托编号	委托部门	生产厂家(产地)	品种规格	样品数量	委托日期	委托人	接样人	试验人员	检测日期	备注

表 C.40　进场原材料不合格品处置台账

序号	材料名称	厂家产地	规格型号	进场时间	运输车号	不符合描述	处置情况	处置人	见证人	备注

表 C.41 混凝土生产配合比调整通知单

年 月 日

混凝土标记										
混凝土配合比调整通知单编号										
混凝土配合比编号										

工程名称		浇筑部位		浇筑部位		
序号	1	序号	8			
	2		9			
	3		10			
	4		11			
	5		12			
	6		13			
	7		14			

调整原因（可在备注中说明）

工程名称					浇筑部位	
序号	8	序号	1			
	9		2			
	10		3			
	11		4			
	12		5			
	13		6			
	14		7			

材料名称	水泥	砂	石	水	外加剂	粉煤灰	矿渣粉	其他
产地、规格、型号								
原配合比材料用量（kg/m³）								
调整后配合比材料用量（kg/m³）								

检验项目	□坍落度 □坍落扩展度 □凝结时间 □压力泌水 □抗渗透 □限制膨胀率 □抗冻融 □含气量			开盘车号	

备注	

批准人：   通知人：   接收人：

表 C. 42 预拌混凝土生产开盘鉴定记录

开盘鉴定时间				开盘鉴定编号		
混凝土标记				配合比编号		
生产线				调整通知单编号		
工程名称						

原材料使用情况

材料名称	水泥	砂	石	水	外加剂	粉煤灰	矿渣粉	其他
厂家、产地								
规格型号								
原材料检测报告编号								
配比材料用量（kg/m³）								
调整原因								
调整后每方材料用量（kg/m³）								
每盘＿m³材料用量（kg）								
每盘误差（%）								

零点校核		搅拌时间（s）		运输车号		本车供货量（m³）	

混凝土拌合物性能

和易性			出机坍落度（mm）	扩展度（mm）	1h坍落度损失（mm）	凝结时间（h：min）	含气量（%）	匀质性						水溶性Cl⁻含量（%）
黏聚性	保水性	流动性						砂浆密度			混凝土稠度			
								1	2	偏差率	1	2	差值	

混凝土试件编号		抗压强度（MPa）		综合结论	
其他技术要求					

批准：　　　　　质检部门：　　　　　试验部门：　　　　　生产部门：

表 C. 43 预拌混凝土出厂检验台帐

出厂日期时间	工程名称	代表方量（m³）	混凝土标记	配合比调整通知单号	抗压试件编号	留置数量（组）	抗压强度（MPa）		记录人
							7d	28d	

表 C.44 出厂混凝土不合格品处置台帐

序号	强度等级	运输车号	不合格现象描述	原因分析	处置时间	处置情况	处置人

表 C.45 预拌混凝土生产、运送、交货、质量检验记录

抽查时间	运输车号	工程名称	配合比调整通知单编号	混凝土标记	出机坍落度(mm)	出机温度℃	出厂时间	到达交货地点时间	交货地点	施工方式	混凝土交货时工作性能			交货坍落度(mm)	混凝土状态(入泵a入模b)	不良行为	质检人员
											流动性	保水性	黏聚性				

注:混凝土状态,在内容右上角标上标 a 表示入泵状态;在内容右上角标上标 b 表示入模状态。

表 C.46 预拌混凝土生产过程调整记录

日期时间	配合比调整通知单编号	混凝土状态	生产过程调整情况			记录人	确认人	备注
			调整原因	调整方式	调整效果			

表 C.47

生产线零点校核表

序号	校核日期	生产班组	计量称 检测	骨料1	骨料2	骨料3	骨料4	骨料5	水泥	矿渣粉	粉煤灰	水	外加剂	信息系统检测情况	操作员	检验人	备注
1			零点校核前仪表显示											□正常			
			零点校核后仪表显示											□不正常			
2			零点校核前仪表显示											□正常			
			零点校核后仪表显示											□不正常			
3			零点校核前仪表显示											□正常			
			零点校核后仪表显示											□不正常			
4			零点校核前仪表显示											□正常			
			零点校核后仪表显示											□不正常			
5			零点校核前仪表显示											□正常			
			零点校核后仪表显示											□不正常			
6			零点校核前仪表显示											□正常			
			零点校核后仪表显示											□不正常			
7			零点校核前仪表显示											□正常			
			零点校核后仪表显示											□不正常			
8			零点校核前仪表显示											□正常			
			零点校核后仪表显示											□不正常			

表 C.48 预拌混凝土生产过程检查记录

检查时间	代表工程名称	混凝土标记	配合比调整通知单编号	代表方量（m³）	材料情况		水泥	砂	石	粉煤灰	矿渣粉	外加剂	水	其他	设备运行	零点校核	搅拌时间（s）	单盘方量（m³）	出机坍落度（mm）	混凝土拌合物性能			出机温度（℃）	试件编号	质检员	微机操作员
					配合比材料及使用情况（kg/盘）															流动性	保水性	黏聚性				
					仓号																					
					型号																					
					数量																					
					计量偏差（%）																					
					仓号																					
					型号																					
					数量																					
					计量偏差（%）																					
					仓号																					
					型号																					
					数量																					
					计量偏差（%）																					
					仓号																					
					型号																					
					数量																					
					计量偏差（%）																					

表 C.49 预拌混凝土出厂合格证

No：

需方：   供方：

施工总承包单位：   工程地址：

工程名称：   合同编号：

浇筑部位：   其他技术要求：

混凝土标记：   配合比编号：

供货量：   m³   供货日期： 年 月 日 至 年 月 日

<table>
<tr><td rowspan="8">原材料情况</td><td>名称</td><td>水泥</td><td>砂</td><td colspan="2">石</td><td>外加剂</td><td colspan="2">掺合料</td></tr>
<tr><td>品种、规格</td><td></td><td></td><td colspan="2"></td><td></td><td colspan="2"></td></tr>
<tr><td>厂名、产地</td><td></td><td></td><td colspan="2"></td><td></td><td colspan="2"></td></tr>
<tr><td>进厂编号</td><td></td><td></td><td colspan="2"></td><td></td><td colspan="2"></td></tr>
<tr><td rowspan="4">检验报告编号</td><td></td><td></td><td colspan="2"></td><td></td><td colspan="2"></td></tr>
<tr><td></td><td></td><td colspan="2"></td><td></td><td colspan="2"></td></tr>
<tr><td></td><td></td><td colspan="2"></td><td></td><td colspan="2"></td></tr>
<tr><td></td><td></td><td colspan="2"></td><td></td><td colspan="2"></td></tr>
<tr><td rowspan="13">混凝土质量</td><td colspan="4">强度</td><td colspan="2">抗渗</td><td colspan="2">其他项目</td></tr>
<tr><td>报告编号</td><td>强度值（MPa）</td><td>报告编号</td><td>强度值（MPa）</td><td>报告编号</td><td>结论</td><td>报告编号</td><td>结论</td></tr>
<tr><td></td><td></td><td></td><td></td><td></td><td></td><td></td><td></td></tr>
<tr><td></td><td></td><td></td><td></td><td></td><td></td><td></td><td></td></tr>
<tr><td></td><td></td><td></td><td></td><td></td><td></td><td></td><td></td></tr>
<tr><td></td><td></td><td></td><td></td><td></td><td></td><td></td><td></td></tr>
<tr><td></td><td></td><td></td><td></td><td></td><td></td><td></td><td></td></tr>
<tr><td></td><td></td><td></td><td></td><td></td><td></td><td></td><td></td></tr>
<tr><td></td><td></td><td></td><td></td><td></td><td></td><td></td><td></td></tr>
<tr><td></td><td></td><td></td><td></td><td></td><td></td><td></td><td></td></tr>
<tr><td></td><td></td><td></td><td></td><td></td><td></td><td></td><td></td></tr>
<tr><td></td><td></td><td></td><td></td><td></td><td colspan="4">注：强度、抗渗其他项目栏可加附页</td></tr>
<tr><td></td><td></td><td></td><td></td><td></td><td></td><td></td><td></td></tr>
<tr><td colspan="9">强度统计评定结果</td></tr>
<tr><td colspan="2">采用评定方法</td><td colspan="2">强度平均值（MPa）</td><td>标准差（MPa）</td><td colspan="2">试件组数</td><td>合格率（%）</td><td>评定结果</td></tr>
<tr><td colspan="2"></td><td colspan="2"></td><td></td><td colspan="2"></td><td></td><td></td></tr>
</table>

技术负责人：   填表人：   企业质检部门盖章：

                                                         签发日期：   年 月 日

合格证填表说明

1. 此表由企业质量部门填写；

2. 填写内容包括原材料情况及混凝土质量评定情况；

3. 其中"施工总承包单位"填写合同需方名称；

4. "合格证编号"按流水号填写，"合同编号"与合同备案号相对应；

5 "其他技术要求"一栏填写施工方式及混凝土的特殊要求（如：防水、防冻、微膨胀、细石对混凝土特殊性要求等）；

6. 其他栏目按检验情况填写并经企业技术负责人签字审核。

表 C.50 不合格品评审处置单

申报部门		申报人		申报时间	

不合格品情况描述：

不合格品评审处置意见：

纠正及预防措施：

参加评审人员：

质量部门意见：

表 C.51 混凝土强度评定表

统计周期：

配合比编号	水泥	粉煤灰	矿渣粉	砂1	砂2	石1	石2	外加剂1	外加剂2	外加剂3	水	其他

设计强度等级		本批试块组数	

本验收批混凝土抗压强度根据 GB/T 50107—2010 按下列方法评定

1. 标准差未知统计方法（当 $N \geqslant 10$ 组）	2. 非统计方法（当 $N < 10$ 组）

1. 标准差未知统计方法（当 $N \geqslant 10$ 组）

$\lambda_1 =$ $\lambda_2 =$

① $Sf_{cu} =$ 2.5MPa

∴Sf_{cu} 取   MPa

$mf_{cu} =$ $f_{cu,k} + \lambda_1 \times Sf_{cu} =$

∴mf_{cu} $f_{cu,k} + \lambda_1 \times Sf_{cu}$

② $f_{cu,min} =$ $\lambda_2 \times f_{cu,k} =$

∴$f_{cu,min}$ $\lambda_2 \times f_{cu,k} =$

2. 非统计方法（当 $N < 10$ 组）

$\lambda_3 =$ $\lambda_4 =$

① $mf_{cu} =$ $\lambda_3 \times f_{cu,k}$

∴mf_{cu} $\lambda_3 \times f_{cu,k}$

② $f_{cu,min} =$ $\lambda_4 \times f_{cu,k}$

∴$f_{cu,min}$ $\lambda_4 \times f_{cu,k}$

试件组数	10～14	15～19	≥20	强度等级	<C60	≥C60
λ_1	1.15	1.05	0.95	λ_3	1.15	1.1
λ_2	0.9	0.85		λ_4	0.95	

序号	试验报告编号	强度（MPa）	序号	试验报告编号	强度（MPa）	序号	试验报告编号	强度（MPa）
1			15			29		
2			16			30		
3			17			31		
4			18			32		
5			19			33		
6			20			34		
7			21			35		
8			22			36		
9			23			37		
10			24			38		
11			25			39		
12			26			40		
13			27			41		
14			28			42		

审核人：　　　　　　　　　　　　　　评定人：

预拌混凝土质检员

表C.52 回弹法检测混凝土抗压强度原始记录

共 页 第 页

工程名称		结构或构件名称		设备名称	
强度等级		检测依据	JGJ 23—2011 DB37/T 2366—2013 JGJ/T 294—2013	设备编号	
混凝土类型 □塑性 □泵送 □高强		浇筑日期		设备状态	
测面状态 □侧面 □底面 □干燥 □潮湿 □光洁 □粗糙		测试角度 水平 □向上( ) □向下( )		检测日期	

测区	回弹值 R_i																回弹平均值 R_{m0}	碳化深度值(mm)				碳化深度取值(mm)	换算值(MPa)
	1	2	3	4	5	6	7	8	9	10	11	12	13	14	15	16		1	2	3	平均值		
1																							
2																							
3																							
4																							
5																							
6																							
7																							
8																							
9																							
10																							

强度计算: 强度换算平均值 $m_{f_{cu}}=$ 标准差 $s_{f_{cu}}=$ 最小测区强度换算值 $f_{cu,min}=$ 强度推定值 $f_{cu,e}=$

检测说明:
1. 公式1. $f_{cu,e}=m_{c}f_{cu}-ks$ $c_{f_{cu}}$ (k宜取1.645) 公式2. $f_{cu,e}=f_{cu,min}$ (测区数少于10个时);
2. 测试角度不是水平时,应进行角度和浇筑面修正

施工单位: 监理单位: 建设单位: 混凝土供货单位:

表 C.53　预拌混凝土生产质量水平控制表

统计周期：

控制项目	1. 强度标准差（σ）			2. 实测强度达到强度标准值组数的百分率（P）		
	＜C20	C20～C40	≥C45	n	n₀	P
控制值	≤3.0	≤3.5	≤4.0	≥95%		

计算统计

项目		n	n₀	强度标准差（σ）	P
强度等级					
结论					

备注：

$$P = n_0/n \times 100\%$$

n——统计周期内相同强度等级混凝土的试件组数；

n_0——统计周期内相同强度等级混凝土达到强度标准值的试件组数

审核人：　　　　　　　　　　　　统计人：

表 C.54 混凝土基本性能检测报告

报告编号		检测编号	
配比编号		强度等级	
检测日期		样品状态	
检测依据	GB/T 50080—2016	环境条件	

检测内容

检测项目			技术要求	试验结果	结论
表观密度（kg/m³）					
坍落度（mm）					
1h坍落度经时损失（mm）					
扩展度（mm）					
1h扩展度经时损失（mm）					
均匀性	砂浆密度法	砂浆密度偏差率 $DR\rho$（%）			
	混凝土稠度法	坍落度差值 ΔH（mm）			
		扩展度差值 ΔL（mm）			
泌水试验		单位面积泌水量 Ba（mL/mm²）			
		泌水率 B（%）			
压力泌水		压力泌水率 Bv（%）			
凝结时间		初凝（h：min）			
		终凝（h：min）			
含气量（%）					
综合结论					
说明		注：具体的检测项目可根据设计要求增减			

批准：　　　　　　　　校核：　　　　　　　　主检：

表 C.55 混凝土基本性能检测原始记录（一）

报告编号			检测编号		
配比编号			样品状态		
强度等级			检测日期		
检测依据	《普通混凝土拌合物性能试验方法标准》GB/T 50080—2016		环境条件		
仪器设备					
设备编号					
设备状态					

检测项目

表观密度试验（kg/m³）	容量筒容积的标定				
	容量筒与玻璃板的质量（kg）		容量筒加水后与玻璃板的质量（kg）		容量筒容积（L）
	容量筒质量 mL（kg）		混凝土拌合物与容量筒总质量 m_2（kg）		表观密度 ρ（kg/m³）

坍落度及坍落度经时损失试验（mm）	次数	出机时间（s）	出机坍落度（mm）	平均值 H_0	静置 1h 时间（s）	1h 经时坍落度（mm）	平均值 H_{60}	坍落度 1h 损失（mm）
	1							
	2							

扩展度及扩展度经时损失试验（mm）	出机扩展度（mm）				
	次数	扩展最大直径（mm）	最大直径垂直方向的直径（mm）	扩展度 L_0（mm）	平均值
	1				
	2				
	1h 经时扩展度（mm）				
	次数	扩展最大直径（mm）	最大直径垂直方向的直径（mm）	扩展度 L_{60}（mm）	平均值
	1				
	2				
	扩展度 1h 损失（mm）				

检测说明	常温下水密度取 1kg/L

批准：　　　　　　校核：　　　　　　主检：

表 C.56 混凝土基本性能检测原始记录（二）

报告编号			检测编号		
配比编号			样品状态		
强度等级			检测日期		
检测依据	GB/T 50080—2016		环境条件		
仪器设备					
设备编号					
设备状态					

检测项目

<table>
<tr><td colspan="7" align="center">容量筒容积的标定</td></tr>
<tr><td colspan="3" align="center">容量筒与玻璃板的质量（kg）</td><td colspan="2" align="center">容量筒加水后与玻璃板的质量（kg）</td><td colspan="2" align="center">容量筒容积 V（L）</td></tr>
<tr><td colspan="3"></td><td colspan="2"></td><td colspan="2"></td></tr>
</table>

<table>
<tr><td rowspan="10">均匀性</td><td colspan="7" align="center">砂浆密度法</td></tr>
<tr><td>次数</td><td colspan="2" align="center">砂浆稠度</td><td colspan="2" align="center">平均值</td><td colspan="2" align="center">振实方法选择</td></tr>
<tr><td>1</td><td colspan="2"></td><td colspan="2"></td><td colspan="2">□振实台振实</td></tr>
<tr><td>2</td><td colspan="2"></td><td colspan="2"></td><td colspan="2">□人工插捣</td></tr>
<tr><td>出机</td><td>容量筒质量
m_1（kg）</td><td>砂浆与容量筒总质量 m_2（kg）</td><td>砂浆表观密度
ρ_m（kg/m³）</td><td>$\Delta \rho_m$</td><td>ρ_{max}</td><td>$D_{R\rho}$</td></tr>
<tr><td>最先</td><td></td><td></td><td></td><td></td><td></td><td></td></tr>
<tr><td>最后</td><td></td><td></td><td></td><td></td><td></td><td></td></tr>
<tr><td colspan="7" align="center">混凝土稠度法</td></tr>
<tr><td>出机</td><td colspan="2" align="center">混凝土拌合物坍落度
H（mm）</td><td>坍落度差值
ΔH（mm）</td><td colspan="2" align="center">混凝土拌合物
扩展度 L（mm）</td><td>扩展度差值
ΔL（mm）</td></tr>
<tr><td>最先</td><td colspan="2"></td><td></td><td colspan="2"></td><td></td></tr>
<tr><td>最后</td><td colspan="2"></td><td></td><td colspan="2"></td><td></td></tr>
</table>

<table>
<tr><td rowspan="11">泌水试验</td><td rowspan="2">次数</td><td colspan="3" align="center">容量筒</td><td>混凝土拌合物
累计泌水量
V（mL）</td><td>试样外露的
表面面积
A（mm²）</td><td>单位面积
泌水量 Ba
（mL/mm²）</td><td>平均值</td></tr>
<tr><td>直径
(mm)</td><td>表面积
(mm²)</td><td>平均值
A（mm²）</td></tr>
<tr><td>1</td><td></td><td></td><td></td><td></td><td></td><td></td><td></td></tr>
<tr><td>2</td><td></td><td></td><td></td><td></td><td></td><td></td><td></td></tr>
<tr><td>3</td><td></td><td></td><td></td><td></td><td></td><td></td><td></td></tr>
<tr><td>次数</td><td>容量筒质量
m_1（g）</td><td>容量筒及试样
质量 m_2（g）</td><td>拌合物试样质量 m（g）</td><td>拌合物总质量 m_T（g）</td><td>拌合用水量
W（g）</td><td>泌水率
B（%）</td><td>平均值</td></tr>
<tr><td>1</td><td></td><td></td><td></td><td></td><td></td><td></td><td></td></tr>
<tr><td>2</td><td></td><td></td><td></td><td></td><td></td><td></td><td></td></tr>
<tr><td>3</td><td></td><td></td><td></td><td></td><td></td><td></td><td></td></tr>
</table>

<table>
<tr><td rowspan="2">压力泌水</td><td>次数</td><td colspan="2" align="center">加压至 10s 时的泌水量 V_{10}（mL）</td><td colspan="2" align="center">加压至 140s 时的泌水量 V_{140}（mL）</td><td colspan="2" align="center">压力泌水率 Bv（%）</td></tr>
<tr><td>1</td><td colspan="2"></td><td colspan="2"></td><td colspan="2"></td></tr>
</table>

检测说明	1. $\rho_m = (m_2 - m_1) \times 1000/V$ 2. $DR_\rho = \|\Delta \rho_m / \rho_{max}\| \times 100\%$、$\Delta H = \|H_1 - H_2\|$、$\Delta L = \|L_1 - L_2\|$ 3. $Ba = V/A$、$B = Vw \times 100/[(W/m_T) \times m]$、$B_V = (V_{10}/V_{140}) \times 100$

校核：　　　　　　　　　　　　　　　　　　　　主检：

表 C.57 混凝土含气量检测原始记录

报告编号		检测编号	
配比编号		样品状态	
强度等级		检测依据	GB/T 50080—2016
检测日期		环境条件	
设备名称			
设备编号			
设备状态			

含气量测定仪的标定和率定

含气量测定仪的标定	含气量测定仪的总质量 m_{A1}（kg）			含气量测定仪加水的总质量 m_{A2}（kg）			水密度 ρw（kg/m³）			含气量测定仪的体积 V（L）		

含气量测定仪的率定	含气量（%）		0.0	1.0	2.0	3.0	4.0	5.0	6.0	7.0	8.0	9.0	10.0
	压力值（MPa）	1											
		2											
		平均值											

以含气量为横坐标，压力值为纵坐标绘制曲线

率定曲线图：

混凝土含气量的测定

骨料含气量的测定	粗细骨料质量（kg）				骨料含气量（%）	编号	压力值（MPa）	含气量（%）	两次结果之差（%）	平均值 Ag（%）
	$m_g{}'$	m_g	$m_S{}'$	m_S		1				
						2				

混凝土拌合物装料及密实方法选择

□坍落度≤90mm，振动台振实□坍落度＞90mm，捣棒插捣密实□自密实混凝土

混凝土拌合物含气量	压力值（MPa）		含气量（%）		两次结果之差（%）	A_0（%）	A（%）
	P_{01}（MPa）	P_{02}（MPa）	A_{01}（%）	A_{02}（%）			

检测说明	1. 计算公式：$m_g = \dfrac{V}{1000} \times m_g{}'$；$m_s = \dfrac{V}{1000} \times m_s{}'$ 式中 m_g、m_s——分别为每个试样中的粗、细骨料质量，kg， 　　　$m_g{}'$、$m_s{}'$——分别为每立方米混凝土拌合物中粗、细骨料质量，kg。 2. $A = A_0 - A_g$ 式中 A——混凝土拌合物含气量（%）； 　　　A_0——出机测得的含气量，取两次含气量测定的平均值（%）； 　　　A_g——骨料含气量（%）

校核：　　　　　　　　　　　　　　　　　　　　　主检：

表 C.58-1　混凝土凝结时间检测原始记录（一）

报告编号		检测编号		设备名称	
配比编号		样品状态		设备编号	
强度等级		检测依据		设备状态	
检测日期		环境条件		混凝土加水时间	

试件一	测量时间								
	测试时间 t(min)								
	贯入阻力 P(N)								
	测针面积 A(mm^2)								
	单位面积贯入阻力 f_{PR}(MPa)								
	$\ln t$								
	$\ln f_{PR}$								
试件二	测量时间								
	测试时间 t(min)								
	贯入阻力 P(N)								
	测针面积 A(mm^2)								
	单位面积贯入阻力 f_{PR}(MPa)								
	$\ln t$								
	$\ln f_{PR}$								
试件三	测量时间								
	测试时间 t(min)								
	贯入阻力 P(N)								
	测针面积 A(mm^2)								
	单位面积贯入阻力 f_{PR}(MPa)								
	$\ln t$								
	$\ln f_{PR}$								

校核：　　　　　　　　　　　　　　　主检：

表 C.58-2 混凝土凝结时间检测原始记录 (三)

报告编号		检测编号		配比编号	

方法二：绘图拟合方法确定初凝和终凝时间

试件一拟合曲线图

试件二拟合曲线图

试件三拟合曲线图

凝结时间： h:min

凝结时间	试件（一）	试件（二）	试件（三）	平均值	备注
初凝时间 (h:min)					$f_{PR}＝3.5MPa$
终凝时间 (h:min)					$f_{PR}＝28MPa$

主检：

校核：

表 C.59 标准物质/耗材使用登记表

标准物质/耗材名称： 页码：

原始库存数量	领用日期	领用数量	领用人签字	剩余库存量	备注

表 C. 60　标准物质/耗材一览表

序号	名称	规格型号	购入日期	购入数量	库存总量	生产厂家	有效期限	用途	保管人	备注

参考文献

[1] 葛兆明，余成行，魏群，等．混凝土外加剂［M］．北京：化学工业出版社，2012.

[2] 冯乃谦．新实用混凝土大全［M］．北京：科学出版社，2005.

[3] 王华生，赵慧如．混凝土技术禁忌手册［M］．北京：机械工业出版社，2003.

[4] 张承志．商品混凝土［M］．北京：化学工业出版社，2006.

[5] 冷发光，纪宪坤，田冠飞，等．绿色高性能混凝土技术［M］．北京：中国建材工业出版社，2011.

[6] 张巨松．混凝土学［M］．哈尔滨：哈尔滨工业大学出版社，2011.

[7] 于东威．预拌混凝土［M］．北京：中国建筑工业出版社，2013.

[8] 刘其贤．预拌混凝土质量常见问题防治措施［M］．济南：山东科学技术出版社，2020.